全国应用型高等院校土建类"十三五"规划教材

# 建 筑 设 备
## （第3版）

主编　杨建中　尚琛煦

U0217593

中国水利水电出版社
www.waterpub.com.cn
·北京·

# 内 容 提 要

　　本书结合最新颁布的相关规范，系统介绍了建筑工程中的水、暖、电等公用设备专业的基本知识和内容。全书共分10章，包括了现代建筑物中的给水、排水、采暖、燃气供应、通风、空调、室内照明、火灾自动报警、有线电视、安全防范、人防、消防等系统和设备的工作原理，国内外在建筑设备技术方面的最新发展，以及在建设中的设置和应用情况。

　　本书具有体系完备、结构新颖、内容翔实、图文并茂、可操作性强、适用面广等特点。可作为建筑工程技术、建筑装饰、建筑设计、工程造价、物业管理等专业的教学用书，也可供相关专业工程技术人员学习和参考。

## 图书在版编目（CIP）数据

　　建筑设备 / 杨建中，尚琛煦主编． -- 3版． -- 北京：
中国水利水电出版社，2019.2(2021.2重印)
　　全国应用型高等院校土建类"十二五"规划教材
　　ISBN 978-7-5170-7522-6

　　Ⅰ．①建… Ⅱ．①杨… ②尚… Ⅲ．①房屋建筑设备
－高等学校－教材 Ⅳ．①TU8

　　中国版本图书馆CIP数据核字(2019)第046032号

| 书　　名 | 全国应用型高等院校土建类"十三五"规划教材<br>**建筑设备（第 3 版）**<br>JIANZHU SHEBEI |
|---|---|
| 作　　者 | 主编　杨建中　尚琛煦 |
| 出版发行 | 中国水利水电出版社<br>（北京市海淀区玉渊潭南路 1 号 D 座　100038）<br>网址：www. waterpub. com. cn<br>E-mail：sales@waterpub. com. cn<br>电话：(010) 68367658（营销中心） |
| 经　　售 | 北京科水图书销售中心（零售）<br>电话：(010) 88383994、63202643、68545874<br>全国各地新华书店和相关出版物销售网点 |
| 排　　版 | 中国水利水电出版社微机排版中心 |
| 印　　刷 | 清淞永业（天津）印刷有限公司 |
| 规　　格 | 184mm×260mm　16 开本　19.5 印张　456 千字 |
| 版　　次 | 2010 年 1 月第 1 版第 1 次印刷　2012 年 7 月第 2 版第 1 次印刷<br>2019 年 2 月第 3 版　2021 年 2 月第 2 次印刷 |
| 印　　数 | 3001—7000 册 |
| 定　　价 | **48.00 元** |

# 本 书 编 委 会

主　编　杨建中　尚琛煦

副主编　李　静　崔建伟　蔡　涛
　　　　曾　力　杨淑慧　徐　平

# 第 3 版 前 言

本书是全国应用型高等院校土建类"十三五"规划教材之一,内容主要包括建筑设备基本知识、给水、排水、采暖、燃气、消防、通风与空气调节、供配电、照明、安全用电与防雷、建筑弱电系统及建筑设备识图等相关知识。在编写过程中参阅了大量文献和国家颁布的最新规范、规程和标准,注重基础理论与工程实际相结合,尽量和现今建筑设备的发展与现状保持一致,并且通过大量真实图片,让读者对各种建筑设备有一个感官上的了解,激发学生学习兴趣。《建筑设备》第 1 版于 2010 年 1 月正式出版,第 2 版于 2012 年 7 月正式出版,在此期间经历了六次重印,经过了若干所院校的检验和使用,获得了使用院校的肯定。时隔六年,新的规程、规范相继出台,应广大读者的要求,经与出版社商榷,确定在《建筑设备》第 2 版的基础上修订再版,《建筑设备》第 3 版共分 10 章。本书在修订过程中,收集了部分高校使用过程中的反馈意见,紧密结合现行国家规范、规程及标准等进行了修订完善,适用于非设备专业的教学与学习,在授课时可根据专业特点,对有关章节有所侧重,确定相关学时。

本书在第 2 版的基础上修订的主要内容有:①按照现行规范、标准更新了部分表格及内容;②根据规范要求,增加了部分内容,如消防给水系统、建筑防雷接地等;③删除了教材中部分已失效规范涉及的内容,按照新规范要求更新了相关内容;④根据规范要求,修订了部分名词的表述方式及相应的内容。

《建筑设备》第 3 版由河南工程学院徐平对第 1 章进行修订,济南铁道职业学院崔建伟对第 4 章、第 8 章、第 9 章进行修订,河南工程学院尚琛煦修订了第 7 章相关内容,其余各章由郑州大学杨建中进行修订,全书由郑州大学杨建中进行了全面统稿。在此对在修订过程中给予支持和帮助的所有老师表示衷心的感谢!

由于我们水平有限,教材涉及内容繁多,加之时间仓促,疏漏、错误之处在所难免,尤其是在体现技术前沿和相关内容方面,还需要对教材内容进一步的研究与完善,我们恳切希望广大读者批评指正,并表示衷心感谢!

编者

2018 年 10 月

# 第 1 版 前 言

本书是全国应用型高等院校土建类"十一五"规划教材之一，内容主要包括建筑设备基本知识、给水、排水、消防、采暖、燃气、通风与空气调节、供配电、照明、安全用电与防雷、建筑弱电系统及建筑设备识图等相关知识。在编写过程中参阅了大量文献和国家颁布的最新规范、规程和标准，注重基础理论与工程实际相结合，尽量和现今建筑设备的发展与现状保持一致，并且通过大量真实图片，让读者对各种建筑设备有一个感官上的了解。本书按50个学时编写，各使用单位可根据自己的教学计划要求，有所侧重，以满足教学要求。

随着社会的发展与科技的进步，建筑设备在建筑物中更加具有举足轻重的作用，认识建筑设备，了解建筑设备，运用建筑设备，必将使我们的生活更加美好、舒适、现代化。

本书的前言、第1章、第7章由河南工程学院的尚琛煦编写；第2章、第3章由郑州大学的杨建中编写；第5章由华北水利水电学院水利职业学院的蔡涛编写；第4章、第8章、第9章由济南铁道职业学院的崔建伟编写；第6章由河南工程学院的李静编写；第10章由郑州大学的曾力、杨淑慧编写。全书由杨建中、尚琛煦主编。

本书在编写过程中，参考了有关专家、学者的著述，吸收了国内外建筑设备各方面的新技术、新成果。在此，对他们表示由衷的感谢。

由于编者水平有限，书中难免有错漏、不妥之处，希望读者给予批评指正。

编者

2009 年 10 月

# 第 2 版 前 言

本书是全国应用型高等院校土建类"十二五"规划教材之一，内容主要包括建筑设备基本知识、给水、排水、采暖、燃气、消防、通风与空气调节、供配电、照明、安全用电与防雷、建筑弱电系统及建筑设备识图等相关知识。在编写过程中参阅了大量文献和国家颁布的最新规范、规程和标准，注重基础理论与工程实际相结合，尽量和现今建筑设备的发展与现状保持一致，并且通过大量真实图片，让读者对各种建筑设备有一个感官上的了解，激发学生学习兴趣。本书按50个学时编写，各使用单位可根据自己的教学计划要求，有所侧重，以满足教学要求。

随着社会的发展与科技的进步，建筑设备在建筑物中更加具有举足轻重的作用，认识建筑设备，了解建筑设备，运用建筑设备，必将使我们的生活更加美好、舒适、现代化。

本书的前言、第1章、第7章由河南工程学院的尚琛煦编写；第2章、第3章由郑州大学的杨建中编写；第5章由华北水利水电学院水利职业学院的蔡涛编写；第4章、第8章、第9章由济南铁道职业学院的崔建伟编写；第6章由河南工程学院的李静编写；第10章由郑州大学的曾力、杨淑慧编写。全书由杨建中、尚琛煦主编。

本书在编写过程中，参考了有关专家、学者的著述，吸收了国内外建筑设备各方面的新技术、新成果。在此，对他们表示由衷的感谢。

由于本教材所涉及领域广泛，内容庞大，加之编者水平有限，书中难免有错漏、不妥之处，希望读者给予批评指正。

**编者**

2009 年 10 月

# 目　　录

第 3 版前言

第 1 版前言

第 2 版前言

**第 1 章　室内外给水** ………………………………………………………………… 1

　1.1　给水水质和用水定额 ……………………………………………………… 1

　1.2　室外给水系统的组成与分类 ……………………………………………… 6

　1.3　室内给水系统的分类与组成 ……………………………………………… 9

　1.4　室内生活给水系统所需水压及给水方式 ……………………………… 11

　1.5　室内消防给水 ……………………………………………………………… 16

　1.6　室内热水供应系统 ………………………………………………………… 27

　1.7　室内给水系统的管路布置与敷设 ……………………………………… 34

　1.8　室内给水系统的管材和管道附件 ……………………………………… 36

　1.9　水泵、水箱、贮水池及气压给水设备 ………………………………… 42

　1.10　室内给水系统的水力计算 ……………………………………………… 45

　复习思考题 …………………………………………………………………………… 51

**第 2 章　室内外排水** ………………………………………………………………… 52

　2.1　室内排水系统的分类与组成 ……………………………………………… 52

　2.2　室内排水管材及管件 ……………………………………………………… 56

　2.3　卫生器具与冲洗设备 ……………………………………………………… 58

　2.4　室内排水管道水力计算 …………………………………………………… 67

　2.5　室内排水管道的布置与敷设 ……………………………………………… 73

　2.6　室内排水管道安装 ………………………………………………………… 76

　2.7　屋面排水系统 ……………………………………………………………… 78

　2.8　高层建筑室内排水系统 …………………………………………………… 82

　2.9　室外排水系统 ……………………………………………………………… 85

　复习思考题 …………………………………………………………………………… 89

**第 3 章　采暖系统和燃气供应** …………………………………………………… 90

　3.1　概述 ………………………………………………………………………… 90

　3.2　热水采暖系统 ……………………………………………………………… 91

　3.3　蒸汽采暖系统 ……………………………………………………………… 97

3.4　热风采暖系统 ································· 100

3.5　辐射采暖系统 ································· 101

3.6　供热系统热负荷与散热设备 ················· 108

3.7　高层建筑采暖系统 ························· 120

3.8　热源 ····································· 123

3.9　燃气工程 ································· 128

复习思考题 ····································· 131

第4章　建筑通风 ································· 133

4.1　建筑通风的任务和分类 ····················· 133

4.2　自然通风 ································· 134

4.3　机械通风 ································· 137

4.4　通风设备 ································· 141

4.5　高层建筑防烟、排烟 ······················· 150

4.6　地下车库的通风 ··························· 156

复习思考题 ····································· 160

第5章　空气调节 ································· 161

5.1　空调系统的组成与分类 ····················· 161

5.2　空调系统的冷源及制冷机房 ················· 168

5.3　空调系统的设计指标 ······················· 173

5.4　空气处理设备 ····························· 179

5.5　空调水系统 ······························· 183

5.6　空调房间的气流组织 ······················· 189

5.7　空调系统的布置与节能 ····················· 194

5.8　空调系统的消声减振 ······················· 199

复习思考题 ····································· 202

第6章　低压配电设备及导线的选择 ············· 204

6.1　建筑电气的基本作用与分类 ················· 204

6.2　电能的产生、输送和分配 ··················· 204

6.3　负荷的分类及配电系统的基本形式 ··········· 207

6.4　电线、电缆的选择与敷设 ··················· 211

6.5　供配电系统常用设备 ······················· 217

复习思考题 ····································· 219

第7章　室内照明 ································· 221

7.1　照明基本知识 ····························· 221

7.2　照明光源与灯具 ··························· 224

7.3　照度计算与灯具布置 ······················· 236

复习思考题 ····································· 244

**第 8 章　安全用电与建筑防雷** ·················································· 245

　8.1　安全用电 ········································································ 245

　8.2　保护接地与保护接零 ··························································· 247

　8.3　建筑防雷 ········································································ 251

　　复习思考题 ········································································ 257

**第 9 章　建筑弱电系统** ·························································· 258

　9.1　有线电视系统 ··································································· 258

　9.2　火灾自动报警系统 ······························································ 261

　9.3　智能建筑与综合布线 ···························································· 266

　　复习思考题 ········································································ 271

**第 10 章　建筑设备施工图** ······················································ 272

　10.1　室内给排水施工图 ····························································· 272

　10.2　暖通施工图 ···································································· 284

　10.3　电气施工图 ···································································· 296

　　复习思考题 ········································································ 299

参考文献 ················································································ 300

# 第1章

## 室内外给水

**本章要点**

了解给水水质和用水定额；了解室内外给水系统的分类与组成；掌握供水水压和常用的给水方式；掌握消防给水工程的一般知识；熟悉给水管材、附件；了解热水系统的组成；掌握室内给水系统的水力设计。

室内外给水的任务是把水从城市给水管网或自备水源安全可靠、经济合理地输送到设置在室内的生活、生产和消防设备的用水点，并且满足用水点对水量、水压和水质等方面的要求。室内给水工程的范围是从阀门井或水表井（室外）起，至室内各用水点止；包括引入管、室内管道、设备和附件等。

## 1.1 给水水质和用水定额

水是人们日常生活及生产过程中不可缺少的物质。随着科学技术的迅速发展，人们生活水平的日益提高，生产的不断扩大，对各种用途的用水要求必然越来越高。

### 1.1.1 给水水质

水质标准是水中允许存在的杂质种类和数量。水源、生活饮用水、各种工业用水、农牧业和渔业用水等都有不同的水质标准。

1. 生活饮用水水质标准

生活饮用水直接关系到人们日常生活和身体健康，是人们生活的最基本卫生条件之一。人们对生活饮用水的水质要求是：清洁透明、无色、无臭、无味、无细菌、无病原体、化学物质的含量不影响使用、有毒物质的浓度在不影响人体健康的范围内。

新的生活饮用水卫生标准分5个部分。

（1）感官性状指标：感官性状又称物理性状，是水中某些对人的视觉、味觉、嗅觉等感觉器官产生刺激作用的杂质程度。

感官性状指标不属于危害人体健康的直接指标，但其存在将给使用者以厌恶感和不安全感，同时色、臭、味严重时，也可能是水中含有致病物质的标志。因此，清洁的水应清澈透明，无色、无臭、无味，给人以良好的感觉印象。

（2）化学指标：水中存在某些化学物质，一般情况下虽然对人体健康并不直接构成危害，但往往对生活使用产生种种不良影响。例如，水中总硬度虽对人体健康无多大影响，但如果含量超过一定的限度，也会引起人们在使用上的某些不利（如水壶结垢、耗皂量大等）；当水中铁、锰超过规定限度时，水就变得浑浊、带色，并具有铁腥气味。

（3）毒理学指标：有些化学物质，在饮用水中达到一定浓度时，就会对人体健康造成危害。因此，应对其严加限制。

有毒物质主要是工业废水带入水体的污染物，这些有毒物质有些能引起急性中毒，大多数可在人体的某些部位积蓄，引起慢性中毒。

（4）细菌学指标：水中含有大量的细菌，其中包括痢疾、霍乱、伤寒等肠道传染病菌和病毒，这些病菌通过饮用水进行传播，威胁人的健康。因此，为了保证生活饮用水的安全可靠，必须在水质标准中作出严格的规定。

（5）放射性指标：当水源受到放射性物质污染时，应与卫生部门联系，及时检测。放射性超过标准的水一般不宜用作生活饮用水水源。

表1.1列举了生活饮用水水质标准的内容。

**表1.1　　　　　　　　　　　　　　　生活饮用水水质标准**

| 项　　　目 | | 标　　　准 |
|---|---|---|
| 感官性状<br>一般化学指标 | 色 | 色度不超过15度，不得呈现其他异色 |
| | 浑浊度 | 不超过1度（NTU）①，特殊情况下不超过5度（NTU） |
| | 臭和味 | 不得有异臭、异味 |
| | 肉眼可见物 | 不得含有 |
| | pH值（以碳酸钙计） | 6.5～8.5 |
| | 总硬度/（mg/L） | 450 |
| | 铁/（mg/L） | 0.3 |
| | 锰/（mg/L） | 0.1 |
| | 铜/（mg/L） | 1.0 |
| | 锌/（mg/L） | 1.0 |
| | 挥发酚类（以苯酚计）/（mg/L） | 0.002 |
| | 阴离子合成洗涤剂/（mg/L） | 0.3 |
| | 硫酸盐/（mg/L） | 250 |
| | 氯化物/（mg/L） | 250 |
| | 溶解性总固体/（mg/L） | 1000 |
| 毒理学指标 | 氟化物/（mg/L） | 1.0 |
| | 氰化物/（mg/L） | 0.05 |
| | 砷/（mg/L） | 0.05 |
| | 硒/（mg/L） | 0.01 |
| | 汞/（mg/L） | 0.001 |
| | 镉/（mg/L） | 0.005 |
| | 铬/（mg/L） | 0.05 |
| | 铅/（mg/L） | 0.01 |
| | 银/（mg/L） | 0.05 |
| | 硝酸盐/（mg/L） | 20 |
| 细菌学指标 | 细菌总数/（个/mL） | 100 |
| | 总大肠菌群/（个/L） | 3 |
| | 游离余氯 | 在与水接触30min后不低于0.3mg/L。集中式给水除出厂水应符合上述要求外，管网末梢水不应低于0.05mg/L |
| 放射性指标 | 总$\alpha$放射性/（Bq/L） | 0.1 |
| | 总$\beta$放射性/（Bq/L） | 1 |

① NTU为散射浊度单位。

在有些情况下，对生活饮用水的某些指标要求更高，例如某些医疗单位要求更低的总硬度和浊度；某些高级宾馆和饮料厂对总硬度、浊度、细菌学指标等有更高的要求。这时应对生活饮用水作进一步处理。

有时为节省生活饮用水，还设置杂用水系统，供给非饮用和不与身体接触的用水，例如便器冲洗、地面冲洗、汽车冲洗、浇洒道路和绿地等。杂用水的水质应符合《城市污水再生利用　城市杂用水水质》（GB/T 18920—2002）要求，见表1.2。

表 1.2　　　　　　　　　　　　　　城市杂用水水质标准

| 序号 | 项　目 | | 冲刷 | 道路清扫、消防 | 城市绿化 | 车辆清洗 | 建筑施工 |
|---|---|---|---|---|---|---|---|
| 1 | pH 值 | | 6.0～9.0 | | | | |
| 2 | 色（度） | ≤ | 30 | | | | |
| 3 | 嗅 | | 无不快感 | | | | |
| 4 | 浊度（NTU） | ≤ | 5 | 10 | 10 | 5 | 20 |
| 5 | 溶解性总固体 /(mg/L) | ≤ | 1500 | 1500 | 1000 | 1000 | — |
| 6 | 五日生化需氧量 (BOD$_5$)/(mg/L) | ≤ | 10 | 15 | 20 | 10 | 15 |
| 7 | 氨氮/(mg/L) | ≤ | 10 | 10 | 20 | 10 | 20 |
| 8 | 阴离子表面活性剂 /(mg/L) | ≤ | 1.0 | 1.0 | 1.0 | 0.5 | 1.0 |
| 9 | 铁/(mg/L) | ≤ | 0.3 | — | — | 0.3 | — |
| 10 | 锰/(mg/L) | ≤ | 0.1 | — | — | 0.1 | — |
| 11 | 溶解氧/(mg/L) | ≥ | 1.0 | | | | |
| 12 | 总余氯/(mg/L) | | 接触30min后≥1.0，管网末端≥0.2 | | | | |
| 13 | 总大肠菌群/(个/L) | ≤ | 3 | | | | |

**2. 工业用水水质标准**

工业生产种类繁多，不同的工业对水质的要求各不相同；同一类型的工厂，因为材料、设备、加工工艺的不同，对水质的要求也各有所异，因此不能为各类工业制定统一的水质标准。

### 1.1.2 用水量标准

用水量标准是指在某一计量单位内（单位时间、单位产品等）被居民或其他用水者所消费的水量。

对于生活用水，用水量标准就是满足居民每人每天生活需要消费的水量。它与多种因素有关，如气候条件、人们的生活习惯、卫生设备的设置、生活水平和水价等都影响用水量标准。生产用水，用水量标准主要依据生产工艺过程、设备情况、产品性质和地区条件等因素决定。下面主要讨论建筑内生活用水。

**1. 小时变化系数**

在给水系统中，为了确定设计流量，必须了解用户用水量在24h内的变化情况，通常用"小时变化系数 $K_h$"来表示。

2. 最高日用水量

根据规范资料，按设计要求可以求出建筑物内生活用水的最高日用水量为

$$Q_d = mq_d \tag{1.1}$$

式中　$Q_d$——最高日用水量，L/d；

　　　$m$——用水单位数，每人每床位等；

　　　$q_d$——最高日生活用水量标准，L/(人·d)。

3. 最大小时用水量

根据规范资料，按设计要求可以求出建筑物内生活用水的最大小时用水量为

$$Q_h = \frac{Q_d}{T} K_h \tag{1.2}$$

式中　$Q_h$——最大小时用水量，L/h；

　　　$Q_d$——最高日用水量，L/d；

　　　$T$——建筑物内的用水时间，h；

　　　$K_h$——小时变化系数。

各类建筑的生活用水定额及小时变化系数见表 1.3～表 1.5。

**表 1.3　　　　　住宅最高日生活用水定额及小时变化系数**

| 住宅类型 | | 卫生器具设置标准 | 用水定额（最高日）/[L/(人·d)] | 小时变化系数 | 使用时间/h |
|---|---|---|---|---|---|
| 普通住宅 | I | 有大便器、洗涤盆 | 85～150 | 3.0～2.5 | 24 |
| | II | 有大便器、洗脸盆、洗涤盆和洗衣机、热水器和沐浴设备 | 130～300 | 2.8～2.3 | 24 |
| | III | 有大便器、洗脸盆、洗涤盆和洗衣机、家用热水组或集中热水供应和沐浴设备 | 180～320 | 2.5～2.0 | 24 |
| 高级住宅 | | 有大便器、洗脸盆、洗涤盆和洗衣机及其他设备（净身器等）、家用热水组或集中热水供应和沐浴设备、洒水栓 | 200～350（300～400） | 2.3～1.8 | 24 |

**注**　直辖市、经济特区、省会、首府可取上限；其他地区可取中、下限。

**表 1.4　　　　　工业企业建筑生活、沐浴用水定额**

| 生活用水定额/[L/(班·人)] | | 小时变化系数 | 备　注 |
|---|---|---|---|
| 25～35 | | 2.5～3.0 | 每班工作时间以 8h 计 |

| 工业企业建筑淋浴用水定额 | | | 每人每班淋浴用水定额/L | 淋浴用水延续时间为 1h |
|---|---|---|---|---|
| 车间卫生特征 | | | | |
| 有毒物质 | 生产性粉尘 | 其他 | | |
| 极易经皮肤吸收引起中毒的剧毒物质（如有机磷、三硝基甲苯等） | 严重污染全身或对皮肤有刺激的粉尘（炭黑、玻璃棉等） | 处理传染性材料、动物原料 | 60 | |
| 易经皮肤吸收或有恶臭的物质，或高毒物质 | | 高温作业、井下作业 | | |
| 其他毒物 | 一般粉尘 | 重作业 | 40 | |
| 不接触有毒物质及粉尘、不污染或轻度污染身体 | | | | |

**表 1.5　集体宿舍、旅馆和其他公共建筑的生活用水定额及小时变化数**

| 建筑物名称及卫生器具设置标准 | 单　位 | 生活用水量标准<br>（最高日）<br>/L | 小时变化系数 | 每日使<br>用时间<br>/h |
|---|---|---|---|---|
| 单身职工宿舍、学生宿舍、招待所、<br>培训中心、普通旅馆 | | | | |
| 　设公共厕所、盥洗室 | 每人每日 | 50～100 | 3.0～2.5 | 24 |
| 　设公共厕所、盥洗室和淋浴室 | 每人每日 | 80～130 | 3.0～2.5 | 24 |
| 　设公共厕所、盥洗室和淋浴室和<br>洗衣房 | 每人每日 | 100～150 | 3.0～2.5 | 24 |
| 　设单独卫生间及淋浴设备、共用<br>洗衣房 | 每人每日 | 120～200 | 3.0～2.5 | 24 |
| 旅馆客房 | | | | |
| 　旅客 | 每床位每日 | 250～400 | 2.5～2.0 | 24 |
| 　员工 | 每床位每日 | 80～100 | 2.5～2.0 | 24 |
| 医院住院部 | | | | |
| 　设公共厕所、盥洗室 | 每病床每日 | 100～200 | 2.5～2.0 | 24 |
| 　设公共厕所、盥洗室和淋浴室 | 每病床每日 | 150～250 | 2.5～2.0 | 24 |
| 　病房设单独卫生间及淋浴室 | 每病床每日 | 250～400 | 2.5～2.0 | 24 |
| 　医务人员 | 每人每班 | 150～250 | | 8 |
| 　门诊部、诊疗所 | 每病人每次 | 10～15 | 1.5～1.2 | 8～12 |
| 　疗养院、休养所住房部 | 每床位每日 | 200～300 | 2.0～1.5 | 24 |
| 养老院、托老所 | | | | |
| 　全托 | 每人每日 | 100～150 | 2.5～2.0 | 24 |
| 　日托 | 每人每日 | 50～80 | 2.0 | 10 |
| 幼儿园、托儿所 | | | | |
| 　有住宿 | 每儿童每日 | 50～100 | 3.0～2.5 | 24 |
| 　无住宿 | 每儿童每日 | 30～50 | 2.0 | 10 |
| 教学实验楼 | | | | |
| 　中小学校 | 每学生每日 | 20～40 | 1.5～1.2 | 8～9 |
| 　高等学校 | 每学生每日 | 20～40 | 1.5～1.2 | 8～9 |
| 办公楼 | 每人每班 | 30～50 | 1.5～1.2 | 8～10 |
| 公共浴室 | | | | |
| 　淋浴 | 每顾客每次 | 100 | 2.0～1.5 | 12 |
| 　浴盆、淋浴 | 每顾客每次 | 120～150 | 2.0～1.5 | 12 |
| 　桑拿浴（淋浴、按摩池） | 每顾客每次 | 150～200 | 2.0～1.5 | 12 |
| 商场员工及顾客 | 每平方米每日 | 5～8 | 1.5～1.2 | 12 |
| 理发室、美容院 | 每顾客每次 | 40～100 | 2.0～1.5 | 12 |
| 洗衣房 | 每千克干衣 | 40～80 | 1.5～1.2 | 8 |
| 餐饮业 | | | | |
| 　中餐酒楼 | 每顾客每次 | 40～60 | 1.5～1.2 | 10～12 |
| 　快餐店、职工及学生食堂 | 每顾客每次 | 20～25 | 1.5～1.2 | 12～16 |
| 　酒吧、咖啡馆、茶座、卡拉 OK 房 | 每顾客每次 | 5～15 | 1.5～1.2 | 8～18 |

续表

| 建筑物名称及卫生器具设置标准 | 单　位 | 生活用水量标准（最高日）/L | 小时变化系数 | 每日使用时间/h |
|---|---|---|---|---|
| 电影院、剧院 | 每观众每场 | 3～5 | 1.5～1.2 | 3 |
| 健身中心 | 每人每次 | 30～50 | 1.5～1.2 | 8～12 |
| 体育场（馆）<br>　运动员淋浴<br>　观众 | <br>每人每次<br>每人每次 | <br>30～40<br>3 | <br>3.0～2.0<br>1.2 | <br>—<br>4 |
| 会议厅 | 每座位每次 | 6～8 | 1.5～1.2 | 4 |
| 客运站旅客、展览中心观众 | 每人次 | 3～6 | 1.5～1.2 | 8～16 |
| 菜市场地面冲洗及保鲜用水 | 每平方米每日 | 10～20 | 2.5～2.0 | 8～10 |
| 停车库地面冲洗水 | 每平方米每次 | 2～3 | 1.0 | 6～8 |

**注**　1. 除养老院、托儿所、幼儿园的用水定额中含食堂用水，其他均不含食堂用水。

2. 除注明外，均不含员工生活用水，员工用水定额为每人每班 40%～60%。

3. 医疗建筑用水中已含医疗用水。

4. 空调用水应另计。

# 1.2　室外给水系统的组成与分类

## 1.2.1　室外给水系统的组成

室外给水系统由相互联系的一系列构筑物和输配水管网组成。它的任务是从水源取水，按照用户对水质的要求进行处理，然后将水输送到给水区，并向用户配水。室外给水系统的组成包括以下几个方面。

1. 取水构筑物

用以从选定的水源（包括地表水和地下水）取水，并送往水厂。

2. 水处理构筑物

用以处理取水构筑物的水，以符合用户对水质的要求。

3. 泵站

用以将所需的水量提升到要求的高度，可分为抽取原水的一级泵站、输送清水的二级泵站和设于管网中的增压泵站。

4. 输水管渠和管网

将原水送至水厂或将水厂的水送到各配水区。

5. 调节构筑物

包括各种类型的贮水构筑物，如高地水池、水塔、清水池等。

图 1.1 为地表水源给水管道系统示意图，图 1.2 为地下水源给水管道系统示意图。

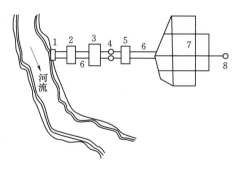
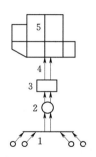

图 1.1　地表水源给水管道系统示意图　　　　图 1.2　地下水源给水管道系统示意图
1—取水构筑物；2—一级泵站；3—水处理构筑物；　　　　1—地下水取水构筑物；
4—清水池；5—二级泵站；6—输水管；　　　　　　2—集水池；3—泵站；
7—管网；8—水塔　　　　　　　　　　　　　4—输水管；5—管网

### 1.2.2　给水管网系统的分类

给水管网系统主要有统一给水管网系统、分系统给水管网系统。

1. 统一给水管网系统

根据向管网供水的水源数目，统一给水管网系统可分为单水源给水管网系统和多水源给水管网系统两种形式。

（1）单水源给水管网系统。只有一个水源地，处理过的清水经过泵站加压后进入输水管和管网，所有用户的用水来源于一个水厂清水池（清水库），为较小的给水管网系统。如企事业单位或小城镇给水管网系统，多为单水源给水管网系统，系统简单，管理方便。如图 1.3 所示。

（2）多水源给水管网系统。有多个水厂的清水池（清水库）作为水源的给水管网系统，清水从不同的地点经输水管进入管网，用户的用水可以来源于不同的水厂。为较大的给水管网系统。如大中城市甚至跨城镇的给水管网系统，一般是多水源给水管网系统，如图 1.4 所示。多水源给水管网系统的特点是：调度灵活、供水安全可靠（水源之间可以互补），就近给水，动力消耗较小；管网内水压较均匀，便于分期发展，但随着水源的增多，管理的复杂程度也相应提高。

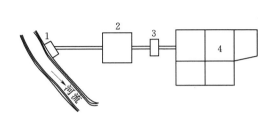
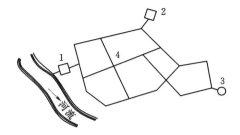

图 1.3　单水源给水管网系统示意图　　　　图 1.4　多水源给水管网系统示意图
1—取水设施；2—给水处理厂；　　　　　　1—地表水水源；2—地下水水源；
3—加压泵站；4—给水管网　　　　　　　3—水塔；4—给水管网

**2. 分系统给水管网系统**

分系统给水管网系统和统一给水管网系统一样，也可采用单水源或多水源供水。根据具体情况，分系统给水管网系统又可分为：分区给水管网系统、分压给水管网系统和分质给水管网系统。

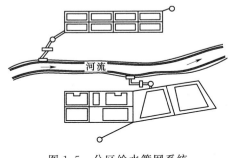

图1.5　分区给水管网系统

（1）分区给水管网系统。管网分区的方法有两种：一种是城镇地形较平坦，功能分区较明显或自然分隔而分区，如图1.5所示，城镇被河流分隔，两岸工业和居民用水分别供给，自成给水系统，随着城镇发展，再考虑将管网相互沟通，成为多水源给水系统。另一种是因地形高差较大或输水距离较长而分区，又有串联分区和并联分区两类：采用串联分区，设泵站加压（或减压措施）从某一区取水，向另一区供水；采用并联分区，不同压力要求的区域有不同泵站（或泵站中不同水泵）供水。大型管网系统可能既有串联分区又有并联分区，以便更加节约能量。图1.6所示为并联分区给水管网系统，图1.7所示为串联分区给水管网系统。

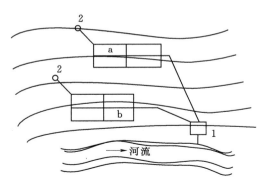

图1.6　并联分区给水管网系统
a—高区；b—低区；
1—净水厂；2—水塔

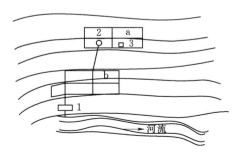

图1.7　串联分区给水管网系统
a—高区；b—低区；
1—净水厂；2—水塔；3—加压泵站

（2）分压给水管网系统。由于用户对水压的要求不同而分成两个或两个以上的系统给水，如图1.8所示。符合用户水质要求的水，由同一泵站内的不同扬程的水泵分别通过高压、低压输水管网送往不同用户。

（3）分质给水管网系统。因用户对水质的要求不同而分成两个或两个以上系统，分别供给各类用户，称为分质给水管网系统，如图1.9（a）、（b）所示。

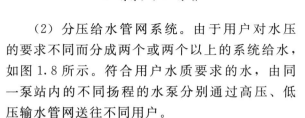
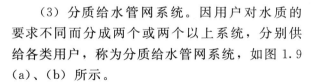

图1.8　分压给水管网系统
1—净水厂；2—二级泵站；3—低压输水管；
4—高压输水管；5—低压管网；
6—高压管网；7—水塔

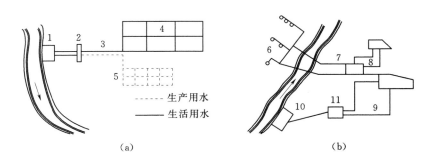

图 1.9 分质给水管网系统

1—分质净水厂；2—二级泵站；3—输水管；4—居住区；5—工厂区；6—井群；7—地下水水厂；
8—生活用水管网；9—生产用水管网；10—取水构筑物；11—生产用水厂

# 1.3 室内给水系统的分类与组成

### 1.3.1 室内给水系统的分类

室内给水系统通常按其用途划分为生活给水系统、生产给水系统、消防给水系统和建筑中水给水系统。

1. 生活给水系统

生活给水系统主要是指居住建筑和公共建筑内生活上的用水系统。根据供水对象的不同，还可分为直饮水给水系统、饮用水给水系统和杂用水给水系统。生活给水系统除了要满足用水设施对水量和水压的要求外，还要满足国家规定的"生活饮用水卫生标准"的要求。

2. 生产给水系统

生产给水系统是为产品的生产加工过程供水的系统。由于各种生产工艺的不同，生产给水系统种类繁多，主要包括生产设备的冷却、原料和产品的洗涤、锅炉用水和某些工业的原料用水等。生产给水系统必须满足生产工艺对水质、水量、水压及安全方面的要求。

3. 消防给水系统

消防给水系统是向建筑内部以水作为灭火剂的消防设施供水的系统。其中包括消火栓给水系统和自动喷水灭火系统。消防给水对水质没有特殊要求，但必须保证足够的水量和水压。

4. 建筑中水给水系统

把通过给水系统用过的废水，按水质有选择的集流，经过一定处理使水质达到建筑中水水质标准后，再回用于建筑，如冲洗厕所、地面等。

在一幢建筑物中，前三种给水系统不一定单独设置。通常根据用水对象对水质、水量、水压的具体要求，通过技术经济比较，确定采用独立设置的给水系统或共用给水系统。共用给水系统有生产、生活共用给水系统，生活、消防共用给水系统，生活、生产、消防共用给水系统等。

### 1.3.2　室内给水系统的组成

室内给水系统通常由以下几个基本部分组成，如图 1.10 所示。

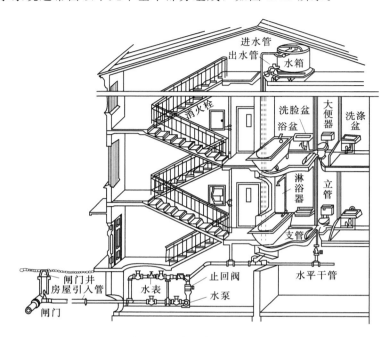

图 1.10　建筑内部给水系统

1. 引入管

引入管也称进户管，是连接室外给水管网和建筑物内给水管道的管段。该管段通常为一条（也可为多条），引入管应保持不小于 3‰的坡度斜向室外给水管网。

2. 水表节点

水表节点是指安装在引入管上的水表及其前后设置的阀门和泄水装置的总称。水表用于计量建筑物的用水量。阀门用于在维修或拆换水表时关断水管。泄水装置用于检修时放空管网。进户水表设在分支管上，可只在表前设阀，以便局部关断水流。

3. 室内管道

室内管道是指室内给水水平干管、立管、支管组成的管道系统。用来把引入管引入建筑物内的水输送和分配到各个用水点。

4. 用水设备

用水设备是指各种生活、生产用水设备或其他用水器具。

5. 给水附件

给水附件是设置在给水管道上的各种配水龙头、阀门等装置。在给水系统中控制流量大小、限制流动方向、调节压力变化、保障系统正常运行。

6. 升压设备

升压设备是为给水系统提供水压的设备。常用的升压设备有水泵、气压给水设备、变频调速给水设备等。

7. 贮水和水量调节构筑物

贮水和水量调节构筑物是给水系统中贮存和调节水量的装置，如贮水池和水箱。它们在系统中用于调节流量、贮存生活用水、消防用水和事故备用水，水箱还具有稳定水压和容纳管道中的水因热胀冷缩体积发生变化时的膨胀水量的功能。

8. 室内消防设备

根据《建筑设计防火规范》（GB 50016—2006）及 2005 年版的《高层民用建筑设计防火规范》（GB 50045—1995）的规定，在建筑物内设置消火栓系统、自动喷水灭火系统等各种设备。

# 1.4 室内生活给水系统所需水压及给水方式

## 1.4.1 室内给水系统所需水压

室内给水系统的压力，必须保证将需要的水输送到建筑物内最不利配水点（通常为距引入管起端最高最远点）的配水龙头或用水设备处，并保证有足够的流出水头。

室内给水系统所需水压，由图 1.11 分析可按式（1.3）计算

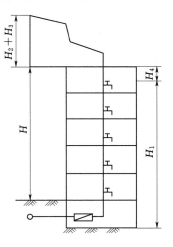

$$H = H_1 + H_2 + H_3 + H_4 \qquad (1.3)$$

式中　$H$——室内给水系统所需的水压，可以通过测量最不利配水点至引入管之间的垂直高度而确定，m；

　　　$H_1$——最不利配水点与室外引入管起端之间的静压差，m；

　　　$H_2$——计算管路的水头损失，m；

　　　$H_3$——水流通过水表的水头损失，m；

　　　$H_4$——最不利配水点的流出水头，m。

图 1.11　室内给水系统
所需水压

在计算得出室内管网所需的水压 $H$ 之后，应与室外管网所具有的压力（市政管网水头）$H_0$ 加以比较：

（1）当 $H$ 不大于 $H_0$ 值时，说明室内管道的直径定得合适。

（2）当 $H$ 小于 $H_0$ 的值很多时，说明管径不合适，应适当减小某些管段的管径。

（3）当 $H$ 大于 $H_0$ 时，应加大某些管段的直径，减少水头损失，使其满足不大于 $H_0$。

（4）当 $H$ 大于 $H_0$ 很多时，说明加大管径的方法不能解决问题，而需要采用增加加压水泵或其他加压设备来解决建筑上层的供水问题。

对于住宅的生活用水，在未进行精确计算前，为了选择给水方式，可按建筑物的层数粗略估计自室外地面算起所需的最小保证压力值，一般一层建筑物为 100kPa；二层建筑物为 120kPa；三层及三层以上的建筑物，每增加一层增加 40kPa。对于引入管或室内管道较长或层高超过 3.5m 时，上述值应适当增加。

### 1.4.2 室内给水方式选择的原则

室内给水方式的选择应当根据用户对水质、水压和水量的要求，室外管网所能提供的水质、水量和水压情况，卫生器具、消防设备等用水点在建筑物内的分布，用户对供水安全可靠性的要求，经技术经济比较确定。通常根据以下原则进行选择：

（1）在满足用户要求的前提下，力求给水系统简单，管道长度短，以降低工程造价和运行管理费用。

（2）充分利用室外管网的水压直接供水。如果室外给水管网的水压不能满足整个建筑物的用水要求，可考虑在建筑物下部楼层采用室外管网水压直接供水，上部楼层采用设置升压设备的加压供水。

（3）供水安全可靠、管理、维修方便。

（4）当两种及两种以上用水的水质接近时，应尽量采用共用给水系统。

（5）生产给水应尽量采用废水重复利用的给水系统，以节约水资源。

（6）生产、生活、消防给水系统中的管道、配件和附件所承受的水压，要小于产品的允许工作压力，以防止使用不便和卫生器具及配件破裂漏水。

（7）高层建筑生活给水系统的竖向分区，应根据使用要求、材料设备性能、维修管理、建筑层数等条件，结合室外给水管网的水压合理确定。

### 1.4.3 室内生活给水系统的给水方式

建筑给水系统的给水方式就是室内的供水方案，它取决于该系统所需要的水压与室外给水管网所能提供的水压之间的关系。此外，建筑物的高度、内部卫生器具及消防设备的设置等都起着重要的作用。

常见的室内生活给水系统的给水方式有以下 6 种。

1. 直接给水方式

直接给水方式是在建筑物内部只设置与室外供水管网直接相连的给水管道，利用室外管网的压力直接向室内用水设备供水的系统，如图 1.12 所示。直接给水方式适用于室外管网的水量、水压在一天内的任何时间均能满足室内用水要求的地区。直接给水方式的优点是供水较可靠、系统简单、投资少、安装维修方便，可充分利用室外管网水压节省运行能耗。缺点是给水系统没有贮备水量，当室外管网停水时，室内系统会立即断水。

低层建筑一般采用直接给水方式。

2. 单设水箱给水方式

当室外管网压力在一天内的大部分时间能满足要求，仅在用水高峰时刻，由于用水量的增加，室外管网的水压降低而不能保证建筑物上部楼层用水时，可采用单设屋顶水箱的给水方式（图 1.13）。在室外给水管网水压足够时（一般在夜间）向水箱充水；室外管网压力不足时（一般在白天）由水箱供水。此系统较简单、投资较省、维护较方便，可充分利用外网水压。缺点是水箱容积和质量大，增加建筑尺寸，并影响建筑物的立面视觉效果。

在室外管网水压力周期性不足的多层建筑中，也可以采用图 1.14 所示的给水方式，即建筑物下面几层由室外管网直接供水、上面几层采用水箱给水的分区给水方式，这样可以减小屋顶水箱的容积。

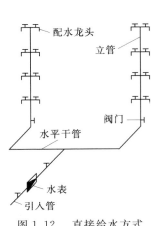

图 1.12 直接给水方式

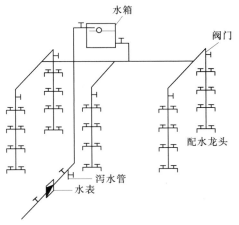

图 1.13 单设水箱的给水方式

3. 水泵、水箱联合给水方式

当室外给水管网中压力低于或周期性低于建筑内部给水管网所需水压，而且建筑内部用水量又很不均匀时，宜采用设置水泵和水箱的联合给水方式，如图 1.15 所示。

这种给水方式由水泵及时向水箱充水，使水箱容积大为减小；又因为水箱的调节作用，水泵出水量稳定，可以使水泵在高效率下工作；水箱如果采用浮球继电器等装置，还可使水泵启闭自动化。因此，这种方式技术上合理、供水可靠，虽然初期费用较高，但其长期效果是经济的。其缺点是安装麻烦、增加结构荷载、有振动与噪音干扰。

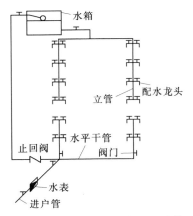

图 1.14 下层直接给水、上层单
设水箱的给水方式

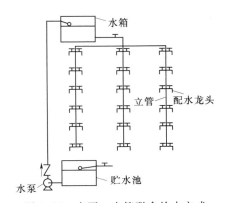

图 1.15 水泵、水箱联合给水方式

4. 气压给水方式

这种给水方式是利用密闭压力水罐取代水泵、水箱联合给水方式中的高位水箱，可以调节和贮存水量并保持所需的压力，如图 1.16 所示。水泵从贮水池吸水，送入给水管网的同时，多余的水进入气压水罐，将罐内的气体压缩，当罐内压力上升到最大工作压力时，水泵停止工作。此后，利用罐内气体的压力将水送给配水点。罐内压力随着水量的减

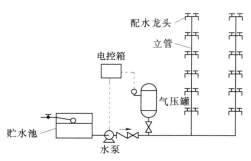

图1.16　设气压供水装置的给水方式

少逐渐下降，当下降到最小工作压力时，水泵重新启动供水。

这种给水方式适用于室外管网的水压经常性不足，不宜设置高位水箱的建筑。它的优点是设备可设在建筑物的任何高度上，便于隐蔽，安装方便，水质不易受污染，投资省，建设周期短，便于实现自动化等。缺点是给水压力波动较大，运行能耗大，费用较高，耗用钢材较多，供水安全性较差。

### 5. 设水泵的给水方式

如果室外管网压力经常不能满足室内给水要求，且室内用水量较大又较均匀时，可单设水泵供水。此时由于出水量均匀，水泵工作稳定，电能消耗比较少。当室外市政给水管网允许水泵直接吸水时，水泵可直接从室外给水管网吸水，但水泵吸水时，室外给水管网的压力不得低于100kPa；当不允许水泵直接从室外给水管网吸水时，必须设置贮水池，如图1.17所示。因为绝大多数时间内水泵是在低效的情况下运行的，电能耗费多，这就是它的最大缺点。

### 6. 分区给水方式

在多层建筑物中，当室外给水管网的压力只能满足建筑物下面几层供水要求时，为了充分利用室外管网水压，可将建筑物供水系统划分为上、下两个供水区。下区利用城市管网压力直接供水，上区由升压、贮水设备供水（图1.18）。这种供水方式对建筑物低层设有洗衣房、澡堂、大型餐厅、食堂等用水量大的建筑物尤其具有经济意义。

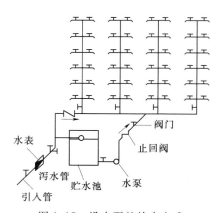

图1.17　设水泵的给水方式

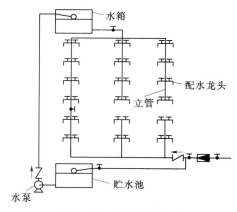

图1.18　分区给水方式

## 1.4.4　高层建筑的室内给水方式

高层建筑的特点是建筑高度高、层数多、面积大、设备复杂、功能完善、使用人数较多，这就对建筑给水排水的设计、施工、材料及管理方面提出了更高的要求。

高层建筑给水工程通常具有以下特点：给水设备多、标准高，使用人数多，必须保证供水安全可靠。当建筑物达到一定高度时，给水系统进行竖向分区，在建筑物的垂直方向分为若干个区域进行供水，这是为了避免下层的给水压力过大而造成的许多不利情况：下层龙头开启，水流喷溅，造成浪费，并产生噪声及振动；上层龙头流量过小，甚至产生负压抽吸现象，有可能造成回流污染；水泵运转电费和维修管理费用增高。根据我国目前水暖产品所能承受的压力情况，通常每个分区负担的楼层数为 10～12 层。

高层建筑的分区给水方式可分为串联给水方式、并联给水方式和减压给水方式。设计时应根据工程的实际情况，按照供水安全可靠、技术先进、经济合理的原则进行选择。

1. 串联给水方式

高层建筑的串联给水方式如图 1.19 所示。将水泵分散设置在各区的楼层中，上区的水泵从下区的水箱中抽水。这种给水方式的优点是各区水泵扬程和流量按照本区的需要设计，使用效率高，设备和管道较简单，动力费用降低，无高压水泵和高压管线。缺点是水泵分散布置，要占用建筑内面积，同时消声减振要求高，若下区发生事故，上区的供水受影响，供水可靠性差。

2. 并联给水方式

并联给水方式如图 1.20 所示，这是在各区设置独立的水箱和水泵，各分区由集中设置在建筑底层或地下室各水泵独立地向各自分区的水箱供水。这种供水方式的优点是各区独立运行，互不影响，供水安全性好；水泵集中布置，管理维护方便，水泵运行效率高，能源消耗较小；各区水箱容积小，有利于结构设计。缺点是水泵台数多，出水高压管线长，动力费用增加；水箱占用楼层的使用面积，给房间布置带来困难。

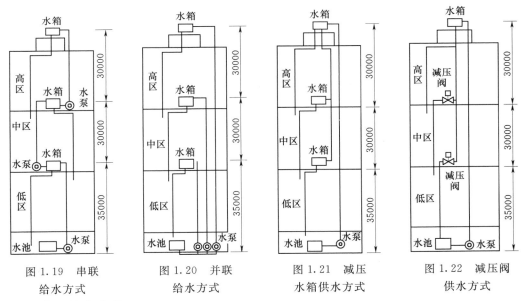

图 1.19　串联　　　　图 1.20　并联　　　　图 1.21　减压　　　　图 1.22　减压阀
　　给水方式　　　　　　给水方式　　　　水箱供水方式　　　　供水方式

3. 减压给水方式

减压给水方式分为减压水箱给水方式和减压阀给水方式。这两种方式的共同点是建筑物的用水量全部由设置在底层的水泵提升至屋顶总水箱，再由此水箱向下区减压供水。

减压水箱供水方式（图 1.21）是把屋顶总水箱的水分送至各分区水箱，分区水箱起减压作用。这种给水方式的优点是水泵数量少，设备费用降低，管理维护简单，各分区减压水箱容积小。缺点是水泵运行费用高，屋顶总水箱容积大、对建筑的结构和抗震不利，建筑物高度较高、分区较多时，下区减压水箱的浮球阀承受压力大，供水可靠性差。

减压阀供水方式在于以减压阀来代替减压水箱（图1.22）。其优点是减压阀不占用楼层面积，可使建筑面积发挥最大的经济效益。缺点是水泵运行费用较高，目前工程上采用不多。

# 1.5  室内消防给水

建筑物内部设置以水为灭火剂的消防给水系统是经济有效的方法。根据其建筑高度、功能、火灾危险性和扑救难易程度等，对民用建筑物进行分类，建筑高度不大于27m的住宅建筑（包括设置服务网点的住宅建筑）以及建筑高度不大于24m的其他公共建筑的室内消防给水系统，属于低层建筑室内消防给水系统，主要用于扑灭建筑物初期火灾；高层建筑灭火必须立足于自救，高层建筑的室内消防给水系统应具有扑灭建筑物大火的能力。但为了节约投资和考虑到消防人员赶到火场扑救初期火灾的可能性，并不要求任何建筑物都设置室内消防给水设备。

按照国家现行的《建筑设计防火规范》（GB 50016—2014）确定必须设置室内消防给水系统的建筑物及场所有：

（1）建筑占地面积大于$300m^2$的厂房和仓库。

（2）高层公共建筑和建筑高度大于21m的住宅建筑。

（3）体积大于$5000m^3$的车站、码头、机场的候车（船、机）建筑、展览建筑、商店建筑、旅馆建筑、医疗建筑和图书馆建筑等单、多层建筑。

（4）特等、甲等剧场，超过800个座位的其他等级的剧场和电影院等以及超过1200个座位的礼堂、体育馆等单多层建筑。

（5）建筑高度大于15m或体积大于$10000m^3$的办公建筑、教学建筑和其他单、多层民用建筑。

工业建筑中下列厂房或生产部位应设置自动灭火系统，并宜采用自动喷水灭火系统：

（1）不小于50000纱锭的棉纺厂的开包、清花车间，不小于5000锭的麻纺厂的分级、梳麻车间，火柴厂的烤梗、筛选部位。

（2）占地面积大于$1500m^2$或总建筑面积大于$3000m^2$的单、多层制鞋、制衣、玩具及电子等类似生产的厂房。

（3）占地面积大于$1500m^2$的木器厂房。

（4）泡沫塑料厂的预发、成型、切片、压花部位。

（5）高层乙、丙类厂房。

（6）建筑面积大于$500m^2$的地下或半地下丙类厂房。

高层民用建筑或场所应设置自动灭火系统，并宜采用自动喷水灭火系统：

（1）一类高层公共建筑（除游泳池、溜冰场外）及其地下、半地下室。

（2）二类高层公共建筑及其地下、半地下室的公共活动用房、走道、办公室和旅馆的客房、可燃物品库房、自动扶梯底部。

（3）高层民用建筑内的歌舞娱乐放映游艺场所。

（4）建筑高度大于100m的住宅建筑。

### 1.5.1 消火栓给水系统

#### 1.5.1.1 室内消火栓给水方式

根据建筑物的高度、室外给水管网的水压和流量,以及室内消防管道对水压和流量的要求,室内消火栓灭火系统一般有以下 5 种给水方式。

**1. 室外管网直接给水的室内消火栓给水系统**

当室外给水管网的压力和流量在任何时间均能满足室内最不利点消火栓的设计水压和流量时,室内消火栓给水系统宜采用无加压水泵和水箱的室外给水管网直接给水方式,如图1.23 所示。当选用这种方式,且与室内生活(或生产)合用管网时,进水管上若设有水表,则选用水表时应考虑通过的消防水量。

**2. 仅设水箱的消火栓给水方式**

当室外给水管网一日间压力变化较大,但能满足室内消防、生活或生产用水量要求时,可采用这种方式(图 1.24)。水箱可以和生产、生活合用,但必须保证消防 10min 储存的备用水量。

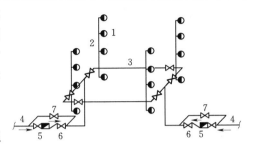

图 1.23 直接给水的室内消火栓给水系统
1—室内消火栓;2—消防立管;3—干管;
4—进户管;5—水表;6—止回阀;
7—阀门

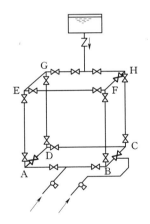

图 1.24 仅设水箱的
消火栓给水方式

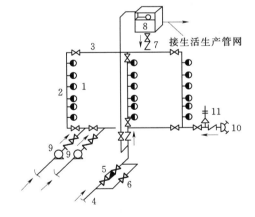

图 1.25 设加压水泵和水箱的
室内消火栓给水系统
1—室内消火栓;2—消防立管;3—干管;4—进户管;
5—水表;6—阀门;7—止回阀;8—水箱;
9—水泵;10—水泵接合器;11—安全阀

**3. 设加压水泵和水箱的室内消火栓给水系统**

当室外管网的压力和流量经常不能满足室内消防给水系统所需的水量水压时,宜设有加压水泵和水箱的室内消火栓给水系统,如图 1.25 所示。

消防用水与生活生产用水合并的室内消火栓给水系统,其消防水泵应保证供应生活、生产用水的最大秒流量,并应满足室内管网最不利点消火栓的水压。水箱应储存 10min

的消防用水量。消防水泵应当保证在火警 5min 内开始工作，并且在火场断电时仍然能正常工作。水箱补水采用生活用水泵，严禁用消防水泵补水。

### 4. 不分区的消火栓给水系统

建筑物高度大于 24m 但不超过 50m，室内消火栓接口处静水压力不超过 0.8MPa 的工业和民用建筑室内消火栓给水系统，仍可由消防车通过水泵接合器向室内管网供水，以加强室内消防给水系统工作。因此，可以采用不分区的消火栓给水系统，如图 1.26 所示。这种方式便于集中管理，适用于高层建筑密集区。

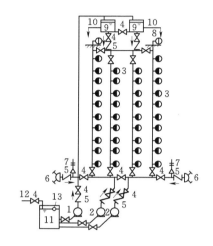

图 1.26　不分区的消火栓给水系统

1—生活、生产水泵；2—消防水泵；3—消火栓和水泵远距离启动按钮；4—阀门；5—止回阀；6—水泵接合器；7—安全阀；8—屋顶消火栓；9—高位水箱；10—至生活、生产管网；11—蓄水池；12—来自城市管网；13—浮球阀

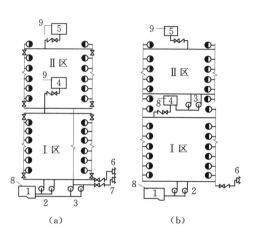

图 1.27　分区消火栓给水系统

(a) 并联给水方式；(b) 串联给水方式

1—蓄水池；2—Ⅰ区消防水泵；3—Ⅱ区消防水泵；4—Ⅰ区水箱；5—Ⅱ区水箱；6—Ⅰ区水泵接合器；7—Ⅱ区水泵接合器；8—水池进水管；9—水箱进水管

### 5. 分区消火栓给水系统

建筑物高度超过 50m，消防车已难于协助灭火，室内消火栓给水系统应具有扑灭建筑物内大火的能力，为了加强安全和保证火场供水，应采用分区的室内消火栓给水系统。当消火栓口的出水压力大于 0.5MPa 时，应采取减压措施。

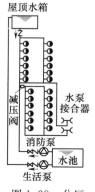

图 1.28　分区减压给水方式

分区消火栓给水系统可分为并联给水方式［图 1.27(a)］、串联给水方式［图 1.27(b)］和分区减压给水方式（图 1.28）。在分区并联给水系统中，消防泵集中管理，但高区使用的消防泵和出水管需耐高压。在分区串联给水系统中，消防水泵分散设置在各区，高区水泵在低区高位水箱中吸水，当分区串联给水系统的高区发生火灾，必须同时启动高、低区消防水泵灭火。分区减压给水系统的减压设施可以用减压阀（两组），也可以用中间水箱减压。如果采用中间水箱减压，则消防水泵出水应进入中间水箱，并采取相应的控制措施。

### 1.5.1.2 消火栓给水系统的组成与布置

室内消火栓灭火系统是由消防水源、进户管、干管、立管、室内消火栓和消火栓箱（包括水枪、水带和直接启动水泵的按钮）组成，必要时还需设置消防水泵、水箱和水泵接合器等。

**1. 消火栓**

室内消火栓是一个带内扣式接头的角形截止阀，常用类型有直角单阀单出口、45°单阀单出口（图 1.29）、直角单阀双出口和直角双阀双出口等 4 种，出水口直径为50mm 或 65mm。室内消火栓一端连消防主管，一端与水龙带连接。

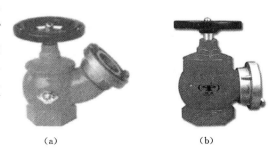

图 1.29　单出口室内消火栓
(a) 45°单阀单出口；(b) 直角单阀单出口

**2. 水枪**

消防水枪是灭火的重要工具，一般用铜、铝合金或塑料制成，其作用在于产生灭火需要的充实水柱（图 1.30）。室内消火栓箱内一般只配置直流水枪，喷嘴直径有 13mm、16mm、19mm 3 种。高层建筑室内消火栓给水系统，水枪喷嘴口径不应小于 19mm。

**3. 消防水龙带**

消防水龙带指两端带有消防接口，可与消火栓、消防泵（车）配套，用于输送水或其他液体灭火剂（图 1.31）。消防水龙带有麻织、棉织和衬胶 3 种。口径一般为直径 50mm和 65mm，水带长度有 15m、20m、25m、30m 4 种。

图 1.30　水枪

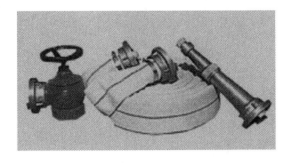

图 1.31　消防水龙带

**4. 消火栓箱**

消火栓箱安装在建筑物内的消防给水管路上，配置有室内消火栓、消防水枪、消防水龙带等设备，具有给水、灭火、控制、报警等功能。消火栓箱通常用铝合金、冷轧板、不锈钢制作，外装玻璃门，门上设有明显的标志。消火栓箱根据安装方式可分为明装、暗装、半明装（图 1.32）。

图 1.32 消火栓箱

**5. 水泵接合器**

水泵接合器是从外部水源给室内消防管网供水的连接口（图 1.33）。发生火灾时，当建筑物内部的室内消防水泵因检修、停电、发生故障或室内给水管道的水压、水量无法满足灭火要求时，消防车通过水泵接合器的接口，向建筑物内送入消防用水或其他液体灭火剂，来扑灭建筑物的火灾。

**6. 消防水喉设备**

消防水喉按其设置条件分为自救式小口径消火栓和消防软管卷盘两类，如图 1.34 所示。其功能是供人员为自救扑灭初期火灾并减少灭火过程造成水渍损失时使用。

图 1.33 水泵接合器

图 1.34 消防水喉设备

### 1.5.1.3 消火栓系统的设计和布置

室内消防管网至少有两条进水管与室外管网相连，并将室内管网连成环状。当环状管网的一条进水管发生故障时，其余进水管应仍能通过全部设计流量。两条进水管应从建筑物的不同侧引入。7～9 层的单元式住宅，室内消防给水管道可设计成枝状，设一根进水管。

室内消火栓应布置在建筑物内各层明显、易于使用和经常有人出入的地方，如楼梯间、走廊、大厅、车间的出入口和消防电梯的前室等处。设有室内消火栓的建筑如为平屋顶时，宜在平屋顶上设置试验和检查用的消火栓；高层建筑和水箱不能满足最不利点消火栓水压要求的其他建筑，应在每个室内消火栓处设置直接启动水泵的按钮，并应有保护措施。消火栓栓口高度距地面 1.1m，出水方向宜向下或与设置消火栓的墙面成 90°角。

室内消火栓的布置，应保证有两只水枪的充实水柱能同时到达室内任何部位。但建筑高度不大于 24m，且体积不大于 5000m³ 的库房可采用一支水枪的充实水柱达到室内任何部位。同一建筑物内应采用统一规格的消火栓、水枪和水带，每根水带的长度不应超过25m。设有空气调节系统的旅馆、办公楼，以及超过 1500 个座位的剧院、会堂，宜增设消防水喉设备。

消火栓的设置间距应满足下列要求：

（1）设有消防给水的建筑物，其各层（无可燃烧的设备层除外）均应设置消火栓。

（2）建筑高度小于或等于 24m、体积小于或等于 5000m³ 的库房，建筑高度小于或等于 54m 且每单元设置一部疏散楼梯的住宅，以及规范规定可采用 1 支消防水枪的场所，可采用 1 支消防水枪的 1 股充实水柱到达室内任何部位，如图 1.35（a）、（c）所示。

（3）其他民用建筑应保证有两支水枪的充实水柱达到同层的任何部位，如图 1.35（b）、（d）所示。

（4）消火栓栓口处的静水压力不应大于 1.00MPa，当大于时 1.00MPa，应采取分区给水系统。消火栓栓口处的水压力大于 0.50～1.00MPa 时，应采取减压措施。

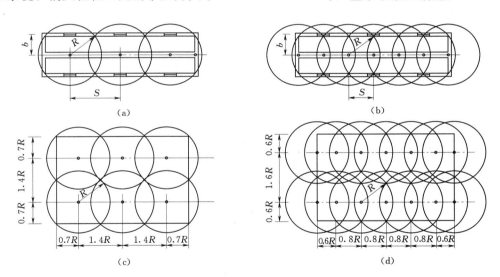

图 1.35　消火栓布置间距
（a）单排一股水柱到达室内任何部位；（b）单排两股水柱到达室内任何部位；
（c）多排一股水柱到达室内任何部位；（d）多排两股水柱到达室内任何部位

（5）消防电梯前应设室内消火栓。

（6）室内消火栓应设在明显且易于取用的地点。

（7）冷库的消火栓应设在常温穿堂或楼梯间内。

（8）室内消火栓的间距应由计算决定。高层工业建筑、高架库房和甲、乙类厂房，室内消火栓的间距不应超过 30m；其他单层和多层建筑室内消火栓的间距不应超过 50m。

（9）严寒地区非采暖的厂房、库房的室内消火栓，可采用干式系统，但在进水管上应设快速启闭装置，管道最高处应设排气阀。

#### 1.5.1.4 消防用水量及水压

1. 室内消防用水量

室内消防用水量应根据同时使用水枪数量和充实水柱长度通过计算确定。但不应小于表1.6的规定。

表1.6　　　　　　　　　　室内消防用水量

| 建筑物名称 | 高度、层数、体积或座位数 | 消火栓用量 /m³ | 同时使用水枪数量 /支 | 每支水枪最小流量 /（L/s） | 每根竖管最小流量 /（L/s） |
|---|---|---|---|---|---|
| 厂房 | 高度不大于24m，体积不大于10000m³ | 5 | 2 | 2.5 | 5 |
| | 高度不大于24m，体积大于10000m³ | 10 | 2 | 5 | 10 |
| | 高度为24～50m | 25 | 5 | 5 | 15 |
| | 高度大于50m | 30 | 6 | 5 | 15 |
| 科研楼、实验楼 | 高度不大于24m，体积不大于10000m³ | 10 | 2 | 5 | 10 |
| | 高度不大于24m，体积大于10000m³ | 15 | 3 | 5 | 10 |
| 库房 | 高度不大于24m，体积不大于5000m³ | 5 | 1 | 5 | 5 |
| | 高度不大于24m，体积大于5000m³ | 10 | 2 | 5 | 10 |
| | 高度为24～50m | 30 | 6 | 5 | 15 |
| | 高度大于50m | 40 | 8 | 5 | 15 |
| 车站、码头、机场建筑物和展览馆等 | 5001～25000m³ | 10 | 2 | 5 | 10 |
| | 25001～50000m³ | 15 | 3 | 5 | 10 |
| | 大于50000m³ | 20 | 4 | 5 | 15 |
| 商店、病房楼、教学楼等 | 5001～10000m³ | 5 | 2 | 2.2 | 5 |
| | 10001～25000m³ | 10 | 2 | 5 | 10 |
| | 大于25000m³ | 15 | 3 | 5 | 10 |
| 剧院、电影院、俱乐部、礼堂、体育馆等 | 801～1200个 | 10 | 2 | 5 | 10 |
| | 1201～5000个 | 15 | 3 | 5 | 10 |
| | 5001～10000个 | 20 | 4 | 5 | 15 |
| | 大于10000个 | 30 | 6 | 5 | 15 |
| 住宅 | 7～9层 | 5 | 2 | 2.5 | 5 |
| 其他建筑 | 不小于6层或体积不小于10000m³ | 15 | 3 | 3 | 10 |
| 国家级文物保护单位的重点砖木、木结构建筑 | 不大于10000m³ | 20 | 4 | 5 | 10 |
| | 大于10000m³ | 25 | 5 | 5 | 15 |

2. 室内消防水压

（1）消火栓出口所需压力。消火栓出口所需压力由三部分组成。消火栓栓口局部水头损失、水枪喷嘴处为形成一定长度的充实水柱所需要的压力以及水龙带的水头损失，其计算公式为

$$H_{xh} = H_k + H_q + H_d \tag{1.4}$$

式中　$H_{xh}$——消火栓栓口处的水压，kPa；

　　　　$H_k$——消火栓栓口局部水头损失，kPa；

　　　　$H_q$——水枪喷嘴处的压力，kPa；

　　　　$H_d$——水龙带的水头损失，kPa。

（2）充实水柱长度。从水枪喷嘴算起，有 75％～90％ 水量穿过 26～38mm 圆环处的射流水柱长度称为充实水柱长度。充实水柱应具有一定长度和冲击力，以便有效扑灭火焰，同时还可减少火场辐射热，保护人员安全。

### 1.5.2　闭式自动喷水灭火系统

自动喷水灭火系统是利用火场达到一定温度时，自动喷水灭火、同时发出火警信号的室内消防给水系统。具有工作性能稳定、适应范围广、安全可靠、扑灭初期火灾成功率高（在 95％ 以上）、维护简便等优点。因此，一般来说可以用水灭火的建筑物都可以装设自动喷水灭火系统，但是鉴于我国目前的经济发展现状，自动喷水灭火系统仅要求在重要建筑物内的火灾危险性大、发生火灾后损失大和影响大的部位、场所设置。根据系统中喷头开闭形式的不同，分为闭式和开式自动喷水灭火系统两大类，如图 1.36 所示。

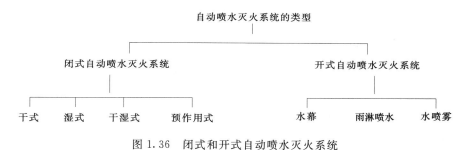

图 1.36　闭式和开式自动喷水灭火系统

#### 1.5.2.1　闭式自动喷水灭火系统分类

闭式自动喷水灭火系统具体可以分为湿式系统、干式系统、干湿两用系统、预作用系统等。

1. 湿式自动喷水灭火系统

湿式自动喷水灭火系统如图 1.37 所示，湿式自动喷水灭火系统报警阀前后的管道内平时充满有压力的水。火灾发生时，在火场温度作用下，闭式喷头的感温元件温度达到预定的动作温度后，感温元件熔化或爆破脱落，喷头开启喷水灭火。此时，水流指示器感应送出的电信号，在报警控制器上指示某一区域已在喷水。持续喷水使报警阀的上部水压低于下部水压，当压力差达到一定值时，报警阀就会自动开启，消防水通过湿式报警阀，流向干管和配水管灭火。

湿式自动喷水灭火系统具有结构简单、施工和管理维护方便、使用可靠、灭火速度快、灭火效率高、建设投资少等优点。但由于其管路在喷头中始终充满水，一旦发生渗漏会损坏建筑装饰，应用受到环境温度的限制。这种系统适用于常年室内温度不低于 4℃，且不高于 70℃ 的建筑物、构筑物内。该系统的灭火成功率比其他系统高。

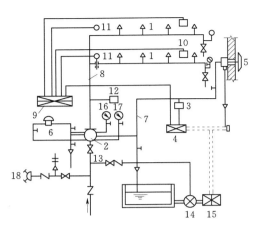

图 1.37　湿式自动喷水灭火系统

1—闭式喷头；2—湿式报警器；3—压力继电器；
4—电气自控箱；5—水力警铃；6—快开器；
7—信号管；8—配水管；9—火灾收信器；
10—火灾探测器；11—报警装置；12—气
压保持器；13—阀门；14—消防水泵；
15—电动机；16—阀后压力表；
17—阀前压力表；18—水泵接合器

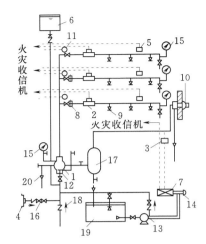

图 1.38　干式自动喷水灭火系统

1—干式报警阀；2—水流指示器；3—压力继电器；
4—水泵接合器；5—感烟探测器；6—水箱；
7—电气控制箱；8—减压孔板；9—喷头；
10—水力警铃；11—报警装置；12—闸阀；
13—水泵；14—按钮；15—压力表；
16—安全阀；17—延迟器；18—止回阀；
19—储水池；20—排水漏斗

**2. 干式自动喷水灭火系统**

干式自动喷水灭火系统，如图 1.38 所示干式自动喷水灭火系统管网中平时充满压缩空气，只在报警阀前的管道中充满有压水。发生火灾时，闭式喷头打开，首先喷出压缩气，配水管网内气压降低，利用压力差将干式报警阀打开，水流入配水管网，再从喷头流出。干式喷水灭火系统由于报警阀后的管路中无水，不怕冻结，不怕环境温度高，因而适用于环境温度低于 4℃ 或高于 70℃ 的场所，干式自动喷水灭火系统增加了一套充气设备，使管内的气压保持在一定范围内，因而投资较多，管理比较复杂。喷水前需排放管内气体，灭火速度不如湿式自动喷水灭火系统快。

**3. 干湿式自动喷水灭火系统**

干湿式自动喷水灭火系统是干式自动喷水灭火系统与湿式自动喷水灭火系统交替使用的系统。干湿两用系统在使用场所环境温度高于 70℃ 或低于 4℃ 时，系统呈干式；环境温度在 4～70℃ 之间时，可将系统转换成湿式系统。

**4. 预作用自动喷水灭火系统**

预作用自动喷水灭火系统将火灾自动探测报警技术和自动喷水灭火系统结合在一起。预作用阀（图 1.39）后的管道平时呈干式，充满低压气体或氮气。在火灾发生时，安装在保护区的感温、感烟火灾探测器首先发出火警信号，同时开启预作用阀，使水进入管路，在很短时间内（3min）将系统转变为湿式。随着火势的继续扩大，闭式喷头上的热敏元件熔化或炸裂，喷头自动喷水灭火，系统中的控制装置根据管道内水压的降低自动开启消防泵向消防管网供水。该系统适用于有以下情况要求的建筑物：严禁系统误喷、严禁管道漏水，一般应用于不允许有水渍损失的建筑物（如高级宾馆、重要办公楼、大型商场、珍贵文物储藏室等）内。

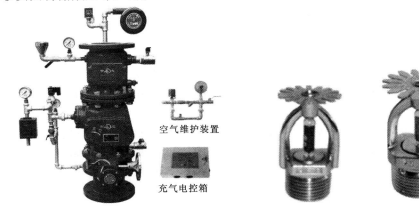

空气维护装置

充气电控箱

图 1.39　ZSFU 型预作用阀装置　　　　　　图 1.40　闭式喷头

#### 1.5.2.2　闭式自动喷水灭火系统的主要设备

1. 闭式喷头

闭式喷头是闭式自动喷水灭火系统的重要设备，由喷水口、控制器和溅水盘三部分组成。其形状和式样常有玻璃球式和易熔合金式两种，如图 1.40 所示。为防误动作，选择喷头时，要求喷头的公称动作温度要比使用环境的最高温度高 30℃。

2. 报警阀

自动喷水灭火系统中报警阀的作用是开启和关闭管道系统中的水流，同时将控制信号传递给控制系统，驱动水力警铃直接报警，另外还可以通过报警阀对系统的供水装置和报警装置进行检修，是自动喷水灭火系统主要组件之一，如图 1.41 所示。由湿式阀、延迟器及水力警铃组成。

3. 水流指示器

水流指示器是自动喷水灭火系统的一个组成部分，安装于管网配水干管或配水管的始端，用于显示火警发生区域，启动各种电报警装置或消防水泵等电气设备（图 1.42）。

4. 延迟器

延迟器是一个罐式容器，属于湿式报警阀的辅件，用来防止因水源压力波动、报警阀渗漏而引起的误报警（图 1.43）。

图 1.41　报警阀　　　　　图 1.42　水流指示器　　　　　图 1.43　延迟器

### 1.5.3　开式自动喷水灭火系统

开式自动喷水灭火系统由开式喷头、管道系统、雨淋阀、火灾探测装置、报警控制组件和供水设施等组成，根据喷头形式和使用目的的不同，可分为雨淋系统、水幕系统、水喷雾系统。

**1. 雨淋喷水灭火系统**

雨淋系统采用开式洒水喷头，由雨淋阀控制喷水范围，利用配套的火灾自动报警系统或传动管系统监测火灾并自动启动系统灭火。雨淋系统具有出水量大、灭火及时的优点，适用于下列场所：①火灾的水平蔓延速度快、闭式喷头的开放不能及时使喷水有效覆盖的着火区域；②室内净空高度超过闭式系统限定的最大净空高度，且必须迅速扑救的初期火灾。

**2. 水幕喷水灭火系统**

水幕喷水灭火系统并不直接用于扑灭火灾，而是利用水幕喷头或洒水喷头密集喷射形成的水墙或水帘，防止火势扩大和蔓延。防火分隔水幕主要用于无法设置防火分隔物的部位，例如商场营业厅、展览厅、剧院舞台、吊车的行车道等部位，用以阻止火焰和高温烟气向相邻区域蔓延。防护冷却水幕的作用是向防火卷帘、防火钢幕、门窗、檐口等保护对象喷水，冷却降温，增强保护对象的耐火能力。

**3. 水喷雾灭火系统**

水喷雾系统利用喷雾喷头在一定压力下将水流分解成粒径在 $100\sim700\mu m$ 之间的细小雾滴，通过表面冷却、窒息、乳化、稀释的共同作用实现灭火和防护，保护对象主要是火灾危险大、扑救困难的专用设施或设备。

**4. 开式喷头**

与闭式系统相比，开式系统采用开式喷头喷水灭火。

图 1.44　开式喷头

图 1.44 是开式洒水喷头的构造示意图，开式喷头的规格、型号、接管螺纹和外形与玻璃球闭式喷头完全相同，是在玻璃球闭式喷头上卸掉感温元件和密封座而成，通常用于雨淋系统，也称为"雨淋开式喷头"。

### 1.5.4　其他灭火方式

因建筑物功能不同，其内部的可燃物各异，因此仅使用水作为消防手段是不够的，甚至还会带来更大损失。几种非水灭火系统如下。

**1. 卤代烷灭火系统**

卤代烷灭火系统是以卤代烷碳氢化合物作为灭火剂的消防系统。卤代烷灭火剂主要是通过抑制燃烧的化学反应过程，使燃烧化学反应链中断，达到灭火的目的。卤代烷灭火剂一般经加压或制冷后液化储存在压力容器内，当喷入防护区后可迅速气化，其化学稳定性好，在正常情况下可长期贮存达 20 年之久。

**2. 干粉灭火系统**

干粉灭火系统以干粉为灭火剂，干粉灭火剂是用于灭火的干燥且易于流动的微细粉末，由具有灭火效能的无机盐和少量的添加剂经干燥、粉碎混合而成。它是一种在消防中得到广泛应用的灭火剂，主要用在灭火器中。干粉灭火器适用于扑救下列火灾：灭火前可切断气源的气体火灾；液体火灾和可融化的固体火灾；固体表面火灾。

干粉灭火器最常用的开启方法为压把法。将灭火器提到距火源适当的位置，先上下颠倒几次，使桶内的干粉松动，然后让喷嘴对准燃烧最猛烈处，拔出保险销，压下压把，灭火剂便会喷出灭火。干粉灭火器具有灭火时间短、效率高、绝缘好、灭火后损失小、不怕冻、可长期储存等优点。干粉灭火器应放在被保护物的附近和通风干燥取用方便的地方。

3. $CO_2$ 灭火系统

$CO_2$ 灭火系统是一种纯物理的气体灭火系统。这种灭火系统具有不污染保护物、灭火快的优点。$CO_2$ 是一种无色、无味、不导电的气体，比空气略重。$CO_2$ 灭火剂价格低廉，来源广泛，灭火性能好，化学稳定性及热稳定性好。

$CO_2$ 灭火机理主要有窒息作用和冷却作用两种。窒息作用的原理是 $CO_2$ 被喷放出来后，分布于燃烧物周围，稀释周围空气中的氧含量，使燃烧物产生的热量减少，当小于热散失率时燃烧就会停止。冷却作用的原理是 $CO_2$ 灭火剂被喷放出来后由液相迅速变为气相，会吸收周围大量的热量，使周围温度急剧下降。

4. 泡沫灭火系统

泡沫是一种体积小、表面被液体包围的气泡群。泡沫灭火剂一般由发泡剂、泡沫稳定剂、降粘剂、防腐剂、抗冻剂、助溶剂和水组成。泡沫灭火系统主要用于扑灭可燃液体火灾，是石化企业的主要灭火剂。

# 1.6　室内热水供应系统

热水供应系统是指水的加热、储存和输配的总称。其任务是供给生产、生活用户洗涤及盥洗用热水，并保证用户随时可以得到符合要求的水量、水温和水质。

## 1.6.1　热水供应系统的分类和组成

### 1.6.1.1　热水供应系统的分类

室内热水供应系统，按照热水供应范围分为局部热水供应系统、集中热水供应系统和区域热水供应系统。

局部热水供应系统是指采用各种小型加热器在用水场所就地加热，供局部范围内的一个或几个用水点使用的热水系统。这种系统热水管路短，热损失少，使用灵活，适用于热水用水点少的多层或小高层、高层住宅、小别墅、单元旅馆、饮食店、理发店、办公楼等热水用水量少且比较分散的建筑。

集中热水供应系统就是在锅炉房或热交换器间集中加热冷水，通过室内热水管网输送给整栋或几栋建筑物。其供应范围比局部系统大得多。这种系统适用于医院、疗养院、旅馆、公共浴室、集体宿舍等建筑。其优点是加热设备集中便于管理维修，设备的热效率高，热水成本低，但系统较复杂，初期投资大，需配专人管理，且热损失较大。

区域热水供应系统中加热冷水的热媒多使用热电站、工业锅炉房引出的热力网，集中加热冷水供建筑群使用。这种系统热效率最高，供应范围比集中热水供应系统大得多，每幢建筑物热水供应设备也最少。由于消除了分散的小锅炉房，可减少环境污染，适用于有城市热网或区域热网地区的建筑物。

### 1.6.1.2 集中热水供应系统的组成

集中热水供应系统通常由加热设备、热媒管道、热水输配管网和循环管道、配水龙头或用水设备、热水箱及水泵组成（图1.45）。其分为热媒循环和热水供应系统循环。

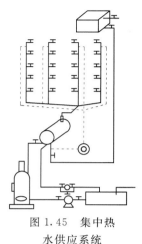

图1.45 集中热水供应系统

热媒循环又称热媒系统，由热源、水加热器和热媒管网组成。锅炉产生的蒸汽通过热媒管网输送到水加热器，经散热面加热冷水。蒸汽通过热交换器变为凝结水，靠余压经疏水器流至凝结水箱。凝结水和新补充的冷水经冷凝循环泵再送至锅炉产生蒸汽。

热水供应系统根据是否设置循环管可分为全循环热水供应方式、半循环热水供应方式和不循环的热水供应方式。

图1.46（a）是全循环热水供应方式，它所有的供水干管、立管和分支管都设有相应的回水管道，可以保证配水管网任意点的水温。这种方式一般适用于要求能随时获得稳定的热水温度的建筑，如旅馆、医院、疗养院、托儿所等场所。

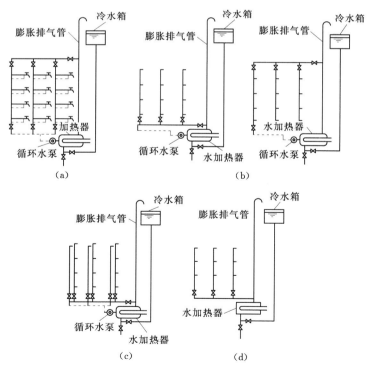

图1.46 按循环方式划分的集中热水供应系统

（a）全循环；（b）干管半循环；（c）立管半循环；（d）无循环

半循环热水供应方式是只在干管或立管上设循环管，分为干管半循环 [图 1.46(b)] 或立管半循环 [图 1.46(c)]。干管循环热水供应系统仅保持热水干管内的热水循环。半循环热水供应方式适用于对水温的稳定性要求不高，用水较集中或一次用水量较大的场所，比全循环方式节省管材。图 1.46(d) 是无循环管道的热水供应方式。这种热水供应方式的优点是节省管材，缺点是每次供应热水前需要先放掉管中的冷水。

热水供应方式的选择，应当根据建筑物性质、要求卫生器具供应热水的种类和数量、热水供应标准、热源情况等因素，选择不同的方式进行技术和经济比较后确定。

### 1.6.2 热水水质和用水量标准

生产用热水的水质标准根据生产工艺要求确定。生活用热水的水质标准除了应该符合我国现行的《生活饮用水卫生标准》（GB 5749—2006）外，对集中热水供应系统加热前水质是否需要软化处理，应根据水质、水量、使用要求等因素进行技术经济比较确定。

室内热水供应的用水量标准有两种：一种是根据建筑的使用性质、热水水温、卫生设备完善程度、热水供应时间、当地气候条件、生活习惯和水资源情况等确定；另一种是按卫生器具一次或一小时热水用水量和所需要的水温确定。集中供应热水时各类建筑的热水用水定额见表 1.7、表 1.8。

表 1.7                   60℃ 热 水 用 水 定 额

| 序号 | 建 筑 物 名 称 | 单 位 | 用水定额（最高值）/L |
|---|---|---|---|
| 1 | 普通住宅　每户设有沐浴设备 | 每人每日 | 85～130 |
| 2 | 高级住宅和别墅　每户设有沐浴设备 | 每人每日 | 110～150 |
| 3 | 集体宿舍　有盥洗室<br>有盥洗室和浴室 | 每人每日<br>每人每日 | 27～38<br>38～55 |
| 4 | 普通旅馆、招待所　有盥洗室<br>有盥洗室和浴室<br>设有浴盆的客房 | 每床每日<br>每床每日<br>每床每日 | 27～55<br>55～110<br>110～162 |
| 5 | 宾馆、客房 | 每床每日 | 160～215 |
| 6 | 医院、疗养院、干休所　有盥洗室<br>有盥洗室和浴室<br>设有浴盆的病房 | 每病床每日<br>每病床每日<br>每病床每日 | 30～65<br>65～130<br>160～215 |
| 7 | 门诊部、诊疗所 | 每病人每次 | 5～9 |
| 8 | 公共浴室　设有淋浴器、浴盆、浴池及理发室 | 每顾客每次 | 55～110 |
| 9 | 理发室 | 每顾客每次 | 5～13 |
| 10 | 洗衣房 | 每公斤干衣 | 16～27 |
| 11 | 公共食堂、营业食堂<br>工业、企业、机关、学校食堂 | 每顾客每次<br>每顾客每次 | 4～7<br>3～5 |
| 12 | 幼儿园、托儿所　有住宿<br>无住宿 | 每儿童每日<br>每儿童每日 | 16～32<br>9～16 |
| 13 | 体育场　运动员淋浴 | 每人每次 | 27 |

**表 1.8**　　　　　　　　　卫生器具的一次和一小时热水用水定额及水温

| 序号 | 卫 生 器 具 名 称 | 一次用水量 /L | 小时用水量 /L | 使用水温 /℃ |
|---|---|---|---|---|
| 1 | 住宅、旅馆、别墅、宾馆<br>带有淋浴器的浴盆<br>无淋浴器的浴盆<br>淋浴器<br>洗脸盆、盥洗槽水嘴<br>洗涤盆（池） | 150<br>125<br>70～100<br>3<br>— | 300<br>250<br>140～200<br>30<br>180 | 40<br>40<br>37～40<br>30<br>50 |
| 2 | 集体宿舍、招待所、培训中心、营房淋浴器<br>有淋浴小间<br>无淋浴小间<br>盥洗槽水嘴 | 70～100<br>—<br>3～5 | 210～300<br>450<br>50～80 | 37～40<br>37～40<br>30 |
| 3 | 餐饮业<br>洗涤盆（池）<br>洗脸盆（工作人员用）<br>顾客用<br>淋浴器 | —<br>3<br>—<br>40 | 250<br>60<br>120<br>400 | 50<br>30<br>30<br>37～40 |
| 4 | 幼儿园、托儿所<br>浴盆：幼儿园<br>　　　托儿所<br>淋浴器：幼儿园<br>　　　　托儿所<br>盥洗槽水嘴<br>洗涤盆（池） | 100<br>30<br>30<br>15<br>15<br>— | 400<br>120<br>180<br>90<br>25<br>180 | 35<br>35<br>35<br>35<br>30<br>30 |
| 5 | 医院、疗养院、休养所<br>洗手盆<br>洗涤盆（池）<br>浴盆 | —<br>—<br>120～150 | 15～25<br>300<br>250～300 | 35<br>50<br>40 |
| 6 | 公共浴室<br>浴盆<br>淋浴器：有淋浴小间<br>　　　　无淋浴小间<br>洗脸盆 | 125<br>100～150<br>—<br>5 | 250<br>200～300<br>450～540<br>50～80 | 40<br>37～40<br>37～40<br>35 |
| 7 | 办公楼<br>洗手盆 | — | 50～100 | 35 |
| 8 | 理发室、美容院、洗脸盆 | — | 35 | 35 |
| 9 | 实验室<br>洗脸盆<br>洗手盆 | —<br>— | 60<br>15～25 | 50<br>30 |
| 10 | 剧场<br>淋浴器<br>演员用洗脸盆 | 60<br>5 | 200～400<br>80 | 37～40<br>35 |
| 11 | 体育场（馆）<br>淋浴器 | 30 | 300 | 35 |
| 12 | 工业企业生活间<br>淋浴器：一般车间<br>　　　　脏车间<br>洗脸盆或盥洗槽水龙头：一般车间<br>　　　　　　　　　　　脏车间 | 40<br>60<br>3<br>5 | 360～540<br>180～480<br>90～120<br>100～150 | 37～40<br>40<br>30<br>35 |
| 13 | 净身器 | 10～15 | 120～180 | 30 |

热水供水温度是指热水供应设备（如热水锅炉、水加热器）的出水温度。加热设备的供水温度过高或过低都是不合适的。较高的供水温度虽然可以增加储热量，减少热水箱的容积，但也会增大加热设备和管道的热损失，耗费能源，加速加热设备和管道的结垢、腐蚀。而供水温度过低，将为"军团菌"等有害人体健康的病菌提供生存、繁殖的条件与环境。"军团菌"能够在 $20\sim50℃$ 的环境中存活和生长繁殖，温度超过 $60℃$ 水中"军团菌"就不能存活。一般水加热设备出口的水温一般按 $60\sim70℃$ 考虑，最高不超过 $75℃$。

### 1.6.3 常用热水加热方式与设备

#### 1. 小型锅炉

小型锅炉有燃煤、燃油和燃气三种。其优点是设备、管道简单，投资较省；热效率较高，运行费用较低；运行稳定、安全、噪声低、维修管理简单。但当给水水质较差时结垢（或腐蚀）较严重，当煤质较差时炉膛腐蚀比较严重，而且运行卫生条件较差，劳动强度较大。

#### 2. 燃气加热器

以燃气为热媒，来加热冷水。由火苗点燃燃烧器，冷水经过带有翼片的加热盘管被加热，变成热水流出。这种加热方式的优点是设备、管道简单，使用方便，不需专人管理；热效率较高，噪声低；烟尘少、无炉灰，比较清洁卫生。但是，若安全措施不完善或使用不当，易发生烫伤和煤气事故。

#### 3. 电加热器

这种加热方式使用方便、卫生、安全，不产生二次污染，但由于电费较贵和电力供应不富余，只适用于燃料和其他热源供应困难而电力有富余的地区，或不允许产生烟气的地方等（图1.47）。

图 1.47　电加热器

#### 4. 太阳能加热器

太阳能加热器是将太阳能转换成热能，具有节省能源，不存在二次污染，设备、管道简单，使用方便等优点。缺点是基建投资较高，钢材耗量较多，在我国绝大多数地区不能全年应用，必须与其他加热方式结合使用（图1.48、图1.49）。

图 1.48　太阳能加热器

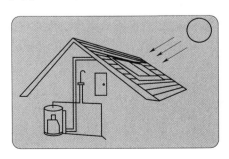

图 1.49　太阳能加热器管路

**5. 容积式加热器**

容积式加热器具有一定贮存容积，出水温度稳定；设备可承受一定水压、噪声低，因此可设在任何位置，布置方便，蒸汽凝结水和热媒热水可以回收，水质不受热媒污染；但其热效率低，传热系数较小，体积大，占地面积大；设备、管道较复杂，投资较高，维修管理较麻烦（图 1.50）。

**6. 快速加热器**

快速加热器有汽—水加热器和水—水加热器两种类型。这种加热方式热效率较高，传热系数较大，结构紧凑，占地面积小；热媒可回收，可减少锅炉给水处理的负担，且水质不受热媒的污染。但在水质较差时，加热器结垢较严重；而且用水不均匀或热媒压力不稳定时，水温不易调节（图 1.51）。

图 1.50　容积式加热器

图 1.51　快速加热器

## 1.6.4　室内热水管网的布置和敷设

### 1.6.4.1　管网的布置和敷设

室内热水管网布置的基本原则是在满足使用要求、便于维修管理的情况下管线最短。热水管网有明装和暗装两种敷设方式。铜管、薄壁不锈钢管、衬塑钢管等可根据建筑、工艺要求暗装或明装。塑料热水管宜暗装，明装时立管宜布置在不受撞击处。热水干管根据所选定的方式可以敷设在室内地沟、地下室顶部、建筑物最高层或专用设备技术层内。一般建筑物的热水管线布置在预留沟槽、管道竖井内。明装管道尽可能布置在卫生间或不居住人的房间。管道穿楼板及墙壁应有套管，楼板套管应该高出地面 50～100mm，以防楼板集水时由楼板孔流到下一层。暗装管道在装设阀门处应留检修门，以利于管道更换和维修。管沟内敷设的热水管应置于冷水管之上，并且进行保温。

上行下给式配水干管的最高点应设排气装置（自动排气阀、带手动放气阀的集气罐和膨胀水箱），下行上给配水系统，可利用最高配水点放气。下行上给热水供应系统的最低点应设泄水装置（泄水阀或丝堵等），有可能时也可利用最低配水点泄水。水平干管应设置一定的坡度，一般不小于 0.003。

热水管道应设固定支架，一般设置在伸缩器或自然补偿管道的两侧，其间距长度应满足管段的热伸长度不大于伸缩器所允许的补偿量。固定支架之间宜设导向支架。为了避免管道热伸长所产生的应力破坏管道，应采用乙字弯的连接方式，如图 1.52 所示。

为了调节平衡热水管网的循环流量和检修时缩小停水范围，在配水、回水干管连接的分支干管上，配水立管和回水立管的端点，以及居住建筑和公共建筑中每一用户或单元

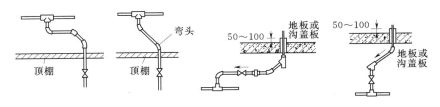

图 1.52　乙字弯的连接

的热水支管上，均应装设阀门。

#### 1.6.4.2　管道支架

热水管道由于安装管道补偿器的原因，需要在补偿器的两侧设固定支架，以均匀分配管道伸缩量。此外，一般在管道的分支管处、水加热器接出管道处、多层建筑立管中间、高层建筑立管两端（中间有伸缩设施）等处均应设固定支架。

#### 1.6.4.3　管道保温

热水供应系统中的水加热设备、贮热水器、热水箱、热水供水干管、立管，机械循环的回水干管、立管，有冰冻可能的自然循环回水干管、立管，均应当保温，以减少传送过程中的热量损失。

热水供应系统保温材料应导热系数小、具有一定的机械强度、重量轻、无腐蚀性、易于施工成型及可就地取材等要求。热水配回水管，热媒水管常用的保温材料为岩棉、超细玻璃棉、硬聚氨酯、橡塑泡棉等材料。管道和设备在保温之前，应进行防腐处理。保温材料应与管道或设备的外壁紧密相贴，并在保温层外表面做防护层。在管道转弯处的保温应做伸缩缝，缝内装填柔性材料。

### 1.6.5　开水供应

根据建筑物的性质和使用要求，开水供应方式一般分为集中供应方式和分散供应方式两种。

#### 1.6.5.1　集中供应方式

1. 集中制备集中供应

在锅炉房或开水间集中烧制开水，然后用管道输送至各饮用点。开水的供应可采用定时制，也可采用连续供应方式。

2. 集中制备分散供应

这种方式耗热量小，节约燃料，便于操作管理，投资省，但是饮用不方便。饮用者需用保温容器打水、存水。工矿企业、学校、机关等广泛采用这种供应方式（图 1.53）。

#### 1.6.5.2　分散供应方式

分散供应方式是指将蒸汽、煤气、电等热源送至各制备点，就地将水煮沸供应。这种方式，使用方便，可保证饮水点的水温，但不便于集中管理，投资较高，耗热量较大。

图 1.53　集中制备分散供应

# 1.7 室内给水系统的管路布置与敷设

在建筑给水工程设计中，选定了给水方式后，还必须根据建筑物的性质、结构形式、用水要求和用水设备的类型及位置等具体条件，合理地进行管网布置和确定敷设方式。管网布置总的原则是：管线短、阀门少、敷设容易，不妨碍美观，便于安装与维护。

## 1.7.1 室内给水系统的管路布置

给水管道按供水可靠性不同分为枝状管网和环状管网两种形式。

枝状管网单向供水，可靠性差，但管路简单、节省管材、造价低；环状管网双向甚至多向供水，可靠性高，但管线长，造价高。

### 1. 引入管

引入管自室外管网将水引入室内，引入管力求最短。一栋单独建筑物的给水引入管，当建筑物内卫生器具布置不均匀时，应当从建筑物用水量最大处和不允许断水处引入；当建筑物内卫生用具布置比较均匀时，应当在建筑物中央部分引入，以缩短管网向不利点的距离，减少管网的水头损失。一般建筑物的给水引入管只设一条，当建筑物不允许断水时，引入管应设置两条或两条以上，并要从市政管网的不同侧引入；如受到条件限制，也可从同侧引入，但两根引入管的间距不得小于 10m。选择引入管位置时，应考虑到便于水表的安装和维护管理，同时要注意和其他底线管线的协调和综合布置。

引入管的埋设深度主要根据城市给水管网的埋深及当地的气候、水文地质条件和地面荷载而定。在寒冷地区，应埋设在冰冻线以下。生活给水引入管与污水管外壁的水平距离不得小于 1.0m，引入管应有不小于 0.003 的坡度坡向室外给水管网，交叉埋设时，给水管应布置在排水管上面。引入管穿过承重墙或基础时，管上部预留净空不得小于建筑物的沉降量，一般不小于 0.15m，遇有湿陷性黄土地区，引入管可设在地沟内引入。引入管进入建筑内有两种情况：一种是从浅基础下面通过 [图 1.54(a)]；另一种是穿过建筑物基础或地下室墙壁 [图 1.54(b)]。当引入管穿过建筑物基础或地下室墙壁时，应做好防水的技术处理。

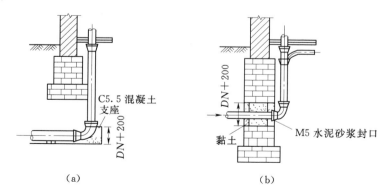

图 1.54 引入管进入建筑物

(a) 引入管从基础底部穿过；(b) 引入管从基础墙穿过

2. 水表节点

必须单独计量水量的建筑物应在引入管或每户的总支管上装设水表，并在其前后装有阀门及放空阀，以便维修和拆换水表。在我国南方地区水表可设在室外水表井内，在北方地区常设在室内有供暖的房间内。

3. 给水管网

室内给水管网的布置与建筑物性质、建筑物外形、结构状况、卫生器具和生产设备布置情况以及所采用的给水方式等有关，管道布置时应力求长度最短，尽可能呈直线走向，与墙、梁、柱平行敷设，照顾美观，并要考虑施工检修方便。给水干管宜靠近用水量最大处或不允许间断供水的用水处。

按横干管的敷设位置，管网的布置方式有下行上给式、上行下给式、中分式3种。下行上给供水方式的干管采用埋地敷设，设在底层或地下室中，由下向上供水，适用于利用市政管网直接供水或增压设备位于底层但不设高位水箱的建筑，利用外网水压直接供水；上行下给供水方式的干管设在顶层天花板下、吊顶内或技术夹层中，由上向下供水，适用于设置高位水箱的建筑；中供式供水方式的干管设在中间技术夹层或某中间层的吊顶内，由中间向上、下两个方向供水。

布置给水管道时，其周围要留有一定的空间，以满足安装、维修的要求。表1.9是室内给水立管与墙面的最小净距要求。

表 1.9　　　　　　　　室内给水立管与墙面的最小净距　　　　　　单位：mm

| 立管管径 | <32 | 32~50 | 70~100 | 125~150 |
| --- | --- | --- | --- | --- |
| 与墙面净距 | 25 | 35 | 50 | 60 |

### 1.7.2　室内给水管路的敷设

室内给水管道的敷设，分为明装和暗装两种。

明装是指室内给水管道沿墙、梁、柱、天花板下、地板旁暴露敷设。其优点是造价低，施工安装、维护修理方便；缺点是由于管道表面积灰、产生凝结水等影响环境卫生，不美观。多用于一般民用建筑和生产厂房的给水管道。

暗装是将给水管敷设在地下室天花板下或吊顶中，或设在管井、管槽和管沟中。其优点是卫生条件好、房间美观。但是造价高，施工安装和维护修理不方便。

室外给水管道的覆土深度，应根据土壤冰冻深度、车辆荷载、管道材质及管道交叉等因素确定。管顶最小覆土深度不得小于土壤冰冻线以下0.15m，车道下的管线覆土深度不宜小于0.1m。

生活给水管道不宜与输送易燃、可燃、有害液体或气体的管道同沟敷设。明装的给水立管穿越楼板时，应采取防水措施。管道在空间敷设时，必须采取固定措施，以保证施工方便和供水安全。固定管道可用管卡、吊环、托架等，如图1.55所示。

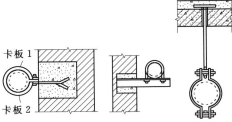

图 1.55　管道支、吊架

管道在穿过建筑物内墙、基础及楼板时均应预留孔洞口，暗装管道在墙中敷设时，也应预留墙槽，以免临时打洞影响建筑结构的强度。管道预留孔洞和墙槽的尺寸见表 1.10。横管穿过预留洞时，管顶上部净空不得小于建筑物的沉降量，以保证管道不至于因建筑沉降而损坏。

**表 1.10　　　　　　　给水管道预留孔洞和墙槽的尺寸　　　　　　　单位：mm**

| 管 道 名 称 | 管 径 | 明管留孔尺寸<br>长（高）×宽 | 暗管墙槽尺寸<br>宽×深 |
| --- | --- | --- | --- |
| 立管 | ≤25<br>32～50<br>70～100 | 100×100<br>150×150<br>200×200 | 130×130<br>150×130<br>200×200 |
| 2 根立管 | ≤32 | 150×100 | 200×130 |
| 横支管 | ≤25<br>32～40 | 100×100<br>150×130 | 60×60<br>150×100 |
| 引入管 | ≤100 | 300×200 | — |

### 1.7.3　管道的防护技术措施

#### 1. 防腐

明装或暗装的金属管道都要采取防腐措施，通常最简单的防腐做法是先对管道除锈，刷防锈漆 1 道，银粉面漆 2 道。如管道需要装饰或标志时，可刷调和漆或铅油。暗设管道可以不刷面漆。埋地钢管的防腐方法是做管道防腐层，材料为底漆（冷底子油）、防水卷材等。埋地铸铁管外表一律要刷沥青防腐。防腐层要采用具有足够的耐压强度、良好的防水性、绝缘性和化学稳定性、能与被保护管道牢固黏结、无毒的材料。

#### 2. 防冻、防结露

设置在温度 0℃ 以下地方的设备和管道，应当在涂刷底漆后进行保温处理。常用的做法是：在做防腐处理后，包扎矿渣棉、石棉硅藻土等保温材料。

在环境温度较高、空气湿度较大的房间（如厨房、洗衣房、某些生产车间），当管道内水温低于环境空气的露点温度时，管道及设备的外壁会产生凝结水，会腐蚀和损坏管道或设备，影响环境卫生。因此，必须采取防止结露的措施。其做法与保温方法相同。

#### 3. 防振、防噪声

当管道中水流速度过大时，启闭水龙头、阀门易出现水锤现象，引起管道、附件的振动，不但会损坏管道附件造成漏水，还会产生噪声。所以在设计时应当控制管道的水流速度；在住宅建筑进户管的阀门后装设可曲挠橡胶接头进行隔振；并可在管道支架、管卡内衬垫减振材料，减少噪声的扩散；在管道布置时，应避免管道沿卧室或卧室相邻的墙壁敷设。

## 1.8　室内给水系统的管材和管道附件

### 1.8.1　常用给水管材

建筑给水管材种类繁多，根据材质的不同大体可分为金属管、塑料管、复合管三大类。其中的聚乙烯管、聚丙烯管、铝塑复合管是目前建筑给水推荐使用的管材。

#### 1.8.1.1 金属管

金属管主要有镀锌钢管、铸铁管、不锈钢管、铜管等。

**1. 镀锌钢管**

镀锌钢管具有强度高、抗震性能好、承受内压大、重量比铸铁管轻、易于加工的优点，镀锌钢管曾经是我国生活饮用水使用的主要管材，但由于其内壁易生锈、滋生细菌、微生物等有害杂质，使自来水在输送途中造成"二次污染"，根据国家有关规定，镀锌钢管已被定为淘汰产品，从 2000 年 6 月 1 日起，在城镇新建住宅生活给水系统中禁止使用镀锌钢管。目前镀锌钢管主要用于消防给水系统。管道可采用焊接、螺纹连接、法兰连接或卡箍连接。

**2. 给水铸铁管**

与钢管比较给水铸铁管具有抗腐蚀性好、经久耐用、价格便宜等优点；但也有质地较脆、不耐振动和弯折、工作压力比钢管低、重量较大、施工比钢管困难等缺点，现在也很少使用。

**3. 不锈钢管**

不锈钢管具有机械强度高、坚固、韧性好、耐腐蚀性好、热膨胀系数低、卫生性能好、外表美观、安装维护方便、经久耐用等优点，适用于建筑给水特别是管道直饮水及热水系统。管道可采用焊接、螺纹连接、卡压式、卡套式等多种连接方式。

**4. 铜管**

铜管是传统的给水管材。铜管具有耐温、延展性好、承压能力强、化学性质稳定、线性膨胀系数小等优点，冷、热水均适用。铜在化学活性排序中的序位很低，比氢还靠后，因而性能稳定，不易腐蚀。据有关资料介绍，铜能抑制细菌的生长，保持饮用水的清洁卫生，但是价格较高。

#### 1.8.1.2 塑料管

塑料管包括硬聚氯乙烯管（U-PVC）、聚乙烯管（PE）、交联聚乙烯（PEX）、聚丙烯管（PP）、聚丁烯管（PB）、热塑性丙烯腈-丁二烯-苯乙烯管（ABS）等。

**1. 硬聚氯乙烯管（U-PVC）**

聚氯乙烯管材的使用温度为 5～45℃，不适用于热水输送（图 1.56）。优点是耐腐蚀性好、抗衰老性强、粘接方便、价格低、产品规格全、质地坚硬。缺点是维修困难、无韧性，环境温度低于 5℃时脆化，高于 45℃时软化，长期使用有U-PVC 单体和添加剂渗出。该管材为早期替代镀锌钢管的管材，现在已经不推广使用。硬聚氯乙烯管可采用承插粘接，也可采用橡胶密封圈柔性连接、螺纹或法兰连接。

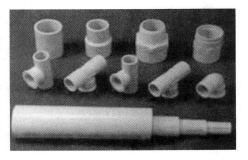

图 1.56 硬聚氯乙烯管

**2. 聚乙烯管（PE）**

聚乙烯管的特点是重量轻、韧性好、耐腐蚀、耐低温性能好、运输及施工方便、具有良好的柔性和抗蠕变性能，在建筑给水中得到广泛应用。聚乙烯管道的连接可采用电熔、热熔、橡胶圈柔性连接，工程上主要采用熔接的方法。

3. 交联聚乙烯管（PEX）

交联聚乙烯管具有强度高、韧性好、抗老化（使用寿命达 50 年以上）、温度适应范围广（70～110℃）、无毒、不滋生细菌、安装维修方便、价格适中等优点。主要用于室内热水供应系统。

4. 聚丙烯管（PP）

普通聚丙烯材质的缺点是耐低温性能差，在 5℃ 以下因脆性太大而难以正常使用。通过共聚合的方式可以使聚丙烯性能得到改善。PP－R 管的优点是强度高、韧性好、无毒、温度适应范围较广（5～95℃）、耐腐蚀、抗老化、保温效果好、沿程阻力小、施工安装方便（图 1.57）。不仅可用于冷、热水系统，且可用于纯净饮用水系统。管道之间采用热熔连接，管道与金属管件可以通过带金属嵌件的聚丙烯管件，用丝扣或法兰连接。PP－R 管的化学稳定性好、耐腐蚀性强、使用卫生、对水质基本无污染。PP－R 管还具有导热系数小，不易结露；管材内壁光滑，水流阻力小；材质较轻，加

图 1.57 PP－R 管

工、运输、安装、维修方便等特点。但其强度较低、耐热性能差、不宜在阳光下曝晒。

5. 聚丁烯管（PB）

聚丁烯管是用高分子树脂制成的高密度塑料管，管材质软、耐磨、耐热、抗冻、无毒无害、耐久性好、重量轻、施工安装简单，适用于冷、热水系统。聚丁烯管与管件的连接有 3 种方式，即铜接头夹紧式连接、热熔式插接、电熔合连接。

6. 丙烯腈－丁二烯－苯乙烯管（ABS）

ABS 管材是丙烯腈、丁二烯、苯乙烯的三元共聚物，3 种组合的联合作用使 ABS 管强度大，韧性高，能承受冲击。管材连接方式为粘接。

### 1.8.1.3 复合管

复合管包括了铝塑复合管、涂塑钢管、钢塑复合管等。

1. 铝塑复合管

铝塑复合管简称铝塑管，是通过挤出成型工艺制造的新型复合管材，既保持了聚乙烯管和铝管的优点，又避免了各自的缺点。可以弯曲，弯曲半径等于 5 倍直径，可以减少大量管接头；耐温差性能强，普通铝塑管耐受温度为 60℃，耐高温铝塑管长期耐受温度小于 95℃，瞬间耐受温度为 110℃；耐高压。管件连接主要是夹紧式铜接头，可用于室内冷、热水系统。铝塑复合管的规格，见表 1.11。

表 1.11　　　　　　　　　　　　铝塑复合管规格　　　　　　　　　　单位：mm

| 公称直径 | 普通铝塑复合管壁厚 | 耐高温铝塑管壁厚 | 公称直径 | 普通铝塑复合管壁厚 | 耐高温铝塑管壁厚 |
|---|---|---|---|---|---|
| 16 | 1.8 | 1.8 | 25 | 2.3 | 2.3 |
| 18 | 1.8 | 1.8 | 32 | 2.9 | 2.9 |
| 20 | 2.0 | 2.0 | | | |

2. 钢塑复合管

钢塑复合管是在钢管内壁衬（涂）一定厚度的塑料层复合而成，钢塑复合管兼备了金属管材强度高、耐高压、能承受较强的外来冲击力和塑料管材的耐腐蚀性、不结垢、导热系数低、流体阻力小等优点。钢塑复合管可采用沟槽、法兰或螺纹连接的方式，同原有的镀锌管系统完全相容，应用方便，但需在工厂预制，不宜在施工现场切割。

### 1.8.1.4 给水管材的选择

选用给水管材的主要原则是：安全可靠、卫生环保、经济合理、水力条件好、便于施工维护。建筑给水推荐使用的管材主要是聚乙烯管、聚丙烯管、铝塑复合管。埋地给水管道采用的管材，应具有耐腐蚀和能承受相应地面荷载的能力。可采用塑料给水管、有衬里的铸铁给水管、经可靠防腐处理的钢管。室内的给水管道，应选用耐腐蚀和安装连接方便可靠的管材，可采用塑料给水管、塑料和金属复合管、铜管、不锈钢管及经可靠防腐处理的钢管。其主要特点见表1.12。

**表 1.12** 　　　　　　　　　　　**5 种给水管材的主要特点**

| 项目比较 | 铜管 | PP－R | U－PVC | 钢塑复合管 | 不锈钢管 |
|---|---|---|---|---|---|
| 安全卫生 | 好 | 好 | 一般 | 一般 | 好 |
| 总造价 | 中 | 中 | 低 | 较低 | 高 |
| 热水系统 | 可以 | 可以 | 不可以 | 不可以 | 可以 |
| 连接安装 | 较难 | 较难 | 容易 | 容易 | 一般 |
| 安装可靠 | 好 | 好 | 较好 | 一般 | 好 |
| 使用年限 | 长 | 较长 | 较长 | 中 | 长 |
| 使用场所 | 中、高标准 | 中等标准 | 一般标准 | 中等标准 | 高等标准 |

## 1.8.2 给水附件

### 1.8.2.1 配水附件

配水附件是指安装在给水支管末端，供卫生器具用来调节和分配水流的各式水龙头（或称为水嘴），是使用最频繁的管道附件。常用的水龙头类型有如下6种。

1. 旋启式水龙头

旋启式水龙头如图1.58（a）所示，普遍用于洗涤盆、污水盆、盥洗槽等卫生器具的配水，由于密封橡胶垫磨损容易造成滴、漏现象，且压力损失较大，我国已经限期禁用普通旋启式水龙头。

2. 旋塞式水龙头

旋塞式水龙头如图1.58（b）所示，手柄旋转90°即完全开启，可在短时间内获得较大流量。由于水流呈直线通过，其阻力较小。缺点是启闭迅速容易产生水锤。

3. 陶瓷芯片水龙头

陶瓷芯片水龙头如图1.58（c）所示，采

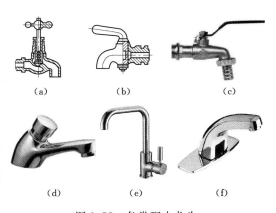

图 1.58　各类配水龙头
（a）旋启式；（b）旋塞式；（c）陶瓷芯片；
（d）延时自闭；（e）混合；（f）自动控制

用陶瓷片作为密封材料，由动片和定片组成，通过手柄的水平旋转或上下提压造成动片与定片的相对位移以进行启闭。陶瓷芯片硬度极高，优质陶瓷阀芯使用 10 年也不会漏水。

**4. 延时自闭水龙头**

延时自闭水龙头如图 1.58(d) 所示，主要用于酒店及商场等公共场所的洗手间，使用时将按钮下压，每次开启持续一定时间后，靠水压力及弹簧的增压而自动关闭水流，能够有效避免浪费。

**5. 混合水龙头**

混合水龙头如图 1.58(e) 所示，安装在洗脸盆、浴盆等卫生器具上，通过控制冷、热水流量调节水温，作用相当于两个水龙头，使用时将手柄上下移动控制流量，左右偏转调节水温。

**6. 自动控制水龙头**

自动控制水龙头如图 1.58(f) 所示，根据光电效应、电容效应、电磁感应等原理，自动控制水龙头的启闭，常用于建筑装饰标准较高的盥洗、淋浴、饮水等的水流控制，具有节水、卫生、防止交叉感染的功能。

#### 1.8.2.2 控制附件

控制附件是用于调节水量、水压、关断水流的各式阀门。常用的阀门类型有如下 6 种。

**1. 闸阀**

闸阀如图 1.59 所示，其关闭件（闸板）由阀杆带动，沿阀座密封面作升降运动来启闭介质流。闸阀具有流体阻力小、开关需要的外力较小、介质的流向不受限制等优点；但是外形尺寸和开启高度都较大、水中杂质落入阀座后容易造成阀门关闭不严的现象。

**2. 截止阀**

截止阀如图 1.60 所示，利用闸杆下端的阀盘（或阀针）与阀孔的配合来启闭介质流。截止阀具有开启高度小、关闭严密、在开闭过程中密封面的摩擦力比闸阀小、耐磨等优点。其广泛用于水暖管道和工业管道工程中。

| 图 1.59 闸阀 | 图 1.60 截止阀 | 图 1.61 球阀 |

**3. 球阀**

球阀是在阀体内，位于阀杆的下端有一球体，在球体上有一水平圆孔利用阀杆的转动来启闭介质流。如图 1.61 所示，球阀的启闭件（球体）绕垂直于通路的轴线旋转，在管路中用来做切断、分配和改变介质的流动方向，适用于安装空间小的场所。球阀具有流体阻力小、结构简单、体积小、重量轻、开闭迅速等优点；缺点是容易产生水击。

4. 止回阀

止回阀也叫逆止阀、单向阀、单流阀，是一种自动启闭的阀门，一般安装在引入管、密闭的水加热器或用水设备的进水管、水泵出水管、进出水管合用一条管道的水箱（塔、池）的出水管段上。根据启闭件动作方式的不同，可进一步分为旋启式止回阀、升降式止回阀等类型，分别如图 1.62、图 1.63 所示。

图 1.62　旋启式止回阀　　　　图 1.63　升降式止回阀　　　　图 1.64　浮球阀

5. 浮球阀

浮球阀如图 1.64 所示，是一种利用液位变化而自动启闭的阀门，广泛用于工矿企业、民用建筑中各种水箱、水池、水塔的进水管路中，控制水箱（池、塔）的水位，选用时注意规格应和管道一致。

6. 安全阀

安全阀如图 1.65 所示，是自动保险（保护）装置，当设备、容器或管道系统内的压力超过工作压力时，安全阀自动开启，排除部分介质（气或液），用来防止系统内压力超过预定的安全值。

### 1.8.3　水表

水表是用于计量建筑物用水量的仪表。通常设置在建筑物的引入管、住宅和公寓建筑的分户配水支管以及公用建筑物内需计量水量的水管上。

根据工作原理分为流速式和容积式水表两类。容积式水表构造复杂，我国很少使用，在建筑给水系统中普遍使用的是流速式水表，是根据通过水表的水流速度与流量成正比的原理制成的。

图 1.65　安全阀

流速式水表按翼轮构造不同分为旋翼式（图 1.66）、螺翼式（图 1.67），通常在建筑给水系统中，水表直径小于 50mm 时，采用旋翼式水表；大于 50mm 时，采用旋翼式水表或螺翼式水表。流速式水表按其计数机件所处状态又分干式和湿式两种。干式水表的计数机件用金属圆盘与水隔开；湿式水表的计数机件浸在水中，在计数度盘上装一块厚玻璃（或钢化玻璃）用以承受水压。湿式水表机件简单、计量准确、密封性能好，但只能用在水中不含杂质的管道上，因为水质浊度高将降低精度，产生磨损缩短水表寿命。

水表选择时需要注意的是：①用水量均匀的生活给水系统的水表，应当用给水设计流量选定水表的常用流量；②用水量不均匀的生活给水系统的水表，应当用设计流量选定水表的最大流量；③对生活消防共用系统，还需要加消防流量。应当用生活用水的设计流量叠加消防流量进行校核，使总流量不超过水表的最大流量值。

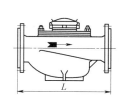

图1.66 旋翼式水表

图1.67 螺翼式水表

水表应安装在便于检修和读数,不受暴晒、冻结、污染和机械损伤的地方。螺翼式水表的上游侧,应保证长度为8～10倍水表公称直径的直管段,其他类型水表的前后,则应有不小于300mm的直线段。

# 1.9 水泵、水箱、贮水池及气压给水设备

## 1.9.1 水泵

水泵是将动力装置的机械能传递给流体的一种动力机械。在建筑内部给水系统中,一般采用离心泵。离心式水泵构造如图1.68所示。其特点是结构简单、体积小、效率高、流量和扬程在一定范围内可调。单级泵扬程较低,一般用于低层或多层建筑;多级泵扬程较高,通常用于高层建筑。

### 1.9.1.1 离心水泵的基本构造和工作原理

离心水泵主要由叶轮、泵壳、泵轴、轴承和填料函等组成。

(1)叶轮:是离心水泵的主要构件,它是由轮盘和若干个弯曲的叶片组成,叶片数一般为6～12片。

(2)泵壳:泵壳的形状为涡壳状。泵壳的作用是将水引入叶轮,然后将叶轮流出的水汇集起来,引向压力管。泵壳顶上设有排气孔,以备水泵启动灌水时排气用,底部设有排水孔。

(3)泵轴:用来带动叶轮旋转,它是将电动机的能量传递给叶轮的主要部件。

(4)轴承:用来支撑泵轴,以便于泵轴旋转。

(5)填料函:又称盘根箱,其作用是密封泵轴与泵壳之间的空隙,以防漏水和空气吸入泵内。

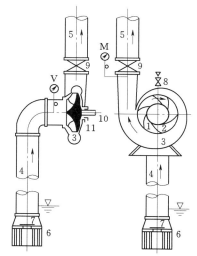

图1.68 离心水泵构造示意图
1—叶轮;2—叶片;3—泵壳;4—吸水管;
5—压力管;6—拦污栅;7—底阀;8—加水漏斗;9—阀门;10—泵轴;11—填料函;
M—压力计;V—真空计

水泵启动之前,首先将泵壳和吸水管处灌满水,当叶轮高速转动时在离心力的作用下,叶片槽道(两叶片间的过水通道)中的水获得了动能与压能。由于泵壳的断面是逐渐扩大的,所以水进入泵壳后流速逐渐减小,部分动能转化为压能,使水泵出口处的水具有较高的压力。在水被甩走的同时,水泵进口处形成负压,在大气压力的作用下,将吸水池

中的水通过吸水管压向水泵进口。水泵连续运转，水就会被源源不断的吸入又吸出，这就形成了离心水泵的均匀连续供水。

#### 1.9.1.2　离心水泵的基本参数及选择

每台水泵都有一个表示其工作性能的牌子，称为铭牌。铭牌上的流量、扬程、功率、效率、转速及吸程等均代表了泵的性能，故称为水泵的基本性能参数。

1. 流量

泵在单位时间内所输送的液体体积，以符号 $Q$ 表示，单位为 m³/h 或 L/s。

2. 扬程

单位重量的液体通过水泵以后所获得的能量，以符号 $H$ 表示，单位为 m。

流量和扬程表明了水泵的工作能力，是水泵最主要的性能参数。

3. 功率和效率

功率是水泵在单位时间内所做的功，也就是单位时间内通过水泵的液体所获得的能量，以符号 $N$ 表示，单位为 kW，水泵的这个功率称为有效功率。电动机传递给水泵轴的功率称为轴功率，轴功率大于有效功率，用符号 $N_{轴}$ 表示。水泵的效率就是水泵的有效功率与轴功率的比值，以符号 $\eta$ 表示，即

$$\eta = \frac{N}{N_{轴}} \tag{1.5}$$

泵的效率 $\eta$ 越高，说明泵所做的有效功率越多，损耗的功率越少。因此，效率是评价水泵性能好坏的一个重要参数。

4. 转速

转速是指水泵叶轮每分钟的转数，以符号 $n$ 表示，单位为 r/min。

5. 吸程

吸程也称为允许吸上真空高度，就是水泵运转时吸水口前允许产生的真空度的数值，通常以 $H_{真}$ 表示，单位为 m，这个参数在确定水泵的安装高度时使用。

### 1.9.2　水箱

水箱具有储备水量、稳定水压、调节水泵工作和保证供水的作用。

水箱常用的有圆形和矩形等形状，可以用钢板、玻璃钢和钢筋混凝土制成。钢板水箱自重小，容易加工，工程上较多采用，但其内外表面均应作防腐处理。不锈钢板不需要做防锈处理，使用较为广泛。钢筋混凝土水箱经久耐用，维护方便，不存在防腐问题，但自重较大，如果建筑物结构允许应尽量考虑。

水箱应设置在通风良好、不结冻的房间内，为了防止结冻，露天设置的水箱都应采取保温措施；水箱间的净高不得小于 2.2m。水箱应加盖，不得污染。消防用水与其他用水合用的水箱，应有确保消防用水不作他用的技术设施。除串联消防给水系统外，发生火灾后由消防水泵供给的消防用水，不应进入消防水箱（图 1.69）。

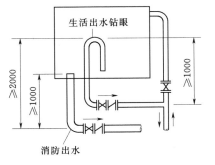

图 1.69　消防和生活合用水箱（单位：mm）

高位水箱的设置高度应按最不利配水点处所需水压计算确定，水箱出水管安装标高计算公式为

$$Z=Z_1+H_2+H_3 \qquad (1.6)$$

式中　$Z$——水箱出水管安装标高，m；

　　　$Z_1$——最不利配水点标高，m；

　　　$H_2$——水箱供水到管网最不利配水点计算管路总水头损失，m；

　　　$H_3$——最不利配水点的流出水头，m。

对于储存有消防水量的水箱，水箱高度难以满足顶部几层消防水压的要求时，需另行采取局部增压措施。

### 1.9.3 贮水池

在水量能够得到保证的前提下，水泵宜直接从市政管网吸水，以充分利用市政管网的水压减小给水的运行能耗。但是，供水管理部门通常不允许建筑内部给水系统的水泵直接从市政管网吸水，以免管网压力剧烈波动或大幅度下降，影响其他用户的使用。为了提高供水可靠性，避免出现因市政管网在用水高峰时段供水能力不足而无法保证室内给水要求的情况和减少因市政管网或引入管检修造成的停水影响，建筑给水系统需设置贮水池。

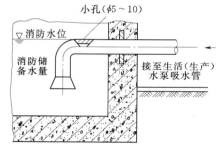

图 1.70　储水池中消防储水不被动用的措施

贮水池应设在通风良好、不结冻的房间内。为防止渗漏造成损害和避免噪声影响，贮水池不宜毗邻电气用房和居住用房或在其下方。贮水池的设置高度应利于水泵自灌式吸水，池内宜设有水泵吸水坑，吸水坑的大小和深度，应满足水泵吸水管的安装要求。生活、消防合用贮水池应有保证消防贮备水量不被动用的措施，如图1.70所示。水池应分成两格以便清洗和检修时不停水。水池应设带有水位控制阀的进水管、溢水管、排水管、通风管、水位显示器、检查人孔等。

### 1.9.4 气压给水设备

气压给水设备的供水压力是借罐内压缩空气维持，罐体的安装高度可以不受限制（图1.71）。这种设备的优点是投资少、建设速度快、易拆迁、水体不会受到污染等；缺点是日常使用费用高，供水压力幅度变化大，因此使用受到一定限制。气压给水设备由下面4个基本部分组成。

（1）密闭罐：内部充满水和空气。

（2）水泵：将水送到罐内。

（3）空气压缩机：加压水及补充空气漏损。

（4）控制器材：用以启动水泵和空气压缩机。

其工作过程为：水泵向罐内供水不断占据罐内体积，而罐内空气受到压缩，罐内水压不断升高，

图 1.71　气压给水设备

当压力达到设定的最大压力时，密闭罐中的水在压缩空气的作用下被送至管网。

# 1.10 室内给水系统的水力计算

### 1.10.1 卫生器具额定流量

给水额定流量是卫生器具配水出口在单位时间内流出的规定水量。为了保证卫生器具能够满足使用要求，对各种卫生器具连接管的直径和最低工作压力都有相应的规定。为了方便管道的水力计算，卫生器具的给水额定流量用卫生器具给水当量和给水当量数来表示。

卫生器具给水当量是以污水盆上支管直径为15mm的水龙头的额定流量0.2L/s作为一个"当量"值。其他卫生器具给水额定流量均以此为基准，折算成给水当量的倍数，称为卫生器具"给水当量数"。某一个卫生器具的给水当量数是该卫生器具给水额定流量与给水当量（0.2L/s）的比值，见表1.13。

表 1.13 卫生器具给水的额定流量、当量、支管管径和流出水头

| 卫生器具给水配件名称 | 额定流量 /(L/s) | 当量值 | 支管管径 /mm | 配水点前所需流出水头 /MPa |
|---|---|---|---|---|
| 洗涤盆、拖布盆、盥洗槽 单阀水嘴 单阀水嘴 混合水嘴 | 0.15～0.20 0.30～0.40 0.15～0.20 (0.14) | 0.75～1.00 1.50～2.00 0.75～1.00 (0.70) | 15 20 15 | 0.050 |
| 洗脸盆 单阀水嘴 混合水嘴 | 0.15 0.15 (0.10) | 0.75 0.75 (0.50) | 15 15 | 0.050 |
| 洗手盆 感应水嘴 混合水嘴 | 0.10 0.15 (0.10) | 0.50 0.75 (0.50) | 15 15 | 0.050 |
| 浴盆 单阀水嘴 混合水嘴（含带淋浴转换器） | 0.20 0.24 (0.20) | 1.00 1.20 (1.00) | 15 15 | 0.050 0.050～0.070 |
| 淋浴器 混合阀 | 0.15 (0.10) | 0.75 (0.5) | 15 | 0.050～0.100 |
| 大便器 冲洗水箱浮球阀 延时自闭式冲洗阀 | 0.10 1.20 | 0.50 6.00 | 15 25 | 0.020 0.100～0.150 |
| 小便器 手动或自闭式冲洗阀 自动冲洗水箱进水阀 | 0.10 0.10 | 0.50 0.50 | 15 15 | 0.050 0.020 |

续表

| 卫生器具给水配件名称 | 额定流量<br>/(L/s) | 当量值 | 支管管径<br>/mm | 配水点前所<br>需流出水头<br>/MPa |
|---|---|---|---|---|
| 小便槽穿孔冲洗管（每米长） | 0.05 | 0.25 | 15～20 | 0.015 |
| 净身器冲洗水龙头 | 0.10（0.07） | 0.50（0.35） | 15 | 0.050 |
| 医院倒便器 | 0.20 | 1.00 | 15 | 0.050 |
| 实验室化验龙头（鹅颈）<br>　单联<br>　双联<br>　三联 | <br>0.07<br>0.15<br>0.20 | <br>0.35<br>0.75<br>1.00 | <br>15<br>15<br>15 | <br>0.020<br>0.020<br>0.020 |
| 饮水器喷嘴 | 0.05 | 0.25 | 15 | 0.050 |
| 洒水栓 | 0.40<br>0.70 | 2.00<br>3.50 | 20<br>25 | 0.050～0.100<br>0.050～0.100 |
| 室内地面冲洗水嘴 | 0.20 | 1.00 | 15 | 0.050 |
| 家用洗衣机给水龙头 | 0.20 | 1.00 | 15 | 0.050 |

**注**　1. 表中括号内的数值系在有热水供应时，单独计算冷水或热水时使用。

2. 当浴盆上附设淋浴器时，或混合水嘴有淋浴转换开关时，其额定流量和当量只计水嘴，不计淋浴器。但水压应按淋浴器计。

3. 家用燃气热水器，所需水压按产品要求和热水供应系统最不利配水点所需工作压力确定。

4. 绿地的自动喷灌应按产品要求设计。

### 1.10.2　室内给水设计流量

给水设计流量是给水系统中的设备和管道在使用过程中可能出现的最大流量，它是确定管道直径、计算管道阻力损失、选择给水系统的水泵扬程和流量的依据。设计流量可能是最大用水小时的平均秒流量，或者是卫生器具按配水最不利情况组合出流的最大短时流量（又称为设计秒流量）。具体可以按照以下原则选择：

（1）室内配水管网、气压给水设备、变频调速给水设备、不设高位水箱的增压水泵，采用设计秒流量；设高位水箱的增压水泵，采用最大用水小时平均秒流量。

（2）当建筑物内的生活用水全部由室外管网直接供水时，引入管的设计流量采用设计秒流量；当建筑物内的生活用水全部经贮水池自行加压供水时，引入管的设计流量采用最大用水小时平均秒流量。

（3）当建筑物内的生活用水既有室外管网直接供水，又有自行加压供水时，引入管的设计流量等于直接供水部分的设计秒流量加上加压部分的最大用水小时平均秒流量。

由于在一栋建筑物中出现所有卫生器具同时使用的情况可能性极小，因此根据各类建筑物用水规律的试验资料分析，提出了不同性质建筑的流量计算公式。

#### 1.10.2.1　住宅建筑

根据《建筑给水排水设计规范》（GB 50015—2009），住宅建筑的设计秒流量按以下步骤进行计算：

（1）根据住宅配置的卫生器具给水当量、使用人数、用水定额、使用时数及小时变化系数，按式（1.7）计算最大用水时卫生器具给水当量平均出流概率为

$$U_0 = \frac{100 q_0 m K_h}{0.2 \times 3600 N_g T} \tag{1.7}$$

式中　$U_0$——生活给水管道的最大用水时卫生器具给水当量平均出流概率，%；

$q_0$——最高用水日的生活用水定额，按表 1.14 取用；

$m$——每户用水人数；

$K_h$——小时变化系数，按表 1.14 取用；

$T$——用水小时数，h；

$N_g$——每户设置的卫生器具给水当量数。

表 1.14　　　　住宅最高日生活用水定额及小时变化系数

| 住宅类别 | | 卫生器具设置标准 | 用水定额/[L/（人·d）] | 小时变化系数 $K_h$ |
|---|---|---|---|---|
| 普通住宅 | Ⅰ | 有大便器、洗涤盆 | 85～150 | 3.0～2.5 |
| | Ⅱ | 有大便器、洗脸盆、洗涤盆、洗衣机、热水器和沐浴设备 | 130～300 | 2.8～2.3 |
| | Ⅲ | 有大便器、洗脸盆、洗涤盆、洗衣机、集中热水供应（或家用热水机组）和沐浴设备 | 180～820 | 2.5～2.0 |
| 别墅 | | 有大便器、洗脸盆、洗涤盆、洗衣机、洒水栓、家用热水机组和沐浴设备 | 200～350 | 2.3～1.8 |

（2）根据计算管段上的卫生器具给水当量总数，按式（1.8）计算该管段的卫生器具给水当量的同时出流概率为

$$U = \frac{1 + \alpha_C (N_g - 1)^{0.49}}{\sqrt{N_g}} \quad (100\%) \tag{1.8}$$

式中　$U$——计算管段的卫生器具给水当量同时出流概率，%；

$\alpha_C$——对应于不同 $U_0$ 的系数，按表 1.15 确定；

$N_g$——计算管段的卫生器具给水当量总数。

表 1.15　　　　不 同 $U_0$ 下 的 系 数 $\alpha_C$

| $U_0$ /% | 1.0 | 2.0 | 3.0 | 4.0 | 5.0 | 6.0 | 7.0 | 8.0 |
|---|---|---|---|---|---|---|---|---|
| $\alpha_C$ | 0.00323 | 0.01097 | 0.01939 | 0.02816 | 0.03715 | 0.04629 | 0.05555 | 0.06489 |

（3）根据计算管段上的卫生器具给水当量同时出流概率，用式（1.9）计算管段的设计秒流量为

$$q_g = 0.2 U N_g \tag{1.9}$$

式中　$q_g$——计算管段的设计秒流量，L/s。

（4）有两条或两条以上具有不同最大用水时卫生器具给水当量平均出流概率给水支管的给水干管，该管段的最大时卫生器具给水当量平均出流概率按式（1.10）计算为

$$\overline{U_0} = \frac{\sum U_{\sigma i} N_{gi}}{\sum N_{gi}}$$

　　（1.10）

式中　$\overline{U_0}$——给水干管的卫生器具给水当量平均出流概率，%；

　　　　$U_{\sigma i}$——支管的最大用水时卫生器具给水当量平均出流概率，%；

　　　　$N_{gi}$——相应支管的卫生器具给水当量总数。

**1.10.2.2　集体宿舍、旅馆、宾馆、疗养院、幼儿园、养老院、办公楼、商场、客运站、会展中心、中小学教学楼、公共厕所等建筑**

集体宿舍、旅馆、宾馆、疗养院、幼儿园、养老院、办公楼、商场、客运站、会展中心、中小学教学楼、公共厕所等建筑的生活给水设计秒流量的计算公式为

$$q_g = 0.2\alpha \sqrt{N_g}$$

　　（1.11）

式中　$q_g$——计算管段的给水设计秒流量，L/s；

　　　　$\alpha$——根据建筑物用途而定的系数，按表1.16选用；

　　　　$N_g$——计算管段的卫生器具给水当量总数，卫生器具给水额定流量按表1.13确定。

表 1.16　　　　　　　　　　　　　根据建筑物用途而定的系数 $a$ 值

| 建筑物名称 | 幼儿园、托儿所、养老院 | 门诊部诊疗所 | 办公楼商场 | 学校 | 医院、疗养院、休养所 | 集体宿舍、旅馆招待所、宾馆 | 客运站、会展中心、公共厕所 |
|---|---|---|---|---|---|---|---|
| $\alpha$ | 1.2 | 1.4 | 1.5 | 1.8 | 2.0 | 2.5 | 3.0 |

当计算值小于该管段上1个最大卫生器具给水额定流量时，应采用1个最大的卫生器具给水额定流量作为设计秒流量；如果计算值大于该管段上按卫生器具给水额定流量累加所得流量值时，应采用卫生器具给水额定流量累加所得的流量值。

**1.10.2.3　按卫生器具同时作用系数确定设计秒流量**

工业企业生活间、公共浴室、洗衣房、公共食堂、实验室、影剧院、体育场等建筑的生活给水管道设计秒流量，应根据卫生器具给水额定流量、同类型卫生器具数和卫生器具的同时给水百分数计算

$$q_g = \sum q_0 n_0 b$$

　　（1.12）

式中　$q_g$——计算管段的给水设计秒流量，L/s；

　　　　$q_0$——同类型1个卫生器具给水额定流量，L/s；

　　　　$n_0$——计算管段同类型的卫生器具数；

　　　　$b$——卫生器具的同时使用百分数，按表1.17～表1.19采用。

如果计算值小于该管段上1个最大卫生器具的给水额定流量时，应采用1个最大的卫生器具的给水额定流量作为设计秒流量。大便器自闭式冲洗阀应单列计算，当单列计算值小于1.2L/s时，以1.2L/s计；大于1.2L/s时，以计算值计。

### 表 1.17　工业企业生活间、公共浴室、剧院化妆间、体育场馆运动员休息室等卫生器具同时给水百分数

| 卫生器具名称 | 同时给水百分数/% | | | |
|---|---|---|---|---|
| | 工业企业生活间 | 公共浴室 | 剧院化妆间 | 体育场馆运动员休息室 |
| 洗涤盆（池） | 33 | 15 | 15 | 15 |
| 洗手盆 | 50 | 50 | 50 | 50 |
| 洗脸盆、盥洗槽水嘴 | 60～100 | 60～100 | 50 | 80 |
| 浴盆 | | 50 | | |
| 无间隔淋浴器 | 100 | 100 | | 100 |
| 有间隔淋浴器 | 80 | 60～80 | 60～80 | 60～100 |
| 大便器冲洗水箱 | 30 | 20 | 20 | 20 |
| 大便器自闭式冲洗阀 | 2 | 2 | 2 | 2 |
| 小便器自闭式冲洗阀 | 10 | 10 | 10 | 10 |
| 小便器（槽）自动冲洗水箱 | 100 | 100 | 100 | 100 |
| 净身盆 | 33 | | | |
| 饮水器 | 30～60 | 30 | 30 | 30 |
| 小卖部洗涤盆 | | 50 | | 50 |

注　健身中心的卫生间，可采用本表体育场馆运动员休息室的同时给水百分率。

### 表 1.18　职工食堂、营业餐馆厨房设备同时给水百分数

| 厨房设备名称 | 污水盆（池） | 洗涤盆（池） | 煮锅 | 生产性洗涤机 | 器皿洗涤机 | 开水器 | 蒸汽发生器 | 灶台水嘴 |
|---|---|---|---|---|---|---|---|---|
| 同时给水百分数/% | 50 | 70 | 60 | 40 | 90 | 50 | 100 | 30 |

注　职工或学生饭堂的洗碗台水嘴，按100%同时给水，但不与厨房用水叠加。

### 表 1.19　实验室化验水嘴同时给水百分数

| 化验水嘴名称 | 同时给水百分数/% | |
|---|---|---|
| | 科学研究实验室 | 生产实验室 |
| 单联化验水嘴 | 20 | 30 |
| 双联或三联化验水嘴 | 30 | 50 |

## 1.10.3　给水管路的水力计算

### 1.10.3.1　设计流速

管内流速的大小直接影响到给水系统经济合理性。流速过大，会增加管道的阻力损失、给水系统所需的压力和增压设备的运行费用。此外，还容易产生水锤，引起噪声，损坏管道或附件。流速过小，会使管道直径变大，增加工程的初投资。因此，设计时应综合

考虑以上因素，把流速控制在适当的范围内。生活或生产给水管道的水流速度宜按表1.20采用。

表1.20　　　　　　　　　　　　生活给水管道的水流速度

| 公称直径/mm | 15～20 | 25～40 | 50～70 | ≥80 |
|---|---|---|---|---|
| 水流速度/(m/s) | ≤1.0 | ≤1.2 | ≤1.5 | ≤1.8 |

### 1.10.3.2　管径

根据计算得出的各管段设计流量，初步选定管道设计流速，按式（1.13）计算管道直径为

$$d = \sqrt{\frac{4q_g}{\pi v}} \tag{1.13}$$

式中　$q_g$——计算管段的设计流量，$m^3/s$；

　　　$d$——计算管段直径，m；

　　　$v$——计算管段的设计流速，m/s。

流速一旦确定，便可求出管径。管径的选定应从技术和经济两方面来综合考虑。从经济上看，流量一定时管径越小管材越省。但管径太小时，流速过大，易使管道损坏并造成很大的噪音，同时还可使给水系统中水龙头的出水量和压力互相干扰极不稳定。

对于一般建筑，还可以根据管道所负担的卫生器具当量数，按表1.21概略地确定管径。

表1.21　　　　　　　　　　　　按卫生器具当量数确定管径

| 管径/mm | 15 | 20 | 25 | 32 | 40 | 50 | 70 |
|---|---|---|---|---|---|---|---|
| 卫生器具当量数 | 3 | 6 | 12 | 20 | 30 | 50 | 75 |

### 1.10.3.3　管道水头损失的计算

给水管道的水头损失包括沿程水头损失和局部水头损失两部分。

1. 沿程水头损失

$$h_f = iL \tag{1.14}$$

式中　$h_f$——沿程水头损失，kPa；

　　　$i$——单位管段长度的沿程水头损失，kPa/m；

　　　$L$——管段长度，m。

给水钢管、给水硬聚氯乙烯管、给水聚丙烯管、薄壁钢管等，单位长度的水头损失可查相应的水力计算表或水力计算图。

2. 局部水头损失

$$h_j = \sum \xi \frac{v^2}{2g} \tag{1.15}$$

式中　$h_j$——管段局部水头损失之和，kPa；

　　　$\sum \xi$——管段局部阻力系数之和；

$v$——沿水流方向局部零件下游的速度，m/s；

$g$——重力加速度，m³/s。

给水管网中局部零件很多，详细计算很繁琐，在实际工作中，给水管网的局部水头损失一般不作详细计算，而是按给水系统的沿程水头损失的百分数采用，其值是：生活给水管网为25%～30%；生活、消防共用给水管网为20%；生产、生活、消防共用给水管网为20%；生产、消防共用给水管网为15%；消火栓系统消防给水管网为10%；自动喷水灭火系统消防给水管网为20%。

### 1.10.3.4　水力计算的方法与步骤

（1）在绘出的系统图上，选择最不利配水点，确定计算管路，确定室内给水所需的最大水压力。

（2）进行节点编号，以流量变化处为节点，从配水最不利点开始，将计算管路划分成计算管段，并标出两点间计算管段的长度。

（3）根据建筑的性质，选择设计秒流量的公式，计算各管段的设计秒流量。

（4）进行给水管道水力计算，确定各管段的管径以及建筑所需的总压力。

（5）确定非计算管路各管段的管径。

## ？ 复习思考题

1. 室外给水系统可分为几类？
2. 室内给水系统主要由哪几部分组成？分别有什么作用？
3. 给水系统所需要的供水压力由哪几部分组成？
4. 简述室内生活给水系统常用给水方式的主要特点及适用场合。
5. 高层建筑室内给水系统有哪些特点？
6. 简述室内常用消防给水方式的主要特点及适用场合。
7. 集中热水供应方式有几种？简述各种热水供应方式的优缺点及适应场合。
8. 室内给水系统的常用管材有哪些？他们的主要特点是什么？
9. 室内消火栓给水系统的主要设备有哪些？他们的作用是什么？
10. 闭式自动喷水灭火系统有哪几种类型？各自的主要特点是什么？
11. 开式自动喷水灭火系统有哪几种类型？各自的主要特点是什么？
12. 卫生器具"给水当量"和"给水当量数"的物理意义是什么？

# 第 2 章

# 室内外排水

**本章要点**

了解室内排水系统的组成与分类，熟悉室内排水管材及管件，了解卫生器具与冲洗设备，熟悉室内排水管道水力计算方法，熟悉室内排水管道的布置与敷设，了解高层建筑室内排水系统，了解室外排水管道的布置与敷设。

## 2.1 室内排水系统的分类与组成

建筑内部排水系统的主要任务是排除建筑内生活用水卫生洁具所排除的生活污水和生产设备（器具）所排除的生产污（废）水，在排除生活污水或生产污（废）水的同时，防止其中产生的有害污染物进入建筑内，还要为污（废）水的综合处理和回用提供有利条件。

住宅建筑和公共建筑产生的生活污水主要来自粪便冲洗水、淋浴及盥洗、洗涤、厨房的排水，这些污水含有机物、无机物、泥砂等污物。工业建筑排除的生活污水和生产污（废）水的比例、水质随不同产品、不同规模、不同原料和不同工艺而不同，为保护环境和水资源的合理利用，其处理方法也均有差别。

### 2.1.1 室内排水系统的分类

按建筑物内所排除的污水性质不同，建筑排水系统可分为以下几类。

（1）生活污水管道：排除人们日常生活中所产生的洗涤污水和粪便污水等。此类污水多含有有机物及细菌。

（2）生产污（废）水管道：排除生产过程中所产生的污（废）水。因生产工艺种类繁多，所以生产污水的成分很复杂。有些生产污水被有机物污染，并带有大量细菌；有些含有大量固体杂质或油脂；有些含有强的酸、碱性；有些含有氰、铬等有毒元素。对于生产废水中仅含少量无机杂质而不含有毒物质，或是仅升高了水温的（如一般冷却用水、空调制冷用水等），经简单处理就可循环或重复使用。

（3）雨水管道：排除屋面的雨水和冰雪融化水。

根据生活污水水质和中水原水的利用情况，居住、公共建筑内排水系统可分为以下几类。

合流制：生活污水和生产污（废）水中的冲厕水、厨房洗涤水、盥洗淋浴以及其他污水等，用同一管道系统把它们一起排出室外的系统称合流制，它可集中排放至室外，也可集中处理后排放或再利用。

分流制：由于各种经使用后的水，其水质不同，如果要求回收利用，可将其中优质杂排水（常指淋浴、洗涤后的排放水）、杂排水（优质杂排水中又含厨房洗涤水）或生活污水（含有粪便污水）分别排放或者不同水质的污（废）水，采取不同的管道系统排放，以便于处理和回收利用。

组成合流排水系统或根据实际情况或需要，进一步将生活污水和工业废水分流，分别组成生活污水系统、生活废水系统和生产污水系统、生产废水系统。

应根据污水性质、污染程度，结合室外排水制度和有利于综合利用与处理的要求选用分流排水系统或合流排水系统。水质相近的生活排水和生产污、废水，可采用合流排水系统排除，以节省管材。为便于污水的处理和回收利用，含有害有毒物质的生产污水和含有大量油脂的生产废水、有回收利用价值的生产废水，均应设独立的生产污水和生产废水系统分流排放。当建筑或建筑小区设有中水系统时，生活废水与生活污水宜分流排放，以便将生活废水处理后回用，可简化处理工艺，降低中水工程的投资和经常运行费用。在室外有污水处理厂，并有条件接纳生活排水时，可单设生活排水系统，污水由处理厂处理后排放。当室外无污水处理厂或有污水处理厂但已经满负荷运行，生活污水需经化粪池处理时，宜分设生活废水和生活污水系统，生活污水入化粪池处理，生活废水直接排入室外排水管网。为保证排水系统的最佳水力条件和生活、生产污水的处理效果，屋面雨水不能与生活、生产污水合流，雨水系统应独立设置，只有冷却水、冷凝水和仅含有大量泥砂、矿物质的工业废水，经机械处理后才能排入室内非密闭雨水管道。

### 2.1.2 室内排水系统的组成

不论是分流或合流的生活排水和工业废水排水系统，均有以下基本组成部分，如图 2.1 所示。

1. 卫生器具或生产设备的受水器

这类设备是室内排水系统的起点，污、废水通过器具排水栓，经器具内的水封装置或与器具排水管连接的存水弯流入横支管。常见的卫生器具有坐便器、洗脸盆、浴盆、洗涤盆等。

2. 管道系统

由横支管、立管、横干管和排出管组成。其中排出管是从横干管与末端立管的连接点至室外检查井之间的连接管段。

3. 通气管系统

使室内外排水管道与大气相通，其作用是将排水管道中散发的有害气体排到大气中去，使管道内

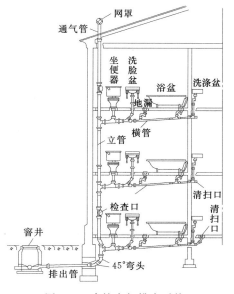

图 2.1　建筑内部排水系统

常有新鲜空气流通，以减轻管内废气对管壁的腐蚀，同时使管道内的压力与大气取得平衡，减少管内气压变化幅度，防止水封破坏。

一般的低层或多层建筑在排水横支管不长，卫生器具不多的条件下，可采取将排水立管延伸出屋面的通气措施。从最高层立管检查口至伸出屋面立管管口的管段称伸顶通气

管。其管口伸出屋面的高度应在 0.3m 以上（屋顶有隔热层时，应从隔热层板面算起），并大于当地最大积雪厚度，以防积雪覆盖；其周围 4m 以内有门窗时，则应高出该门窗顶 0.6m 或引向无门窗一侧；在经常有人停留的平屋面上，要高出屋面 2m，并应根据防雷要求考虑设置防雷装置，伸顶通气管不宜设在建筑物挑出部如屋檐檐口、阳台和雨篷等处的下面，以避免管内臭气积聚并进入室内，影响室内的环境。

对层数较多或卫生器具数量较多的建筑，因卫生器具同时排水的几率较大，管内压力波动大，只设伸顶通气管已不能满足稳定管内压力的要求，必须增设专门用于通气的管道，如与排水立管相接的专用通气立管；与排水横管相接的环形通气管；与环形通气管和排水立管相连的主通气立管，与环形通气管相连的副通气立管，前者靠近排水立管设置，后者与排水立管分开设置；与排水立管和通气立管相连的结合通气管和与卫生器具排水管相连的器具通气管等。专用通气管的设置应符合图 2.2 的要求。通气管与排水管相连，但不能接纳各类污、废水和雨水，这类通气管仅起加强管道气流畅通，减小管内压力波动，防止水封破坏的作用。

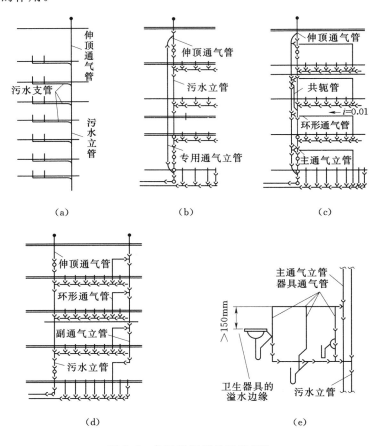

图 2.2 各种通气管的设置方法
（a）伸顶通气立管；（b）专用通气立管；（c）主通气立管与环形通气管；
（d）副通气立管与环形通气管；（e）器具通气管

4. 清通设备

主要有检查口、清扫口和检查井等，用于检查、清通管道内的堵塞物。

（1）检查口：设在排水立管上及较长的水平管段上，图 2.3(a)、(b) 所示为一带有螺栓盖板的短管，清通时将盖板打开。其装设规定为立管上除建筑最高层及最低层必须设置外，可每隔两层设置一个，若为两层建筑，可在底层设置。检查口的设置高度一般距地面 1m，并应高于该层卫生器具上边缘 0.15m。

（2）清扫口：当悬吊在楼板下面的污水横管上有两个及两个以上的大便器或 3 个及 3 个以上的卫生器具时，应在横管的起端设置清扫口，如图 2.3(d)、(e) 所示。也可采用带螺栓盖板的弯头、带堵头的三通配件作清扫口。

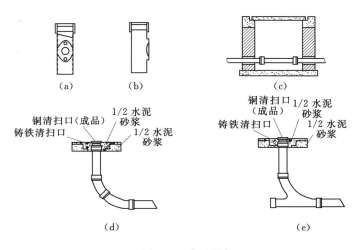

图 2.3 清通设备

（a）检查口正立面；（b）检查口剖面；（c）检查井；（d）横管起端的清扫口；（e）横管中端的清扫口

（3）检查井：对于不散发有害气体或大量蒸汽的工业废水的排水管道，在管道转弯、变径处和坡度改变及连接支管处，可在建筑物内设检查井，其构造如图 2.3（c）所示。在直线管段上，排除生产废水时，检查井的距离不宜大于 30m；排除生产污水时，检查井的距离不宜大于 20m。对于生活污水排水管道，在建筑物内不宜设检查井。

检查口、清扫口和检查井的设置应满足规定，在排水立管、横管和排出管上设置检查口、清扫口时可按图 2.4 进行设置。

5. 污水抽升设备

在工业与民用建筑的地下室、人防地道和地下铁道等地下建筑物中，卫生器具的污水不能自流排至室外排水管道时，需设水泵和集水池等局部抽升设备，将污水抽送到室外排水管道中去，以保证生产的正常进行和保护环境卫生。

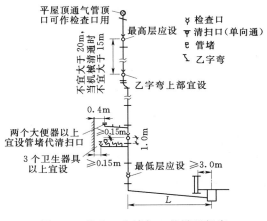

图 2.4 检查口和清扫口的设置规定

# 2.2 室内排水管材及管件

## 2.2.1 排水管材与管道接口

建筑内排水用管材应根据排放的污水水质或环境而选择。建筑内部排水管道应采用建筑排水塑料管及管件或柔性接口机制排水铸铁管及相应管件；当连续排水温度大于 40℃时，应采用金属排水管或耐热塑料排水管；压力排水管道可采用耐压塑料管、金属管或钢塑复合管。

铸铁排水管材接口方法分为刚性连接和柔性连接两大类，刚性连接接头的灰口铸铁管应用于排放建筑物内生活污水和雨水的管道已有 100 年以上的历史。实践证明，这种排水管道的寿命可与建筑物使用寿命相同。国内在 20 世纪 80 年代以前，建筑物内部采用的排放生活污水和雨水的管材，只有承插式灰口铸铁管一种，且不分建筑排水和室外埋地排水，统称排水铸铁管。其产品有 6 种管径规格（DN50mm、75mm、100mm、125mm、150mm、200mm），均为承插式管，有相应的配套管件。

随着房屋建筑层数和高度增加，刚性接头不能适应高层建筑在风荷载、地震等作用下的水平位移，所以在 20 世纪 80 年代建设部及城市建设主管部门开始限制使用这种砂模铸造的承插式铸铁排水管，并列入被淘汰的排水管材产品。现在采用离心浇铸法成型的柔性接头灰口铸铁管管材。排水承插式柔性接口铸铁管包括了承插压盖式和卡箍式两种排水用柔性接头铸铁管的管材和管件。

由于排水铸铁管是建筑内部排水管道系统广泛应用的管材，建设部先后颁布了两本行业标准《建筑排水用卡箍式铸铁管及管件》和《建筑排水用柔性接口承插式铸铁管及管件》。卡箍连接平口铸铁管也是当前广泛应用的建筑排水用管材。

建筑排水用硬聚氯乙烯管材和管件，具有体质轻，易于切断，施工方便、迅速，水力条件好的特点，在民用住宅排水工程中获得了广泛的应用。

管材的公称外径主要有以下 7 种规格：40mm、50mm、75mm、90mm、110mm、125mm 及 160mm。管件主要有以下 10 个品种：45°弯头、90°弯头、90°顺水三通、45°斜三通、瓶型三通、正四通、45°斜四通、直角四通、异径管和管箍。

建筑排水聚乙烯管件的连接方法是采用粘接和活套法兰连接，安装硬聚氯乙烯管道时，除执行《建筑排水硬聚氯乙烯管道工程技术规程》（CJJ/T 29—89）外，还应符合《建筑给水排水及采暖工程施工质量验收规范》（GB 50242—2002）及建筑安装工程质量检验评定标准中的有关规定。

建筑排水硬聚氯乙烯管道，适用于建筑高度不大于 100m 的工业与民用建筑物内连续排放温度不大于 40℃，瞬时排放温度不大于 80℃的生活污水，也可以用于同等温度条件下对硬聚氯乙烯管道不起腐蚀作用的工业废水。

## 2.2.2 排水铸铁直管及其管件

排水铸铁管由于不承受水压，故管壁较薄，重量轻。管径一般为 50～200mm，排水铸铁采用承接方式连接，承插口直管有单承口及双承口两种，排水铸铁管道的刚性连接配件如图 2.5 所示。

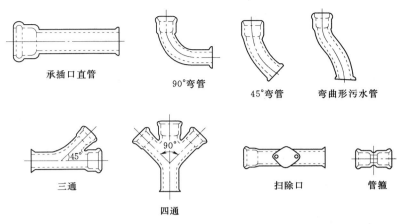

承插口直管　　90°弯管　　45°弯管　　弯曲形污水管

三通　　四通　　扫除口　　管箍

图 2.5　排水铸铁管件

为使管道能承受振动以及高层建筑层间变位引起的轴向位移和横向挠曲变形，在下列情况的排水铸铁管中应采用具有曲挠、伸缩、抗震和密封性能的柔性接头，其构造如图 2.6 所示。

（1）高耸构筑物和建筑高度超过 100m 的超高层建筑物内的排水立管中。

（2）地震设防Ⅸ度地区建筑内的排水立管和横管中。

（3）地震设防Ⅸ度地区建筑内，排水立管高度在 50m 以下时，也应在立管上每隔两层设置柔性接头。

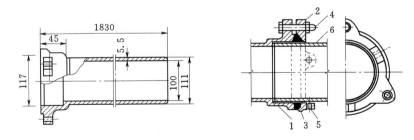

图 2.6　柔性抗震接头（单位：mm）

1—承插口部；2—法兰压盖；3—橡胶圈；4—螺栓；5—止动螺栓；6—管道

### 2.2.3　排水塑料管及管件

硬聚氯乙烯排水管有耐腐蚀、表面光滑、容易切割粘接等优点，在室内排水管中已被广泛使用。塑料管的连接方法如图 2.7 所示。

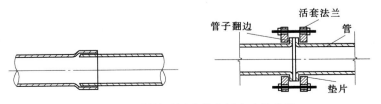

管子翻边　活套法兰　管

垫片

图 2.7　塑料管承插连接和活套法兰连接

# 2.3 卫生器具与冲洗设备

## 2.3.1 卫生器具的分类及设置标准

卫生器具是用来满足人们日常生活中各种卫生要求、承受用水和收集排放使用后的废水的设备，是建筑内部给水排水系统的重要组成部分。随着人们生活水平和卫生标准的逐步提高，卫生器具趋向多功能、造型新、色彩调和、材质优良的方向发展，为人们创造一个卫生、舒适的环境。

卫生器具按其功能有以下分类。

（1）便溺用器具：大便器、小便器等。

（2）盥洗器具：洗脸盆、净身盆、盥洗槽等。

（3）沐浴器具：浴盆、淋浴器等。

（4）洗涤器具：洗涤盆、污水盆等。

（5）备膳器具：洗菜盆、洗米盆、洗碗盆（机）等。

（6）其他器具：饮水器、化验盆、水疗设备等。

1. 大便器

大便器是排除粪便污水的卫生器具，把污水快速的排入下水道，同时又要有防臭功能。大便器由便器、冲洗水箱、冲洗装置、存水弯等组成。大便器分为坐式和蹲式两种，按其排泄原理可分为冲洗式、虹吸冲洗式、虹吸喷射式、虹吸旋涡式，按其冲洗形式有高水箱、低水箱、自闭冲洗阀、脚踏冲洗阀等多种形式。

由于水资源日益短缺，我们国家在进行节水措施的研究。因为冲洗厕所的用水量较大，约占生活用水量的 30% 以上，大便器成为节水措施的主要研究目标，已研究生产出适用于各种场合的多种节水型大便器。目前淘汰了一次用水量大于 8L 的大便器，目前，我国生产的多种低水箱节水型大便器，如将大、小便分为两挡，采用不同的水量进行冲洗，可节水 60%。

（1）冲落式坐便器，如图 2.8（a）所示，环绕便器上口是一圈开有很多小孔的冲洗槽，水进入冲洗槽由下孔沿便器内表面冲下，便器内水面壅高，将粪便冲出存水弯边缘，冲洗式便器的缺点是，受污面积大，水面面积小，每次冲洗不一定冲洗干净。

（2）虹吸式坐便器，如图 2.8（b）所示，在冲洗水槽进水口处有一个冲水缺口，部分水从这里冲射下来，加快虹吸的形成，靠虹吸作用把粪便全部吸出。有的坐便器使存水弯的水直接从便器后面排出，增加了水封深度，优于一般大便器。虹吸式大便器噪声较大是其主要缺点。

（3）虹吸喷射式大便器，如图 2.8（c）所示，冲洗水的一部分从上圈冲洗槽的孔口中流下；另一部分水从大便器边部的通道 $g$ 冲下来，由 $a$ 口中向上喷射，很快造成强有力的虹吸作用，把大便器中的粪便全部吸出。虹吸喷射式坐便器的冲洗作用快，噪声较小。

（4）虹吸旋涡式坐便器，如图 2.8（d）所示，这种坐便器从上圈下来的水量很小，其旋转力已不起作用，因此在底部出水口 $Q$ 处做成弧形水流沿切线冲出，形成强大的旋涡，使水表面漂着的粪便在旋涡向下旋转的作用下，与水一起迅速下到水管入口处，在入口底反作用力的作用下，很快进入排水管道，从而加强了虹吸能力，噪声极低。

（5）蹲式大便器，一般用于集体宿舍、普通住宅、公共建筑的卫生间或防止接触传染的医院的厕所内，采用高位水箱或自闭式冲洗阀冲洗。一般公共建筑如学校、火车站、游乐场所及其他公共厕所中，常用采用大便槽，因大便槽造价低，便于安装集中冲洗水箱或红外线自动冲洗装置。采用红外线自动冲洗装置，可比自动冲洗水箱节水约 60%。大便槽宽度一般为 200～250mm，起端深度 350～400mm，槽底坡度不小于 0.015，排出口设水封，水封深度不小于 50mm。

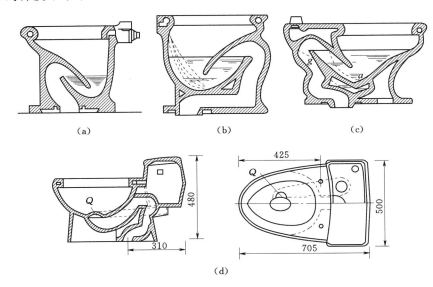

（a）　　　　　　　　（b）　　　　　　　　（c）

（d）

图 2.8　坐式大便器

（a）冲落式；（b）虹吸式；（c）虹吸喷射式；（d）虹吸旋涡式

### 2. 小便器

小便器设于公共建筑的男厕所内，有立式、挂式和小便槽三种。小便器装设在卫生设备标准较高的公共建筑内，多为成组装设。立式小便器在地面上安装，挂式小便器悬挂在墙上。小便器根据同时使用人数的多少，可采用自动冲洗水箱、自闭式冲洗阀、红外线自动冲洗装置等。小便槽是用瓷砖、水磨石或不锈钢等材料沿墙设置的浅槽，构

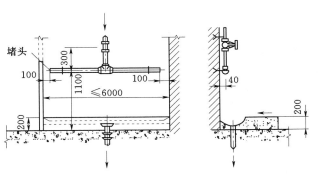

图 2.9　小便槽（单位：mm）

造简单、占地少，可同时供多人使用，广泛应用于企业、学校、集体宿舍、运动场等建筑的男厕所内。小便槽可采用普通阀门控制的多孔冲洗管冲洗，但应尽量采用自动冲洗水箱冲洗。小便槽构造如图 2.9 所示。

### 3. 浴盆

浴盆一般设在住宅、宾馆、医院等卫生间及公共浴室内。随着人们生活水平的不断提高，浴盆不仅用于清洁身体，其保健功能日益增强，出现了水力按摩浴盆等新型的浴盆。

浴盆的形式一般为长方形，亦有方形、斜边形、三角形等。其规格有大型（1830mm×810mm×440mm）、中型〔（1680～1520）mm×750mm×（410～350）mm〕、小型（1200mm×650mm×360mm）。制作浴盆的材料有铸铁搪瓷、钢板搪瓷、玻璃钢、人造大理石等。根据不同功能要求分为扶手式、防滑式、坐浴式、裙板式、水力按摩式和普通式等类型。浴盆的进水阀有 15mm 和 20mm 两种，通常采用 15mm 扁嘴水嘴或三联开关附软管淋浴器型。标准较高的浴室，浴盆可采用嵌入式单把混合阀或装有自控元件的恒温阀，为了防止热水烫人或冷水激人可采用安全自控混合阀，这种阀门当热水或冷水突然停止供水时，通过热敏元件能自动关闭冷水或热水。浴盆的排水阀有 40mm 和 50mm 两种。普通浴盆采用排水栓橡皮塞。标准较高的浴盆其排水和溢流水均由单把式阀塞控制。溢流水管和排水管连接后设水封以防臭气进入室内。

### 4. 淋浴器

淋浴器适合于工厂、学校、机关、部队等单位的公共浴室，也可安装在卫生间的浴盆上，作为配合浴盆一起使用的洗浴设备。

淋浴具有与浴盆相比以下优点。

（1）淋浴采用水流冲洗，淋浴水一次流过使用比较卫生，可以避免各种皮肤疾病的传染。

（2）淋浴占地面积小，同样面积淋浴比盆浴使用人次多，洗得快。

（3）淋浴比盆浴节水，因淋浴时间短，一般为 15～25min，一人次耗水量约为 135～180L，而盆浴约为 250～300L。

（4）淋浴设备费用低，产品单价和浴室造价及建造费用均比浴盆省得多。

淋浴器按配水阀的不同可分为很多类型，普通型淋浴器采用冷热水手调式进水阀，设备简单造价低，但温度不易调节，容易产生忽冷忽热的现象。单把开关调温式淋浴器，用于标准较高的淋浴间或卫生间浴盆上，水温和流量全靠一个手把来控制，易于调节、便于操作、节水节能。恒温脚踏式淋浴器和光电式淋浴器，节水节能效果更加明显，较一般淋浴器节水 30%～40%，最适合装于公共浴室。

### 5. 洗脸盆

洗脸盆一般用于洗脸、洗手、洗头，广泛用于宾馆、公寓卫生间与浴盆配套设置，也用于公共卫生间或厕所等。洗脸盆有台式、立式和普通式等多种形式。

### 6. 净身盆

净身盆亦称下身盆，供妇女洗下身用或痔疮患者使用，一般与大便器配套安装。标准较高的宾馆卫生间、疗养院和医院放射线科中的肠胃诊疗室应设置净身盆。

### 7. 洗涤盆

洗涤盆装置在居住建筑、食堂及饭店的厨房内供洗涤碗碟及菜蔬食物之用。

8. 污水盆

通常污水盆装置在公共建筑的厕所、卫生间及集体宿舍盥洗室中，供打扫厕所、洗涤拖布及倾倒污水之用。

### 2.3.2 卫生器具的安装与土建施工的关系

在建筑工程中，卫生器具的安装和土建工程有着密切的联系，安装时必须考虑土建工程的施工顺序和进度，卫生器具安装应在装饰工程完成后进行。安装卫生器具时应处理好以下关系：

（1）穿越楼板的管洞口，应与专业人员复核洁具的位置及预留洞口尺寸后再施工。而卫生间的楼面施工时，一定待选定型号与规格后，根据设计产品样本留洞；避免因洁具改型而施工时仍按原图留洞，造成卫生间的现浇板重新剔洞，使楼板呈筛孔状从而影响和降低楼板的强度。尤其有二次装修设计的工程，应特别注意与结构施工的协调与配合。

（2）暗装在吊顶内的给水管及排水横管、存水弯等应做防结露保温层，再施工吊顶。

（3）卫生间的防水层在管道穿楼板处，应将防水卷材包裹管周，如采用防水涂料时管周刷两道涂料为宜。做小便槽防水层时应连续处理至墙面不低于 1.2m 高度处。设有小便槽的墙体不宜采用轻质材料。

（4）地面施工时，严格按规定的坡度坡向地漏，管道施工时，为了能控制管道预留洞口或地漏的标高，应由土建弹出五零线，即标高控制线。

（5）土建施工抹灰、防水、墙面面层时，严禁将水泥浆或杂物倒入管口及地漏内。安装完毕后的大便器、地漏等裸露管口应及时封闭，防止土建在施工时掉入灰块，堵塞管道。

（6）对已施工完毕的卫生洁具应做好成品保护工作，补修墙地面时严禁蹬踩和污染洁具。

（7）对厨房内的砌筑池，应与专业施工配合。地面排水采用地沟时，沟底应保证有足够的坡度坡向地漏处。砌筑的洗菜池等应待管道安装完毕后再贴瓷砖面层。

无论是明装管道还是安装在吊顶内的管道，横管均设置在楼板之下，一旦管道出现渗漏，将对下层用户造成严重的影响，尤其是在住宅建筑中，因管道漏水造成建筑物使用功能受到影响，同时也造成很多纠纷，为避免这种情况的出现，可采用将各种管道（冷、热、排水）综合考虑，水平管道统一布置在卫生间结构层局部下沉的空间内，竖向管道布置在管道井内的方法，较好地解决了这类问题。该种方法是在卫生间内地面和下沉结构层上做两次防水，一旦管道渗漏，将不会对下层用户造成影响，只要将本层地面打开，维修管道即可。具体构造做法如图 2.10 所示，当采用蹲式大便器时，因卫生洁具本身不带存水弯，卫生间结构下称尺寸还要加大，一般为不小于 500mm。

### 2.3.3 卫生器具的安装

#### 2.3.3.1 卫生器具安装技术要求

卫生器具的安装应在室内装修工程施工之后进行。其安装一般应满足的技术要求如下：

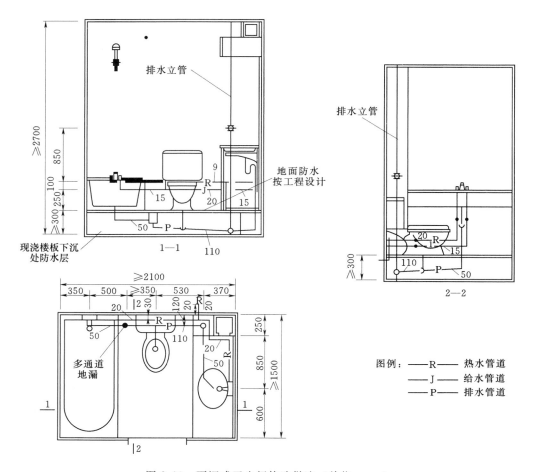

图 2.10　下沉式卫生间构造做法（单位：mm）

（1）安装位置的准确性。各种卫生器具的安装高度应符合设计要求，如设计无要求时，应符合表 2.1 的规定。允许偏差：单独器具为±10mm；成排器具为±5mm。

（2）安装的严密性。安装的严密性体现在卫生器具和给水排水管道的连接以及与建筑物墙体靠接两方面。金属与瓷器之间的结合面处，均应垫以橡胶垫、铅垫等做到软结合，在用螺栓紧固时，应缓慢加力，使之结合紧密。与墙靠接时，可以抹油灰或者用白水泥塞填，使缝隙结合紧密。安装好的卫生器具应进行试水试验，保证供给卫生器具的给水各个管接口的严密性，同时还应保证卫生器具与排水管道各个接口处的严密性。

（3）安装的稳固性。卫生器具安装的稳固性取决于其底座、支腿、支架等稳固程度，因而卫生器具安装时，必须保证其底座、支腿、支架等安装的稳固性。

（4）安装的可拆卸性。为保证卫生器具在维修、更换时便于拆卸，当卫生器具和给水支管连为一体时，给水支管接近器具处应设置活接头。器具排水口与排水管道的接口处，均应使用便于拆除的油灰堵塞连接。

（5）安装的端正美观性。卫生器具既是一种使用器具，客观上又成为室内的一种陈设物，故必须保证安装的平整美观。

**表 2.1**                          卫 生 器 具 安 装 高 度

| 序号 | 卫生器具名称 | | 卫生器具安装高度 /mm | | 备 注 |
|---|---|---|---|---|---|
| | | | 居住和公共建筑 | 幼儿园 | |
| 1 | 污水盆（池） | 架空式 | 800 | 800 | |
| | | 落地式 | 500 | 500 | |
| 2 | 洗涤盆（池） | | 800 | 800 | 自地面至器具上边缘 |
| 3 | 洗脸盆和洗手盆（有塞、无塞） | | 800 | 500 | |
| 4 | 盥洗槽 | | 800 | 500 | |
| 5 | 浴盆 | | ≤480 | | |
| 6 | 蹲式大便器 | 高水箱 | 1800 | 1800 | 自台阶面至高水箱底 |
| | | 低水箱 | 900 | 900 | |
| 7 | 坐式大便器 | 高水箱 | 1800 | 1800 | 自台阶面至高水箱底 |
| | | 低水箱 外露排出管式 | 400 | 370 | 自台阶面至低水箱底 |
| | | 低水箱 虹吸喷射式 | 380 | | |
| 8 | 小便器 | 立式 | 1000 | 450 | 自地面至上边缘 |
| | | 挂式 | 600 | | 自地面至下边缘 |
| 9 | 小便槽 | | 200 | 150 | 自地面至台阶面 |
| 10 | 大便槽冲洗水箱 | | ≥2000 | | 自台阶至水箱底 |
| 11 | 妇女卫生盆 | | 260 | | 自地面至器具上边缘 |
| 12 | 化验盆 | | 800 | | 自地面至器具下边缘 |
| 13 | 饮水器 | | 1000 | | 自地面至器具上边缘 |

### 2.3.3.2 常用卫生器具的安装

卫生器具的形式很多，安装也各有特点。国家标准图集 S342（卫生设备安装）中较详尽地列出了各种形式卫生器具的具体安装尺寸，主要材料表以及安装要求等。以下着重介绍几种常用卫生器具的安装。

**1. 洗脸盆的安装**

一套完整的洗脸盆是由脸盆、盆架、排水栓、排水管、链堵和脸盆水嘴等部件组成。如图 2.11 所示。墙架式洗脸盆一般按下述方法进行安装。

（1）安装脸盆架。根据管道的甩口位置和安装高度在墙上划出横、竖中心线，找出盆架的位置，并用木螺丝把盆架拧紧在预埋的木砖上，如墙壁为钢筋混凝土结构，可用膨胀螺栓固定。

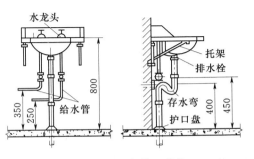

图 2.11   洗脸盆的安装（单位：mm）

（2）洗脸盆就位并安装水嘴。将脸盆放在稳好的脸盆架上，脸盆水嘴垫胶皮垫后穿入脸盆的上水孔，然后加垫并用根母紧固。水嘴安装应端正、牢固，注意热水嘴应装在左边。

（3）安装排水栓。将排水栓加橡胶垫用根母紧固在洗脸盆的下水口上。注意使排水栓的保险口与脸盆的溢水口对正。

（4）安装角型阀。将角型阀（俗称八字门）的入口端与预留的上水口相连接，另一端配短管与脸盆水嘴相连接，并用根母紧固。

（5）安装存水弯。当采用 S 形存水弯时，缠上石棉绳、抹上油灰后与排水短管插接；当采用 P 形存水弯时，先穿上管压盖（与墙相结用的装饰件，俗称瓦线）插入墙内排水管口，用锡焊（或缠石棉绳、抹油灰）连接，再在接口处抹上油灰，压紧管子压盖。

2. 沐浴器的安装

沐浴器有现场制作安装的管件沐浴器，也有成套供应的成品沐浴器。安装尺寸如图 2.12 所示。其安装一般按下述方法进行。

（1）管件沐浴器的安装。安装顺序为：划线配管、安装管节及冷热水阀门、安装混合管及喷头、固定管卡。

其具体做法为：管件沐浴器安装时，在墙上先划出管子垂直中心线和阀门水平中心线，然后，按线配管，在热水管上安装短节和阀门，在冷水管上先配抱弯再安装阀门。混合管的半圆弯用活接头与冷、热水管的阀门相连接，最后装上混合管和喷头，混合管的上端应设一个单管卡。安装时要注意热水管与冷水管的位置，当管材水平敷设时，热水管在上面。当垂直敷设时，热水管在左面。

（2）成品沐浴器的安装较管件沐浴器的安装简单。安装时，将阀门下部短管丝扣缠麻后抹铅油，与预留管口连接，阀门上部混合水管抱弯用根母与阀门紧固，然后再用根母把混合水铜管紧固在冷、热水混合口处，最后使混合水铜管上部护口盘与墙壁靠严，并用木螺丝固定于预埋在墙中的木砖上。

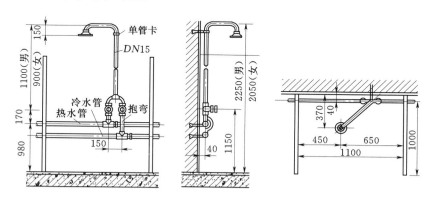

图 2.12　淋浴器的安装图（单位：mm）

3. 浴盆的安装

浴盆有铸铁搪瓷和陶瓷、水磨石、玻璃钢等多种，以铸铁搪瓷浴盆使用较多。其外形尺寸以长×宽×高表示。安装形式有自身带支撑和另设支撑两种。浴盆距地面一般为 120～140mm。浴盆本身具有直径为 40mm 的排水孔和 25mm 的溢流管孔，污水由排水孔排入带

存水弯的污水管道。浴盆底本身一般具有
0.02 的坡度，坡向排水孔，安装时要求浴
盆上沿平面呈水平状态。图 2.13 所示为一
冷热水龙头浴盆安装图。其安装一般按下
述程序进行：

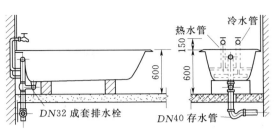

图 2.13　浴盆的安装图（单位：mm）

（1）浴盆就位安装。将浴盆腿插在浴
盆底的卧槽内稳牢，然后按要求位置安放
正直，如无腿时，可用砖垛垫牢。

（2）浴盆排水装置安装。浴盆排水管部分包括盆端部的溢水管和盆底的排水管，它们
组成一套排水装置。安装时，先将溢水管、弯头、三通等进行预装配，量好并截取所需各
管段的长度，然后安装成套排水装置。安装排水管时，把浴盆排水栓加胶垫由浴盆底排水
孔穿出，再加垫并用根母紧固，然后把弯头安装在已紧固好的排水栓上，弯头的另一端装
上预制好的短管及三通。安装溢水管时，把弯头加垫安在溢水口上，然后用一端带长丝的
短管把溢水口外的弯头和排水栓外的三通连接起来；然后，将三通的另一端，接小短节后
直接插入存水弯内，存水弯的出口与下水道相连接。

（3）冷、热水管及其水嘴安装。即安装浴盆的冷、热供水管，从预留管口装上引水
管，用弯头、短节伸出墙面，装上水嘴。

4. 蹲式大便器的安装

蹲式大便器由冲洗水箱、冲洗管和蹲便器组成。其冲洗水箱一般多使用高水箱。蹲式
大便器本身不带存水弯，安装时须另加存水弯。在地板上安装蹲式大便器，至少需增设高
为 180mm 的平台。图 2.14 所示为高水箱蹲式大便器安装图。其安装通常按如下程序
进行：

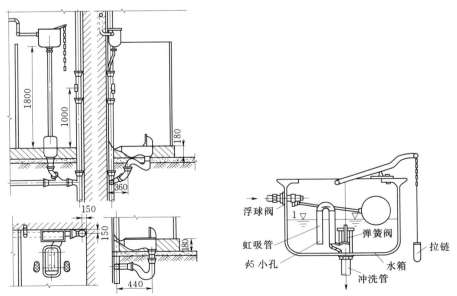

图 2.14　高水箱蹲式大便器的安装图（单位：mm）

（1）高水箱的安装。先将水箱的冲洗洁具（铜活）和水道连接好，其中上、下水口的连接处均应套以橡皮，以保证接口的严密性。然后将水箱通过后背的孔洞挂装在墙体已栽埋的螺栓或膨胀螺栓上，并紧固好。虹吸冲洗水箱洁具的装配如图 2.14 所示。

（2）蹲便器的安装。将麻丝白灰（或油灰）缠抹在大便器的出水口上，同时在预留的排水短管的承口内也抹上油灰，然后将大便器出水口插入短管的承口内，按实校正后刮去多余的油灰。四周用砖垫牢固。

（3）各接管安装。用小管（多为硬塑料管）连接水箱浮球阀和给水管的角型阀，注意各处锁紧螺母应连接紧密。将冲洗管上端（已做好乙字弯）套上锁母，管接头缠麻丝抹铅油插入水箱排水栓后用锁母锁紧，下端套上胶皮碗，并将其另一端套在大便器的进水口上，然后用 14 号铜丝把胶皮碗两端绑扎牢固。

（4）填、抹施工。最后在蹲便器和砖砌体中间填入细砂，并压实刮平，在砂土上面抹一层水泥砂浆。

5. 坐式大便器的安装

坐式大便器由冲洗水箱、冲洗管和坐便器组成。其冲洗水箱一般多采用低水箱。坐式大便器本身构造包括存水弯。坐式大便器直接安装于地面或楼板地坪上。图 2.15 所示为虹吸式低水箱坐式大便器安装图。其安装通常按如下程序进行：

（1）低水箱的安装。以装好的与地面平齐的不带承口的排水短管的管中心为基准，在地面上画出坐便器的安装中心线，并延伸至后墙面，再向上画出水箱安装的垂直中心线，并从地面向上量出 840mm，以此高度画出水箱螺栓安装中心线，定出水箱各螺栓孔安装位置，装配螺栓或膨胀螺栓，然后安装低水箱。

（2）坐便器的安装。以坐便器实物量测出其四个地脚螺栓的位置，并以此位置打出 4 个 40mm×40mm×40mm 的方洞，紧紧嵌入经防腐处理的小木砖，用 4 个配套木螺丝将坐便器紧固于地面上。在紧固坐便器前也是先在坐便器的排水口缠石棉绳抹油灰，以保证与排水短管连接紧密。

（3）接管及其他安装。连接冲洗管、接通水箱给水管，方法同前述。合格后将坐便器的坐圈、坐盖安好。

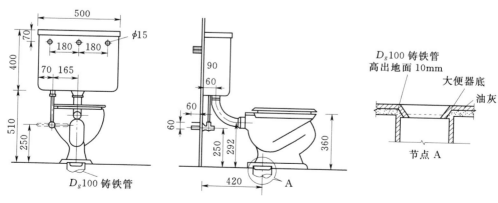

图 2.15    虹吸式低水箱坐式大便器的安装图（单位：mm）

6. 挂式小便器的安装

小便器有挂式和立式两种，以挂式为多见。图 2.16 为挂式小便器的安装图。其安装方法如下：

（1）挂装小便器。根据小便器的位置及安装高度，在墙上划出横、竖中心线，找出小便器两耳孔的中心，用木螺丝垫入铅皮通过耳孔把小便器拧固在木砖上。

（2）安装进水管。将角型阀安装在预留的给水管上，使护口盘紧靠墙壁面。用截好的小铜管背靠背地穿上铜碗和锁母，上端缠麻抹好铅油插入角型阀内，下端插入小便器的进水口内，用锁母与角型阀锁紧，然后用铜碗压入油灰使小便器进水口与小铜管密封。

（3）安装存水弯。卸开存水弯锁母，把存水弯下端插入预留的排水管口内，

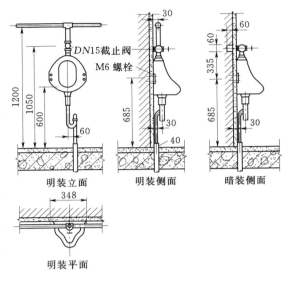

图 2.16 挂式小便器的安装图（单位：mm）

上端套在已缠麻抹好铅油的小便器排水嘴上，然后把存水弯找正，锁母加垫后拧紧，最后把存水弯和排水管的间隙处，用铅油麻丝缠绕塞严。

### 2.3.4 冲洗设备

冲洗设备是便溺卫生器具中一个重要设备，必须具有足够的水压、水量以便冲走污物，保持清洁卫生。冲洗设备包括冲洗水箱和冲洗阀。冲洗水箱多应用虹吸原理设计制作，具有冲洗能力强、构造简单、工作可靠且可控制，自动作用等优点。利用冲洗水箱作为冲洗设备，由于储备了一定的水量，因而可减少给水管径。冲洗阀形式较多，一般均直接装在大便器的冲洗管上，距地板面高 0.8m。按动手柄，冲洗阀内部的通水口被打开，于是强力水流经过冲洗管进入大便器进行冲洗。

# 2.4 室内排水管道水力计算

### 2.4.1 设计流量的确定

室内排水配管的计算也是在绘出排水管道平面布置图和轴测图后进行的，配管计算主要是在已知管中排水流量的条件下，经济合理地确定各排水管段的管径、横管管径、坡度和通气系统的形式。

室内生活用水经使用后，通过排水管道排放，排水量在每日和每小时内是不均匀的，因此排水管道的设计流量应取建筑物的最大瞬时排水量即排水设计秒流量。排水管段的设计秒流量和其所接纳的卫生器具的类型、排水量、数量和同时使用情况有关，为简化计算和室内给水相同，也引入当量，即以污水盆的排水量 0.33L/s 作为一个排水当量，其他

　　卫生器具的排水量与 0.33L/s 的比值即为该卫生器具的当量数。污水盆的排水当量取其给水当量 0.2L/s 的 1.65 倍，这是考虑到污水中含有一定的悬浮固体和瞬时排水迅猛的缘故。

　　各类卫生器具的排水量和排水当量数见表 2.2。

表 2.2　　　　　　　　　　卫生器具排水的流量、当量和排水管的管径

| 序　号 | 卫生器具名称 | 排水流量 /(L/s) | 当　量 | 排水管管径 /mm |
|---|---|---|---|---|
| 1 | 洗涤盆、污水盆（池） | 0.33 | 1.00 | 50 |
| 2 | 餐厅、厨房洗菜盆（池）<br>　单格洗涤盆（池）<br>　双格洗涤盆（池） | 0.67<br>1.00 | 2.00<br>3.00 | 50<br>50 |
| 3 | 盥洗槽（每个水嘴） | 0.33 | 1.00 | 50～75 |
| 4 | 洗手盆 | 0.10 | 0.30 | 32～50 |
| 5 | 洗脸盆 | 0.25 | 0.75 | 32～50 |
| 6 | 浴盆 | 1.00 | 3.00 | 50 |
| 7 | 淋浴器 | 0.15 | 0.45 | 50 |
| 8 | 大便器<br>　高水箱<br>　低水箱<br>　冲落式<br>　虹吸式、喷射虹吸式<br>　自闭式冲洗阀 | 1.50<br><br>1.50<br>2.00<br>1.50 | 4.50<br><br>4.50<br>6.00<br>4.50 | 100<br><br>100<br>100<br>100 |
| 9 | 医用倒便器 | 1.50 | 4.50 | 100 |
| 10 | 小便器<br>　自闭式冲洗阀<br>　感应式冲洗阀 | 0.10<br>0.10 | 0.30<br>0.30 | 40～50<br>40～50 |
| 11 | 大便槽<br>　≤4 个蹲位<br>　>4 个蹲位 | 2.50<br>3.00 | 7.50<br>9.00 | 100<br>150 |
| 12 | 小便槽（每米长）<br>　自动冲洗水箱 | 0.17 | 0.50 | — |
| 13 | 化验盆（无塞） | 0.20 | 0.60 | 40～50 |
| 14 | 净身器 | 0.10 | 0.30 | 40～50 |
| 15 | 饮水器 | 0.05 | 0.15 | 25～50 |
| 16 | 家用洗衣机 | 0.50 | 1.50 | 50 |

### 2.4.2 管道水力计算

**1. 计算规定**

不同性质的建筑物的排水量计算可分别采用以下计算方法：

（1）住宅、集体宿舍、旅馆、医院、疗养院、幼儿园、养老院、办公楼、商场、会展中心、中小学教学楼等建筑生活排水管道设计秒流量计算公式为

$$q_u = 0.12\alpha \sqrt{N_p} + q_{max} \tag{2.1}$$

式中　$q_u$——计算管段排水设计秒流量，L/s；

　　　$N_p$——计算管段的卫生器具排水当量总数；

　　　$\alpha$——根据建筑物用途而定的系数，按表 2.3 确定；

　　　$q_{max}$——计算管段上最大一个卫生器具的排水流量，L/s。

表 2.3　　　　　　　　　　　　根据建筑物用途而定的系数 $\alpha$ 值

| 建筑物名称 | 住宅、宾馆、医院、疗养院、幼儿园、养老院的卫生间 | 集体宿舍、旅馆和其他公共建筑的公共盥洗室和厕所间 |
|---|---|---|
| $\alpha$ 值 | 1.5 | 2.0～2.5 |

注　如计算所得流量值大于该管段上按卫生器具排水流量累加值时，应按卫生器具排水流量累加值计。

（2）工业企业生活间、公共浴室、洗衣房、职工食堂或营业餐厅的厨房、实验室、影剧院、体育场、候车（机、船）等建筑物的生活管道排水设计秒流量计算公式为

$$q_u = \sum q_p n_0 b \tag{2.2}$$

式中　$q_u$——计算管段排水设计秒流量，L/s；

　　　$q_p$——同类型的一个卫生器具排水流量，L/s；

　　　$n_0$——同类型卫生器具数；

　　　$b$——卫生器具的同时排水百分数。冲洗水箱大便器的同时排水百分数应按照 12% 计算。

当计算排水流量小于一个大便器排水流量时，应按一个大便器的排水流量计算。

**【例题 2.1】**　某住宅其中一个单元的排水立管承接坐便器 8 个、浴盆 8 个、洗脸盆 8 个、洗涤池 8 个。坐便器、浴盆、洗脸盆、洗涤池的排水当量值分别是 6.0、3.0、0.3、2.0，试对排出管的设计排水秒流量进行计算。

**解：**查表 2.3，$\alpha$：1.5，取 1.5，总当量 $N = (6.0 + 3.0 + 0.3 + 2.0) \times 8 = 90.4$，一个大便器的排水量为 2.0L/s，故

$$q_u = (0.12 \times 1.5 \sqrt{90.4} + 2.0)\text{L/s} = 3.71\text{L/s}$$

**2. 按经验确定排水管径和横支管坡度**

为避免排水管道经常淤积、堵塞和便于清通，根据工程实践经验，对排水管道管径的最小限值作了规定，称为排水管的最小管径，各类排水管的最小管径要满足以下要求：

（1）大便器排水管最小管径不得小于 100mm。

（2）建筑物内排出管最小管径不得小于 50mm。

（3）多层住宅厨房间的立管管径不宜小于 75mm。

（4）下列场所设置排水横管时，管径的确定应符合下列要求：

1）建筑底层排水管道与其楼层管道分开单独排出时，其排水横支管管径可按表 2.4 中立管工作高度不大于 2m 的数值确定。

2）公共食堂厨房内的污水采用管道排除时，其管径比计算管径大一级，但干管管径不得小于 100mm，支管管径不得小于 75mm。

3）医院污物洗涤盆（池）和污水盆（池）的排水管管径，不得小于 75mm。

4）小便槽或连接 3 个及 3 个以上的小便器，其污水支管管径，不宜小于 75mm。

5）浴池的泄水管管径宜采用 100mm。

3. 水力计算确定管径

排水管道水力计算的目的是确定排水管的管径和敷设坡度。污水管径计算出排水设计流量后，再按照公式确定管径。此外，为了避免管道堵塞，管道直径应满足最小管径的要求。

（1）计算确定排水横管的管径。当排水横管接入的卫生器具较多，排水负荷较大时，应通过水力计算确定管径、坡度。排水横管水力计算公式为

$$\left.\begin{aligned} V &= \frac{1}{n} R^{2/3} I^{1/2} \\ d &= \sqrt{\frac{4q}{\pi V}} \end{aligned}\right\} \qquad (2.3)$$

式中　$V$——速度，m/s；

$R$——水力半径，m；

$I$——水力坡度，采用排水管的坡度；

$n$——粗糙系数。铸铁管为 0.013；混凝土管、钢筋混凝土管为 0.013～0.014；钢管为 0.012；

$q$——计算管段的设计秒流量，L/s；

$d$——计算管段的管径，m。

为确保排水系统能在最佳的水力条件下工作，在确定管径时必须对直接影响管道中水流工况的主要因素充满度、坡度和流速进行控制。

1）管道设计最大充满度和最小坡度。管道充满度是指排水横管内水深 $h$ 与管径 $D$ 的比值。重力流排水管上部需保持一定的空间，其目的是使污废水中的有害气体能通过通气管自由排出；调节排水系统的压力波动，防止水封被破坏；用来容纳未预见的高峰流量。所以排水管道的设计充满度，不能超过表 2.4 最大计算充满度的规定。

建筑物内生活排水铸铁管道的最小坡度和最小设计充满度，宜按表 2.5 确定。

表 2.4　　　　最大计算充满度

| 排水管道名称 | 管径 /mm | 最大计算充满度 $h/D$ |
|---|---|---|
| 生活排水管道 | <150 | 0.5 |
| | 150～200 | 0.6 |
| 生产废水管道 | 50～75 | 0.6 |
| | 100～150 | 0.7 |
| | ≥200 | 1.0 |
| 生产污水管道 | 50～75 | 0.6 |
| | 100～150 | 0.7 |
| | ≥200 | 0.8 |

建筑排水塑料管排水横支管的标准坡度应为 0.026。排水横干管的坡度可按表 2.6 调整。

表 2.5 建筑物内生活排水铸铁管道的
最小坡度和最大设计充满度

| 管径 /mm | 通用坡度 | 最小坡度 | 最大设计充满度 h/D |
|---|---|---|---|
| 50 | 0.035 | 0.025 | 0.5 |
| 75 | 0.025 | 0.015 | |
| 100 | 0.020 | 0.012 | |
| 125 | 0.015 | 0.010 | |
| 150 | 0.010 | 0.007 | 0.6 |
| 200 | 0.008 | 0.005 | |

表 2.6 建筑排水塑料管排水横干管
的最小坡度和最大设计充满度

| 外径 /mm | 最小坡度 | 最大设计充满度 h/D |
|---|---|---|
| 110 | 0.004 | 0.5 |
| 125 | 0.0035 | 0.5 |
| 160 | 0.003 | 0.6 |
| 200 | 0.003 | 0.6 |

2）管道流速。为使污水中的杂质不致沉淀管底，并使水流有冲刷管壁污物的能力，管道中的流速不得小于最小流速，也称自净流速。各种排水管道的自净流速见表 2.7。

表 2.7 各种排水管道的自净流速

| 管渠类别 | 生活排水管径/mm | | | 明渠（沟） | 雨水道及合流制排水管道 |
|---|---|---|---|---|---|
| | $d<150$ | $d=150$ | $d=200$ | | |
| 自净流速/（m/s） | 0.60 | 0.65 | 0.7 | 0.40 | 0.75 |

为防止管壁因受污水中坚硬杂质高速流动的摩擦和防止过大的水流冲击而破坏，排水管应有最大允许流速的规定，各种管材的排水管道最大流速见表 2.8。

（2）确定排水立管管径。按排水立管的最大排水能力，确定立管管径排水管道通过设计流量时，其压力波动不超过规定控制值±25mmH$_2$O，以防水封破坏。使排

表 2.8 排水管道最大允许流速 单位：m/s

| 管道材料 | 生活污水 | 含有杂质的工业废水、雨水 |
|---|---|---|
| 金属管 | 7.0 | 10.0 |
| 陶土及陶瓷管 | 5.0 | 7.0 |
| 混凝土及石棉水泥管 | 4.0 | 7.0 |

水管道压力波动保持在允许范围内的最大排水量，即排水管的最大排水能力。采用不同通气方式的生活排水立管最大排水能力，分别见表 2.9～表 2.12。立管管径不得小于所连接的横支管管径。

表 2.9 设有通气管系统的铸铁排水立管最大排水能力

| 排水立管管径 /mm | 排水能力 /（L/s） | | 排水立管管径 /mm | 排水能力 /（L/s） | |
|---|---|---|---|---|---|
| | 仅设伸顶通气管 | 有专用通气立管或主通气立管 | | 仅设伸顶通气管 | 有专用通气立管或主通气立管 |
| 50 | 1.0 | — | 125 | 7.0 | 14 |
| 75 | 2.5 | 5 | 150 | 10.0 | 25 |
| 100 | 4.5 | 9 | | | |

**表 2.10**　　　　　　　　**设有通气管系统的塑料排水立管最大排水能力**

| 排水立管管径 /mm | 排水能力 /(L/s) | | 排水立管管径 /mm | 排水能力 /(L/s) | |
| --- | --- | --- | --- | --- | --- |
| | 仅设伸顶通气管 | 有专用通气立管或主通气立管 | | 仅设伸顶通气管 | 有专用通气立管或主通气立管 |
| 50 | 1.2 | — | 110 | 5.4 | 10.0 |
| 75 | 3.0 | — | 125 | 7.5 | 16.0 |
| 90 | 3.8 | — | 160 | 12.0 | 28.0 |

注　表内数据系在立管底部放大一号管径条件下的通水能力，如不放大时，可按表2.4确定。

**表 2.11**　　　　　　　　**单立管排水系统的立管最大排水能力**

| 排水立管管径 /mm | 排水能力 /(L/s) | | | 排水立管管径 /mm | 排水能力 /(L/s) | | |
| --- | --- | --- | --- | --- | --- | --- | --- |
| | 混合器 | 塑料螺旋管 | 旋流器 | | 混合器 | 塑料螺旋管 | 旋流器 |
| 75 | — | 3.0 | — | 125 | 9.0 | — | 10.0 |
| 100 | 6.0 | 6.0 | 7.0 | 150 | 13.0 | 13.0 | 15.0 |

**表 2.12**　　　　　　　　**不通气的生活排水立管最大排水能力**

| 排水立管工作高度 /m | 排水能力 /(L/s) | | | | |
| --- | --- | --- | --- | --- | --- |
| | 50mm | 75mm | 100mm | 125mm | 150mm |
| ≤2 | 1.00 | 1.70 | 3.80 | 5.00 | 7.00 |
| 3 | 0.64 | 1.35 | 2.40 | 3.40 | 5.00 |
| 4 | 0.50 | 0.92 | 1.76 | 2.70 | 3.50 |
| 5 | 0.40 | 0.70 | 1.36 | 1.90 | 2.80 |
| 6 | 0.40 | 0.50 | 1.00 | 1.50 | 2.20 |
| 7 | 0.40 | 0.50 | 0.76 | 1.20 | 2.00 |
| ≥8 | 0.40 | 0.50 | 0.64 | 1.00 | 1.40 |

注　1. 排水立管工作高度，按最高排水横支管和立管连接处距排出管中心线间的距离计算。
　　2. 如排水立管工作高度在表中未列出的两个高度值之间时，可用内插法求得排水立管的最大排水能力数值。
　　3. 排水立管管径为100mm的塑料管外径为110mm，排水管管径为150mm的塑料管外径为160mm。

（3）确定通气管系统的形式及其管径。当生活排水立管中通过的设计流量小于其最大排水能力时，设伸顶通气管即可。伸顶通气管的管径可等同于与其相连的立管管径，但在最冷月平均气温低于−13℃的地区，应将自室内平顶或吊顶以下0.3m处至伸顶通气管出口管道的管径放大1级，以防止结露后缩小通气断面积。

当生活排水立管中通过的设计流量超过表2.12中无专用通气立管的排水立管最大排水能力时，应设专用通气立管。为加强通气，每隔2层由结合通气管与排水立管相连。

连接4个及4个以上卫生器具并与立管的距离大于12m的污水横支管；连接6个及6个以上大便器的污水横支管，应设环形通气管及与其相连的主通气立管或副通气立管，为进一步使排水管道系统中的气流畅通，主通气立管应每隔 8～10 层设结合通气管与污水立管连接。

对卫生和控制噪声要求较高建筑的排水系统，应在每个卫生器具排水管上设器具通气管。各类通气管的管径不应小于表 2.13 的规定。

表 2.13　　　　　　　　通 气 最 小 管 径　　　　　　　　单位：mm

| 通气管名称 | 排 水 管 管 径 | | | | | | |
|---|---|---|---|---|---|---|---|
| | 32 | 40 | 50 | 75 | 100 | 125 | 150 |
| 器具通气管 | 32 | 32 | 32 | | 50 | 50 | |
| 环形通气管 | | | 32 | 40 | 50 | 50 | |
| 通气立管 | | | 40 | 50 | 75 | 100 | 100 |

注　1. 通气立管长度在 50m 以上者，其管径应与污水立管管径相同。
　　2. 两个及两个以上排水立管同时与一根通气立管相连时，应以最大一根排水立管按上表确定通气立管管径，且其管径不宜小于其余任何一根排水立管管径。
　　3. 结合通气管不宜小于通气立管管径。

当两根或两根以上污水立管的通气管汇合连接时，汇合通气管的断面积应为最大一根通气管的断面积与其余通气管断面积之和的 0.25 倍。设置伸顶通气管或增设专用通气管是目前我国建筑排水系统中普遍采用的通气形式。伸顶通气管施工简便造价低，但不能解决高层建筑多根横管同时排水时，管道内压力波动过大的问题。采用专用通气管虽能改善管道通气条件，控制管道内的压力波动，但施工相对复杂，造价高。20 世纪 70 年代以来，瑞士、法国、日本先后研制成功三种新型的单立管排水系统：苏维脱系统、旋流排水系统和芯型排水系统等，其通气方式与原有排水系统相比有了重大的改进。它们的共同特点是在排水系统中立管与横支管连接处和立管底部转弯处，分别安装两种特殊的配件，不设专用通气管即可控制管道内的压力波动，提高排水能力，既节省了管材，也方便了施工。70 年代以来新型的单立管排水系统已在我国某些高层建筑中应用。

# 2.5　室内排水管道的布置与敷设

## 2.5.1　排水管道的布置原则

建筑内部排水系统直接影响着人们的日常生活和生产，为创造一个良好的生活和生产环境，建筑内部排水管道布置和敷设时应遵循以下原则：

（1）排水畅通，水力条件好。

（2）使用安全可靠，不影响室内环境卫生。

（3）总管线短、工程造价低。

（4）占地面积小。

（5）施工安装、维护管理方便。

（6）美观。

在设计过程中应首先保证排水畅通和室内良好的生活环境。然后再根据建筑类型、标准、投资等因素进行管道的布置和敷设。

### 2.5.2  管道的布置与敷设

室内污、废水当前主要靠自流排出，对于非满流自流排放管道的布置和敷设，必须要有助于充分发挥排水管道的泄水能力，避免淤积和冲刷。

1. 管道布置

排水管道的布置应符合以下基本要求：

（1）满足管道工作时的最佳水力条件。排水立管应设在排水量最大的排水点附近，管道要尽量减少不必要的转角，作直线布置，并以最短的距离排出室外。为防止底层与排水管道直接连接的卫生器具、用水设备出现污水喷溅现象，只设伸顶通气管的排水立管最低一根排水横支管与立管连接处，距排水横干管的中心距不得小于表 2.14 的规定。

表 2.14                     最低横支管与立管连接处到立管管底的垂直距离

| 立管连接卫生器具的层数 | 垂直距离 /m | 立管连接卫生器具的层数 | 垂直距离 /m |
|---|---|---|---|
| ≤4 | 0.45 | 13～19 | 3.0 |
| 5～6 | 0.75 | ≥20 | 6.0 |
| 7～12 | 1.2 | | |

注  1. 当与排出管连接的立管底部放大一号管径或横干管比与之连接的立管大一号管径时，可将表中垂直距离缩小一档。
    2. 排水支管连接在排出管或排水横管上时，连接点距立管底部下游水平距离不宜小于 3.0m，且不得小于 1.5m。
    3. 横支管接入横干管竖直转向管段时，连接点应距连向处以下不得小于 0.6m。
    4. 当靠近排水立管底部的排水支管的连接不能满足要求时，排水支管应单独排至室外检查井或采取有效的防反压措施。

排水支管直接连在排出管或横干管上时，其连接点与立管底部的水平距离不宜小于 3.0m，若不能满足以上要求，排水支管应单独排至室外。

（2）保护管道不受损坏。排水管道不得穿过建筑物的沉降缝、伸缩缝、烟道和风道。埋地管不要布置在可能受重物压坏处或穿越生产设备基础，遇到特殊情况，需在以上部位通过时，应与有关专业人员协商采取技术措施进行处理。塑料排水立管应避免布置在易受机械撞击处，如不能避免时，应采取保护措施。

（3）不得影响生产安全和建筑物的使用。排水管道不得布置在遇水能引起燃烧、爆炸或损坏的原料、产品和设备的上面。架空管道不得设在食品和贵重商品仓库；通风小室、配电间以及生产工艺或卫生有特殊要求的生产厂房内，并尽量避免布置在食堂、饮食业的主副食操作烹调上方和通过公共建筑的大厅等建筑艺术和美观要求较高的场所。排水管道不宜穿越橱柜、壁柜。生活污水立管宜沿墙、柱布置，不应穿越对卫生、安静要求较高的房间如卧室、病房等，并要避免靠近与卧室相邻的内墙，以免噪声干扰。排水管道外表面如可能结露，应根据建筑物性质和使用要求，采取保温措施以防结露。

（4）便于安装、维修和清通。排水管与建筑结构和其他管道应保持一定的间距，一般立管与墙、柱的净距为 15～35mm，排水横管与其他管道共同埋设时的最小净距水平向为 1～3m，竖向约为 0.15～0.20m。清通设备周围应有操作空间，排水横管端点的弯向地面清扫口与其垂直墙面的净距不应小于 0.15m，若横管端点设置堵头代替清扫口，则堵头与墙面的净距不应小于 0.4m。由于排水管件均为定型产品，规格尺寸都已确定，所以管道布置时，宜按建筑尺寸组合管件，以免施工时安装困难。

2. 排水管道的敷设

（1）敷设形式。建筑排水管道的敷设形式有明装、暗装两类。除埋地管外，一般以明装为主，明装不但造价低，便于安装、维修，也利于清通。当建筑或工艺有特殊要求时可暗装在墙槽、管井、管沟或吊顶内，在墙槽、管井的适当部位应设检修门或人孔，如图 2.17 所示。

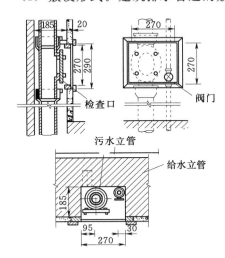

图 2.17　管道检修门（单位：mm）

室内污水除通过明装、暗装的管道排出外，当生产、生活污水不散发有害气体和大量蒸汽并处于以下情况时，也可采用有盖或无盖的排水沟排除：

1）污水中含有大量悬浮物或沉淀物需经常冲洗。

2）生产设备排水支管很多，用管道连接困难。

3）生产设备排水点位置不固定。

4）地面需要经常冲洗。

排水沟与排水管道连接处应设置格网或格栅和水封装置。

（2）敷设要求。排水横管穿越重墙或基础，立管穿楼板时均应预留孔洞。管道要用支架固定，横管的支架应按管道的设计坡度要求调节其设置高度，布置在高层建筑管井内的排水立管，必须每层设支承支架，以减轻低层管道承重。排水管道宜地下埋设或在地面上、楼板下明设，如建筑有要求时，可在管槽、管道井、管沟或吊顶内暗设，但应便于安装和检修。在气温较高、全年不结冻的地区，可沿建筑物外墙敷设。

为避免卫生要求较高的设备或容器与排水管道直接连接而引起水质污染，应采用间接排水方式，即设备或容器的排水管口，不能直接接入排水管道，污水需经受水器如漏斗、洗涤盆等流入排水管道。设备或容器的排水管口与受水器溢流水位间应留有空隙，保持一定的空气隔断。

间接排水口最小空气间隙见表 2.15。埋设地下的排水管道应有一定的保护深度，为防止管道受机械损坏，一般厂房内排水管的最小埋深，应按表 2.16 确定。

室内管道的连接应符合下列规定。

表 2.15　间接排水口最小空气间隙

单位：mm

| 间接排水管管径 | 排水口最小空气间隙 |
| --- | --- |
| ≤25 | 50 |
| 32～50 | 100 |
| >50 | 150 |

注　饮料用贮水箱的间接排水口最小空气间隙，不得小于 150mm。

1）卫生器具排水管与排水横管垂直连接，应采用 90°斜三通。

2）排水管道的横管与立管连接，宜采用 45°斜三通或 45°斜四通和顺水三通或顺水四通。

**表 2.16**                                          厂房内排水管的最小埋深

| 管　　材 | 地面至管顶的距离 /m | |
|---|---|---|
| | 素土夯实、缸砖、木砖地面 | 水泥、混凝土、沥青混凝土、菱苦土地面 |
| 排水铸铁管 | 0.70 | 0.40 |
| 混凝土管 | 0.70 | 0.50 |
| 带釉陶土管 | 1.00 | 0.60 |
| 硬聚氯乙烯管 | 1.00 | 0.60 |

注　1. 在铁路下应敷设钢管或给水铸铁管，管道的埋设深度从路底至管顶距离不得小于 1.0m。
　　2. 在管道有防止机械损坏措施或不可能受机械损坏的情况下，其埋设深度可小于表中规定。

3）排水立管与排出管端部的连接，宜采用两个 45°弯头或弯曲半径不小于 4 倍管径的 90°弯头。

4）排水管应避免在轴线偏置，当受条件限制时，宜用乙字管或两个 45°弯头连接。

5）支管接入横干管、立管接入横干管时，宜在横干管管顶或其两侧 45°范围内接入。

建筑塑料排水管穿越楼层、防火墙、管道井井壁时，应根据建筑物性质、管径和设置条件，以及穿越部件防火等级等要求设置阻火装置。靠近排水立管底部的排水支管连接，应符合下列要求：

1）排水立管仅设置伸顶通气管时，最低排水横支管与立管连接处距排水立管管底垂直距离不得小于表 2.14 的规定。

2）排水支管连接在排出管或排水横管上时，连接点距立管底部下游水平距离不宜小于 3.0m，且不得小于 1.5m。

3）横支管接入横干管竖直转向管段时，连接点应距转向处以下不得小于 0.6m。

4）当靠近排水立管底部的排水支管的连接不能满足要求时，排水支管应单独排至室外检查井或采取有效的防反压措施。

# 2.6  室内排水管道安装

建筑给排水工程的管道安装应采用先进的方法，以提高生产效率，缩短安装工期，提高工程质量，降低成本，提高经济效益。本节主要介绍给排水工程作业条件、施工工艺、成品保护以及应该注意的质量问题和安全问题。

## 2.6.1  室内给水排水管道的安装应具备以下作业条件

所有安装项目的设计图纸已具备，并且已经过图纸会审和设计交底。施工方案已编制。室内排水管道和管件按施工图纸和建筑结构实际情况线性实物排列，经核实各部件的标高、位置甩口尺寸以及与其他管道间距确实准确无误。

给水管道穿越墙和基础应预留孔洞，穿越地下室、水池或沉降缝时均应预埋套管。给水地下管道敷设必须在房心回填土夯实后挖到管底标高，沿管线敷设位置清理干净后进行。管道安装应在地沟盖板或吊顶未封闭前进行，其型钢支架均应安装完毕并符合要求。明装托、吊干管安装必须在安装层的结构顶板完成后进行，沿管线安装位置的模板及杂物清理干净，托、吊卡件均已安装牢固，位置正确。

立管安装应在主体结构安装完成后进行。高层建筑在主体结构达到安装条件后，作业不相互交叉影响时进行。安装竖井管道，应把竖井内的模板及杂物清理干净，并有防坠措施。

支管安装应在墙体砌筑完毕，并已弹出标高线，墙面抹灰工程已完成。施工场地及施工用水、电等临时设施能满足施工要求。管材、管件及配套设备等核对无误，并经验收合格。

### 2.6.2　室内给水排水管道的施工

1. 排水铸铁管

铸铁管施工时，首先应根据图纸将直管及管件组装。先从排水横管组对，要求管件甩头尺寸准确。承插管组装时，接口可采用水泥拌水，填料采用油麻。接口前应清理承口内、插口外的污物或小铁瘤，然后用喷灯将管口上的沥青烤掉，并用钢丝刷清理干净。填料应打实，填料一般占承口长度的1/3为宜，水泥接口应随填随打，不宜一次填满。组对好的管段应放置于安全地区，防止人蹬踩，接口处可用湿草袋敷盖进行养护。

铸铁管安装时水平横管一定要保证规范规定的坡度。水平横管的固定吊架间距不允许超过2m。立管安装应保证垂直度要求。在最底及最高的楼层必须设置检查口，其他每隔两层设置一个检查口并朝室内侧45°安装。如建筑物层高不大于4m时，每层安装一个立管固定管卡。为了防止立管的最底部，即向室外排出管的弯头处，因承受立管的荷载过大，使立管下沉而破坏管道，宜在弯头处设置支墩，以承受管重量、水冲击力及发生意外管道堵塞而积存在立管内的污水重量。

穿出屋面的透气管需做好屋面防水，而对埋地的排水管道，应保证沟槽基底经夯实后再铺设管道。回填土应保证在管顶0.3m以上，采用三七灰土分层夯实，与原地面回填土层的密实度一致，防止回填土层下沉而破坏管道及地面面层。排水管尽量不穿越伸缩缝和沉降缝，如必须穿越应设置柔性钢套管。

柔性接口铸铁管安装时，密封胶圈应平正地推进槽口内，压盖与法兰盘螺栓要均匀受力地连接一起，并应尽量调直，因这种排水管的管件是与直管配套使用的，管件的尺寸要求符合国标规定。

排水铸铁管的规格（含柔性接口铸铁管）有公称直径50mm、75mm、100mm、150mm、200mm几种规格。

铸铁管道施工完毕需进行闭水试验，做闭水试验时，应按立管系统逐根、逐层进行，闭水时管材、管口应无渗漏，并且与土建施工的防水地面做闭水试验分开进行。闭水高度应符合规范要求，合格后需对接卫生洁具的甩口管道封堵严密，等待下道工序——洁具安装及连接的施工。

2. 塑料管

常用在生产、生活污废水系统中。

（1）塑料管的连接：塑料管连接方法有焊接、承插接、法兰连接松套法兰连接及丝扣连接。

焊接工艺：塑料管焊接主要是采用一套能产生高温空气的设备将塑料焊条及被连接的管口熔在一起。设备主要由空气压缩机、空气过滤器、电源、变压器和塑料焊炬组成。焊条的直径也应根据管材壁厚适当选择。

承插连接工艺：主要是利用塑料管在150℃左右的温度即可软化变形的特性，加工出承口。施工现场可用简易胎具加工出管承口。胎具的直径以比塑料管的外径大 0.3～0.6mm 为宜。加工时需将被加工端加热，加热方法可采用甘油浴热及电加热或高压蒸汽加热箱等设备。当管端加热至140℃以上时，可迅速将胎具插入塑料管内，插入的深度按照规范执行，并用水冷却后退出胎具，承口即制成。

承口制作完毕，在连接管之前应对被连接的承插口用丙酮擦拭干净，然后用细砂纸打毛，将承插口上涂刷一层黏结剂（过氯乙烯清漆），涂时应均匀不宜过厚，稍停即可连接。连接时要求管子平直地插至承口的底部。如管道输送的介质有特殊要求时，可在承口端用塑料焊接焊住。

使用承插式连接施工简便，节省能源，降低施工费用，而且能保证质量。

对于直接采用已在工厂生产的带承口的管，则可采用黏结剂黏结，但对管材应进行测量，避免造成间隙过大或插不进去的情况。

法兰及活套法兰连接：法兰一般采用平焊法兰连接，而活套法兰是将塑料管管端翻边，把法兰套在管上，然后将法兰连在一起，翻边可采用模具热压，也可在管端焊塑料挡环。

（2）塑料管施工：当塑料管采用明装时，因本身刚性差又易随温度升高而变形，因此管道支架的间距应满足规范要求。

# 2.7 屋 面 排 水 系 统

降落在建筑物屋面的雨水和融化的雪水，必须迅速、及时地排至室外雨水管渠或地面，以免造成屋面积水渗漏，影响生活和生产。如有可能，可考虑回收雨水并加以利用。雨水系统的形式应根据地区规划、建筑物的结构型式、屋面面积和形式、气候条件及使用要求等，在技术先进，经济合理的原则下选择雨水排水系统。屋面雨水的排除系统，可分为外排水系统和内排水系统两种形式。

## 2.7.1 外排水系统

雨水外排水系统是将全部排水系统设置在建筑物之外。外排水系统包括檐沟外排水和天沟外排水两种方式。该系统的特点是安全、经济、简单、卫生。在条件允许时，应尽可能采用外排水系统。

1. 檐沟外排水系统

这种方式也称普通外排水系统或水落管外排水系统。对一般低层、多层居住及屋面面积较小的公共建筑、小型单跨厂房，雨水的排除多采用屋面檐沟汇集，然后流入有

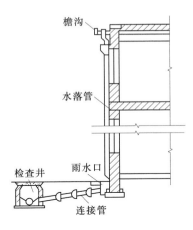

图 2.18 檐沟外排水

一定间距并沿外墙设置的水落管排至地面或地下雨水排水系统。一般沿建筑物屋面长度方向的两侧，一般民用建筑每隔 12～16m 敷设雨水管，直径为 75～100mm。工业厂房中间距为 18～24m，直径 100～150mm。如图 2.18 所示。

檐沟在民用建筑中多采用预制混凝土构件制作。落水管可采用建筑排水塑料管，高层建筑可采用承压塑料管、排水铸铁管，管径多为 100～150mm。落水管的间距应根据降雨量及管道的通水能力所确定的一根水落管应服务的屋面面积而定。

2. 天沟外排水

天沟外排水是利用屋面构造上的低谷处做成排水天沟，汇集雨水和冰雪融化水，使雨水向建筑物两端泄放，并由雨水斗收集经墙外立管排至地面、明沟或通过排出管、检查井流入雨水管道。

天沟排水应以伸缩缝、沉降缝、变形缝为分水线，向两侧排水，如图 2.19 所示。天沟流水长度应根据暴雨强度、汇水面积、屋面结构等进行计算确定，一般以 40～50m 为宜，过长会使天沟的起终点高差过大，超过天沟深度限值。天沟坡度不宜小于 0.003，并伸出山墙 0.4m。天沟的净宽按设置的雨水斗的管径来确定。管径 100mm 的雨水斗，天沟最小宽度为 300mm；管径 150mm 的雨水斗，天沟最小宽度为 350mm。落水管可采用承压塑料管、承压排水铸铁管和钢塑复合管、天沟及立管装置。

为改善排水状况，防止杂物堵塞排水立管，应在排水立管处设置雨水斗。当出现极端降雨量时，为保证排水安全可靠，避免天沟出现积水过深或溢水现象，应在天沟末端、女儿墙或山墙上设置溢流口。如图 2.20 所示。

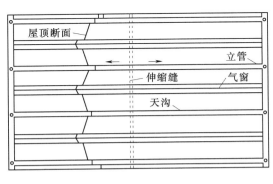

图 2.19 天沟布置示意图

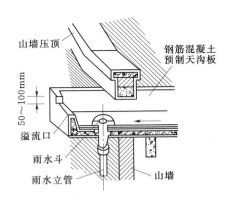

图 2.20 雨水斗连接示意图

外排水系统的优点是：由于室内没有管道、检查井，不会因雨水系统而产生漏水、检查井冒水现象；不会影响室内管道设备的安装；所产生的水流噪声不影响室内；结构简单，施工方便，节省投资。

### 2.7.2　内排水系统

内排水系统是将管道设在建筑物内部，降水通过建筑物内的排水系统，将雨水等派到室内或室外的地下雨水管道中去，如图 2.21 所示。内排水系统适用于大面积建筑多跨的工业厂房高层建筑以及对建筑立面处理要求较高的建筑物屋面的排水。

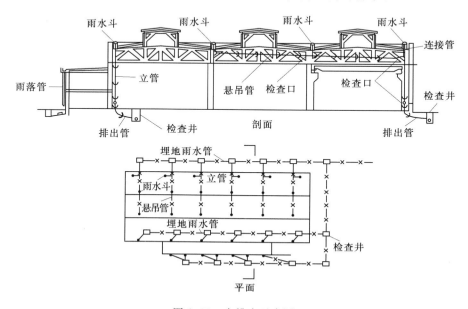

图 2.21　内排水示意图

1. 内排水系统的组成

内排水系统是由雨水斗、悬吊管、立管、埋地横管、检查井及清通设备等组成，如图 2.21 所示。视具体建筑物构造等情况，可以组成悬吊管跨越房间后接立管排至地面，或不设悬吊管的单斗系统等方式。

2. 雨水斗

雨水斗是设置在天沟中雨水系统的进水口，具有拦截杂物和疏导水流的作用。要求其能迅速地排除屋面雨雪水、疏导水流、减小水流掺气量、拦截粗大杂质避免管道堵塞。雨水斗的特点有：

（1）在保证拦阻粗大杂质的前提下承担泄水面积最大且结构上要导流通畅，使水流平稳，阻力小。

（2）不使其内部与空气相通。

（3）构造高度要小（一般以 5～8cm 为宜），制造简单。

按上述要求设计的国产雨水斗，常用的有 65 型和 87 型。65 型雨水斗为铸铁浇铸（图 2.22），其特点是导流性能好、排水能力大，泄流时天沟水位低且平稳，漩涡较少，掺气量也较少。87 型雨水斗为钢板焊制，如图 2.23 所示。

雨水斗的布置和间距应考虑暴雨强度、汇水面积和斗的排水能力以及管道连接方式等。在沉降缝、收缩缝的两侧应设置分水线向两侧坡降或者在两侧分别设置雨水斗。

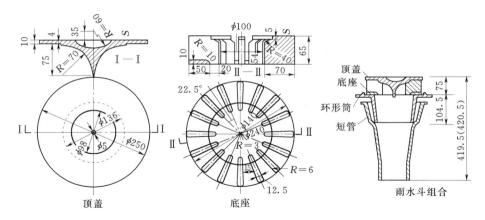

图 2.22　65 型雨水斗（单位：mm）

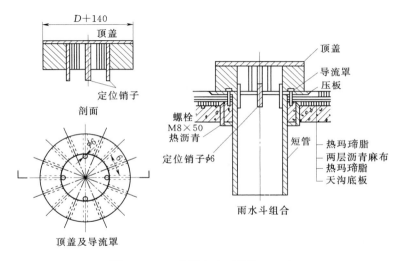

图 2.23　87 型雨水斗（单位：mm）

### 3. 雨水管道的布置

连接管是雨水斗和悬吊管之间连接的一段短管，管径与雨水斗相同。

悬吊管是承接连接管输送来的雨水，是横向的管段，把水送入立管。可以采用塑料管或铸铁管，管径一般不大于 300mm，用铁箍、吊环等固定在建筑物的桁架、梁及墙上，并有不小于 0.003 的坡度坡向立管。在工业厂房中，悬吊管应避免从不允许有滴水的生产设备上方通过。在悬吊管的端头及每隔 15～20m 的悬吊管上，应设置检查口或带法兰盘的三通，位置宜靠近柱和墙。

立管接纳悬吊管或雨水斗的水流，并将其排入排出管。立管管径不得小于悬吊管。通常沿柱竖向布置，每隔 2m 用夹箍固定在柱子上。为便于清通，立管在距地面 1m 处要装设检查口。

排出管是连接立管与检查井之间的短管，其管径不小于立管，用两个 45°弯头或长径 90°弯头连接，以改善水流状况。

检查井是排水管道的接合点。由于排水管道一般是重力排放水流，为了管道施工、检修方便，在管道交叉、转弯、坡度改变、变径以及管道长度过大等情况下，均应设检查井。检查井进出管道之间的交角不得小于135°。

埋地横管是承接排出管排入雨水的横管。埋地横管可采用铸铁管、塑料管、钢筋混凝土或带釉的陶土管等。管道最小直径不宜小于200mm，坡度不小于0.005。

室内安装的雨水管，应视其所在环境，必要时应做外隔声层。高层建筑裙房屋面的雨水、阳台上的雨水均应单独排放。高层建筑的室内雨水管宜选用排水铸铁管或焊接钢管。

# 2.8 高层建筑室内排水系统

从高层建筑中排出的污水和普通建筑物基本相同。按其来源和性质可分为粪便污水、生活废水、屋面雨雪水、冷却废水以及特殊排水等。

高层建筑的排水系统由于楼层较多，排水落差大，多根横管同时向立管排水的几率较大，容易造成管道中压力的波动，卫生器具的水封容易遭到破坏。高层建筑内部排水系统，既要求能将污水安全迅速地排出室外，还要尽量减少管道内的气压波动，防止管道系统水封被破坏，避免排水管道中的有毒有害气体进入室内。因此，高层建筑的排水系统一定要保证排水的畅通和通气良好，一般采用设置专用通气管系统或采用新型单立管排水系统。建筑物底层排水管道内压力波动最大，为了防止发生水封破坏或因管道堵塞而引起的污水倒灌等情况，建筑物一层和地下室的排水管道与整幢建筑的排水系统分开，采用单独的排水系统。高层建筑的排水管道可采用铸铁管或强度较高的塑料管，但应考虑采取防噪声等措施。管道接头应采用柔性接口。对高度很大的排水立管应考虑消能措施，通常采用乙字弯管。为了防止污水中固体颗粒的冲击，立管底部与排出管的连接应采用钢制弯头或采取加固措施。

## 2.8.1 苏维脱系统

高层建筑楼层较多，高度较大，多根横管同时向立管排水的几率较大，排水落差高更容易造成管道中压力的波动。因此高层建筑为了保证排水的畅通和通气良好，一般采用设置专用通气管系统，如图2.2所示。有通气管的排水系统造价高，占地面积大，管道安装复杂，如能省去通气管，对宾馆、写字间、住宅在美观和经济方面都是非常有益的。为此，应该从减缓立管流速、保证有足够大的空气芯、防止横管排水产生水舌和避免横干管中产生水跃等方面进行研究探索，寻找影响排水立管通水能力的主要因素。

影响排水立管通水能力的因素有：从横支管流入立管的水流形成的水舌阻隔气流，使空气难于进入下部管道而造成负压；立管中形成水塞流阻隔空气流通；水流到达立管底部进入横干管时产生水跃阻塞横管。

1961年瑞士索摩（Fritz Sommer）研究发明了一种新型排水立管配件，各层排水横支管与立管采用气水混合器连接，排水立管底部采用气水分离器连接，达到取消通气立管的目的，这种系统称为苏维脱排水系统（Sovent System）。

1. 气水混合器

气水混合器由乙字弯、隔板、隔板上部小孔、混合室、上流入口、横支管流入口和排出口等构成，如图 2.24 所示。从立管上部流来的废水流经乙字弯时，流速减少动能转化为压能，既起了减速作用又改善了立管内常处负压的状态；同时水流形成紊流状态，部分破碎成小水滴与周围空气混合，在下降过程中通过隔板的小孔抽吸横支管和混合室内的空气，变成密度轻呈水沫状的气水混合物，使下流的速度降低，减少了空气的吸入量，避免造成过大的抽吸负压，只需伸顶通气管就能满足要求。从横支管进入立管的水流，由于受到隔板的阻挡只能从隔板的右侧向下排入，不会形成水舌隔断立管上下通气而造成负压。同时水流下落时通过隔板上的小孔抽吸立管的空气补气。

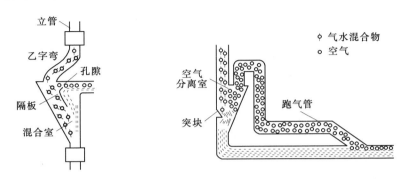

图 2.24　苏维脱排水系统

2. 气水分离器

气水分离器由流入口、顶部跑气口、突块和空气分离室等构成，如图 2.24 所示。沿立管流下的气水混合物，遇到分离室内突块时被溅散，从而分离出气体（70% 以上），从而减少了气水混合物的体积、降低了流速、使其不形成回流，使空气不致在转弯处受阻。分离出的空气用跑气管接至下游 1～1.5m 处的排出管上，使气流不致在转弯处被阻，达到防止在立管底部产生过大正压的目的。

### 2.8.2　旋流排水系统

旋流排水系统（Sextia System）是法国勒格（Roger Legg）、理查（Georges Rich - ard）和鲁夫（M. Louve）于 1967 年共同研究发明的。这种排水系统每层的横支管和立管采用旋流接头配件连接，立管底部采用旋流排水弯头连接，如图 2.25 所示。

1. 旋流接头配件

旋流接头配件由壳体和盖板两部分构成，通过盖板将横支管的排水沿切线方向引入立管，并使其沿管壁旋流而下，在立管中始终形成一个空气芯，此空气芯可占到管道断面的 80% 左右，以保持立管内空

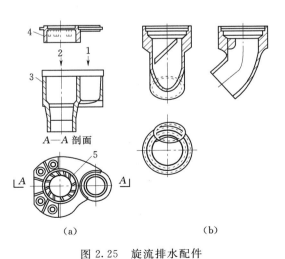

图 2.25　旋流排水配件
（a）旋流接头；（b）特殊排水弯头
1—接大便器；2—接立管；3—底座；4—盖板；5—叶片

气畅通，使压力变化很小，从而防止水封被破坏，提高排水立管的通水能力。旋流接头配件中的旋流叶片，可使立管上部下落水流所减弱的旋流能力及时得到增强，同时，也可破坏已形成的水塞，并使其变成旋流以保持空气芯。

　　2. 旋流排水弯头

　　旋流排水弯头与普通铸铁弯头形状相同，但在内部设置有 45°旋转导叶片，使立管内在凸岸流下的水膜被旋转导叶片旋向对壁，沿弯头底部流下，避免了在横干管内形成水跃，封闭气流而造成过大的正压。

### 2.8.3　芯型排水系统

　　芯型（Core）排水系统是日本的小岛德厚于 1973 年发明的，在各层排水横支管与立管连接处设高奇马接头配件，在排水立管的底部设角笛弯头。

　　1. 高奇马接头配件

　　高奇马接头配件，如图 2.26 所示，外观呈倒锥形，在上入流口与横支管入流口交汇处设有内管，从横支管排入的污水沿内管外侧向下流入立管，避免因横支管排水产生的水舌阻塞立管。从立管流下的污水经过内管后发生扩散下落，形成气水混合流，减缓下落流速，保证立管内空气畅通。高奇马接头配件的横支管接入形式有两种：一种是正对横支管垂直接入；另一种是沿切线方向接入。

　　2. 角笛弯头

　　角笛弯头，如图 2.26 所示，装在立管的底部，上入流口端断面较大，从排水立管流下的水流，因过水断面突然增大，流速变缓，下泄的水流所夹带的气体被释放。一方面水流沿弯头的缓弯滑道面导入排出管，消除了水跃和水塞现象；另一方面由于角笛弯头内部有较大的空间，可使立管内的空气与横管上部的空间充分连通，保证气流的畅通，减少压力的波动。

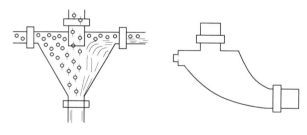

图 2.26　芯型排水系统

### 2.8.4　简易单立管排水系统

　　为了减少排水管道中的压力波动，提高单立管排水系统的通水能力，而又不使管道配件复杂化，近年来国内外不断开发了多种形式的简易单立管排水系统。

　　韩国开发的有螺旋导流线的 UPVC 单立管排水系统，在硬聚氯乙烯管内有 6 条间距 50mm 螺旋线导流突起片，如图 2.27 所示，排水在管内旋转下落，管中形成一个畅通的空气芯，提高了排水能力，降低了管道中的压力波动。另外设计有专用的 DRF/x 型三通，立管的相接不对中，DN100 的管子错位 54mm，从横支管流出的污水从圆周的切线方向进入立管，可以起到削弱支管进水水舌的作用和避免形成水塞，同时由于减少了水流的碰撞，UPVC 管减少噪声的效果良好。

　　日本 BENKAN 株式会社开发的 CS 接头，如图 2.27 所示。CS 接头在排水立管接入横支管的上下两段上设置两条斜向的突起导流片，使下落的排水产生旋转，在离心力的作用下使水流沿排水立管的内壁回旋流动。在立管内形成空气芯，保证气流畅通，减少立管内的压力波动，无须设置专用通气立管。这种单立管排水系统，当采用 $DN100$ 管道时，可做到15层住宅，但要求最底层卫生间单独排放，立管根部和总排出横管加大一号，并要求采用两个 $45°$ 弯头的弯曲半径的排出管。

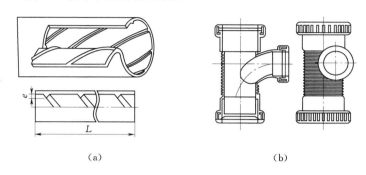

（a）　　　　　　　　　　　　　（b）

图 2.27　有螺旋导流线单立管排水系统
（a）有突起螺旋线的 UPVC 管；（b）DRF/x 型三通

# 2.9　室外排水系统

城市污水是生活污水与工业废水泄入城市排水管道后形成的混合污水。所有这些污水，如不予任何控制而肆意排放，则势必造成对环境的污染和破坏，严重者将造成公害，既影响生产，又影响生活并危及人体健康。室外排水工程的任务是排除城镇生活污水、工业废水和大气降水，以保障城镇的正常生产与生活活动。其主要内容为：收集各种污水并及时输送到适当地点；设置处理厂（站）进行必要的处理。为系统地排除污水而建设的一整套工程设施称为排水系统，由排水管网和污水处理系统组成。排水管网是收集和输送废水的设施，即把废水从产生地输送到污水处理厂或出水口，包括排水设备、检查井、管渠、污水提升泵站等工程设施。污水处理系统是处理和利用废水的设施，包括城市及工业企业污水处理厂、站中的各种处理构筑物等工程设施。

## 2.9.1　室外排水系统的组成与布置

按城市污水系统与雨水排水系统作简单介绍。

1. 城市污水排水系统的组成

（1）庭院或街坊管道系统。庭院或街坊排水管道系统是接受房屋排出管排出的污水，并将其排泄到城市排水管去的管道系统。由排出管、检查井、庭院排水管道组成。庭院管道的终点设控制井，控制井的井底标高是庭院内最低的，但必须与城市排水管道标高相适应。

（2）城市排水管道系统。城市排水管道系统是敷设在街道下的，它是承接庭院与街坊排水的管道。城市排水管道系统由支管、干管与主干管和相应的检查井组成。城市排水管道的最小埋深必须满足庭院排水管接入的需要。

（3）管道上的附属构筑物。包括跌水井、倒虹吸等。

（4）中途提升泵站。当管道由于坡降造成埋深过大时，需设提升泵站提升后输送。

（5）污水处理厂。污水处理厂在管网的末端将污水处理后，排入水体或进行再利用。

（6）排出口及事故出水口。污水管排入水体的出口称排出口，它是排水系统的终端。事故出水口常设在泵站前或污水处理构筑物前，为应付事故而设的临时排出口。

2. 室外雨水排水系统的组成

（1）雨水口。是收集地面径流雨水的构筑物，它由井室、雨水箅子和连接管组成。

（2）雨水管。雨水管由庭院或街坊、厂区雨水管，街道下雨水支管，雨水干管和雨水主干管组成。

（3）出水口。即雨水排入水体的排放口。

（4）排洪沟。城镇外围大流域雨水的排水管渠。

对于合流制排水系统，其管道系统的组成是上述两系统的综合，在截流管上增加了溢流井。

### 2.9.2　室外排水管道的布置与敷设

排水系统的布置应与当地的地形、地貌和污水处理厂的位置因地制宜地布置。

#### 1. 街道排水支管的布置

街道排水支管的布置应以简捷、尽可能在埋深小的条件下，使庭院和街坊排水管道都能靠自流接入。街道排水支管的布置形式有低边式、围坊式、穿坊式三种。低边式是将排水支管设在街坊的低侧，街坊内的排水管可以顺着地形坡度进入街道支管，这样可以减小支管和街坊管道的埋深。当街坊较大，且地势平坦，将街道排水支管围绕街坊布置，可以使街坊内的排水管长度减短，也即减小了埋深。当街坊内部的建筑规划已经确定的情况下，可以将街道排水支管贯穿街坊，与街坊内管道形成一体，有利于减短街道支管和街坊内排水管的长度，减小埋深。

#### 2. 排水干管的布置形式

排水干管的布置形式有以下几种：

（1）正交式。指排水干管与地形等高线正交与河道流向成 90°相交的布置形式。这样的布置形式可使排水长度短，最大地利用地形坡度，管径小。这种形式在老城市的合流体管道中多有应用，但它多为直接排入河流，有污染环境的问题。

（2）截流式。在排水干管排入河流前，将其截流，可对排放污废水进行人为处理，防止污染环境的问题出现。

（3）平行式。当地形坡度较大时，为不使管内流速过大，常将干管和主干管的走向与地形等高线基本平行。

（4）分区式。当一个城市的地形高差相差很大时，可分别设两个排水区，如果只设一座污水处理站时视污水处理站的位置或设泵站将低区的污水提升入高区的污水处理厂，或将高区的污水用重力流引入设在低区的污水处理厂。但应尽量减少污水的提升量，以节省能源。

（5）分散式。当城市较大，各区距离较远，或者城市本身由相隔较远的组团区镇组成。这时的排水管道的布置可按各区分散布置、自成系统。

3. 排水管道敷设的位置

排水管道需要经常维护和管理。因此，排水管道应避免敷设在交通繁忙的街道下，宜沿道路和建筑物周边平行敷设在道路边缘地或人行道下，使得排水管检修和维护时不致影响交通。当街道宽度超过 40m 时，为避免排水管穿越马路的次数过多，可以在马路两边同时设两条排水管。污水管道因受地基沉陷、管道变形等作用，会向外渗漏污水，这对于建筑的基础和其他管线如电缆、煤气管道、给水管道和热力管道都有不利的影响。因此，排水管道还必须与其他管线和建筑物保持一定的间距，具体要求见表 2.17。当地下设施十分拥挤而街道交通又十分繁忙的情况下，可以采用地下管廊的做法，将所有管道集中在管廊中统一布置。在管廊中污水管在其他管线之下。雨水管因为直径太大，一般不设在管廊中。

表 2.17　　　　　　　　　　排水管道与其他管线和建筑物的间距

| 名　称 | | 水平间距<br>/m | 垂直净距<br>/m | 名　称 | 水平间距<br>/m | 垂直净距<br>/m |
|---|---|---|---|---|---|---|
| 建筑物 | | | | 地上柱杆 | 1.5 | |
| 给水管 | | 1.5 | 0.15 | 道路侧石边缘 | 1.5 | |
| 排水管 | | | 0.15 | 电车路轨 | 2.0 | 轨底 1.2 |
| 煤气管 | 低压 | 1.0 | 0.15 | 架空管架基础 | 2.0 | |
| | 中压 | 1.5 | | 油管 | 1.5 | 0.25 |
| | 高压 | 2.0 | | 压缩空气管 | 1.5 | 0.15 |
| | 特高压 | 5.0 | | 氧气管 | 1.5 | 0.25 |
| 热力管沟 | | 1.5 | 0.15 | 乙炔管 | 1.5 | 0.25 |
| 电力电缆 | | 1.0 | 0.15 | 电车电缆 | | 0.50 |
| 通信电缆 | | 1.0 | 直埋 0.5<br>穿埋 0.15 | 明渠渠底 | | 0.50 |
| | | | | 涵洞基础底 | | 0.15 |

注　1. 表列数字除注明者外，水平净距均指外壁净距，垂直净距系指下面管道的外顶与上面管道基础底间净距。
　　2. 采取充分措施（如结构措施）后，表列数字可以减小。

排水干管与主干管的定位，还应考虑到地质情况，应将管线选在地基坚实的位置，遇到劣质地基时，或考虑绕道，或采取切实的加固措施方能通过。

排水管道是重力流，为了不设中途提升泵站或少设中途泵站应尽力保持设计坡度，不跌水，当与其他管线交叉时，有压管道让无压管并多注意做好协调工作。

## 2.9.3　污水局部处理构筑物

当个别建筑内排出的污水不允许直接排入室外排水管道时（如呈强酸性、强碱性及含过量汽油、油脂或大量杂质的污水），则要设置污水局部处理设备，使污水水质得到初步改善后再排入室外排水管道，此外，当设有室外排水管网或有室外排水管网但没有污水处理厂时，室内污水也需经过局部处理后才能排入附近水体、渗入地下或排入室外排水管网。根据污水性质的不同，可以采用不同的污水局部处理设备，如化粪池、沉淀池、除油池、降温池、中和池及其他含毒污水等局部处理设备。

1. 化粪池

化粪池的主要作用是使粪便沉淀并发酵腐化，污水在上部停留一定时间后排走，沉淀在池底的粪便污泥经消化后定期清掏。尽管化粪池处理污水的程度很不完善，所排出的污水仍具有恶臭，目前对于我国还没有设置污水处理厂的城区，化粪池的使用还是比较广泛的。

化粪池可采用砖、石、玻璃钢或钢筋混凝土等材料做成。化粪池的形式有圆形的和矩形的两种，通常多采用矩形化粪池。为了改善处理条件，较大的化粪池往往用带孔的间壁分为 2～3 隔间，如图 2.28 所示。

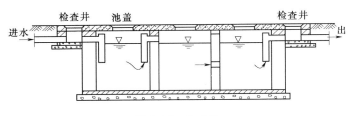

图 2.28　化粪池

化粪池多设置在居住小区内建筑物背面靠近卫生间的地方，因在清理时不卫生、有臭气，不宜设在人们经常停留活动之处。化粪池池壁距建筑物外墙不宜小于 5m，如受条件限制时，可酌情减少，但不得影响建筑物基础。化粪池距离地下水取水构筑物不得小于 30m。池壁、池底应防止渗漏。

化粪池将沉淀和厌氧消化在一个池内进行，污水与污泥接触，使化粪池出水呈酸性、有恶臭。化粪池与建筑物距离较近，清掏污泥时会污染空气，影响环境卫生。

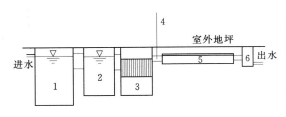

图 2.29　无动力生活污水处理工艺示意图
1—沉淀池；2—酸化池；3—厌氧生物滤池；
4—拔风管；5—氧化沟；6—进气出水井

无动力生活污水处理构筑物，如图 2.29 所示，由沉淀池、酸化池、厌氧生物滤池和氧化沟组成，污水经沉淀池去除大的悬浮颗粒后进入厌氧消化池，经水解酸化作用，将复杂的大分子有机物水解成小分子溶解性有机物，提高污水的可生化性。然后污水进入兼性厌氧生物滤池，溶解氧保持在 0.3～0.5mg/L，阻止了甲烷菌的产生，产生气体主要是 $CO_2$ 和 $H_2O$。出水经氧化沟进一步好氧生物处理，所需氧由建筑物雨水管连接的拔风管提供或单独设立的拔风管提供，溶解氧浓度在 1.5～2.8mg/L 之间。

这种局部生活污水处理构筑物具有不耗能、水头损失小（0.5m）、处理效果好（去除率可达 90%）、产泥量少、造价低、管理简单、无噪声、不占地表面积、基本不用人工操作的特点。

2. 隔油池

隔油池是拦截污水中油类物质的局部处理构筑物。含有较多油脂的食品加工车间、公共食堂和饭店等排放的污水，应经隔油池局部处理后才能排放，否则油污进入管道后，随着水温下降，将凝固并附着在管壁上，缩小甚至堵塞管道。汽车维修等车间排出的污水，含有汽油和机油，进入排水系统后会聚集在检查井处，当达到一定浓度后遇明火会导致燃烧或爆炸。因此，含油污水应进行隔油处理后再进入排水系统。隔油池的做法有好多种，一般采用上浮法除油，其构造如图2.30所示。

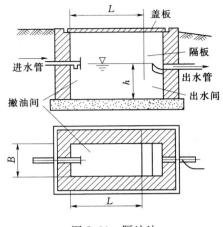

图 2.30　隔油池

为便于利用积留油脂，粪便污水和其他污水不应排入隔油池内。对夹带杂质的含油污水，应在排入隔油池前，经沉淀处理或在隔油池内考虑沉淀部分所需容积。隔油池应有活动盖板，进水管要便于清通。此外，如车库等使用油脂的公共建筑，也应设隔油池去除污水中的油脂。

## ❓ 复习思考题

1. 建筑室内排水系统由哪几部分组成？
2. 建筑排水系统常用的管材有哪些？如何连接？
3. 简述卫生器具的分类和设置标准。
4. 卫生器具安装的技术要求有哪些？
5. 简述管道水力计算的方法和步骤。
6. 为什么室内污水管道设置通气管？
7. 试述排水管道穿越建筑物的基础、墙体及楼板的正确做法。
8. 室内排水管道布置的原则有哪些？
9. 简述高层室内排水系统的种类和特殊配件。
10. 简述室外排水系统的组成。
11. 请叙述在施工卫生间时，土建工程如何与给排水管道、卫生洁具施工配合及其施工程序。

# 第 3 章

# 采暖系统和燃气供应

**本章要点**

熟悉采暖系统的分类与组成、熟悉热水采暖系统，了解蒸汽采暖系统，熟悉采暖的有关计算方法、熟悉常用采暖设备，了解高层建筑采暖系统，了解热源和燃气系统等。

## 3.1 概　　述

采暖系统又称供暖系统，是指冬季供给建筑空间热量、补偿建筑物的热损失、以保持所需室内温度的工程设施。在我国北方地区，冬季的室外气温较低，有时降至零下几摄氏度甚至零下几十摄氏度，室内的热量就会通过建筑物的外围护结构传向室外，使室内温度降低。为了给人们的工作和生活创造一个舒适的环境，就必须不断地向室内补充热量，以维持正常的室内温度。

供暖方式的选择应根据建筑物的功能及规模，所在地区气象条件、能源状况、能源政策、环保等要求，通过技术经济比较确定。

《工业建筑供暖通风与空气调节设计规范》（GB 50019—2015）规定了集中采暖区和建议采暖区：

（1）累年日平均温度稳定低于或等于5℃的日数大于或等于90d的地区，宜采用集中供暖。

（2）符合下列条件之一的地区，有余热可供利用或经济条件许可时，可采用集中供暖：累年日平均温度≤5℃的日数为60～89d；累年日平均温度稳定≤5℃的日数不足60d，但≤8℃的天数≥75d。如幼儿园、养老院、中小学校、医疗机构等建筑应采用集中采暖系统。

（3）在建议采暖区中，当日最低温度＜5℃的天数少于85d的地区为建议采暖区。

（4）严寒地区和寒冷地区的工业建筑，在非工作时间或中断使用的时间内，当室内温度需要保持在0℃以上，而利用房间蓄热量不能满足要求时，应按5℃设置值班供暖。当工艺或使用条件有特殊要求时，可根据需要另行确定值班供暖所需维持的室内温度。位于集中供暖区的工业建筑，如工艺对室内温度无特殊要求，且每名工人占用的建筑面积超过100m² 时，宜在固定工作地点设置局部供暖，工作地点不固定时应设置取暖室。

### 3.1.1 采暖系统的基本组成

采暖系统一般包括热源、输热管道和散热设备三部分（图3.1）。

（1）热源。热源是采暖系统中生产热能的部分，如锅炉房、热交换站等。

（2）输热管道。输热管道是指热源和散热设备之间的连接管道，输热管道将热媒由热源输送到各个散热设备。

（3）散热设备。将热量散发到室内的设备，如散热器、暖风机等。

### 3.1.2 采暖系统的分类

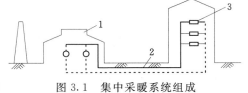

图 3.1 集中采暖系统组成
1—锅炉房；2—输热管道；3—散热器

采暖系统的分类方法有很多。根据作用范围的大小，采暖系统可分为局部采暖系统、集中采暖系统和区域采暖系统；按使用热媒的种类分为热水供暖系统、蒸汽供暖系统和热风供暖系统；此外，按热源的不同还分有燃气红外线辐射采暖系统、电热采暖系统、太阳能采暖系统和地热采暖系统等。其中，以热水和蒸汽作为热媒的集中采暖系统，在工业和民工建筑中应用广泛。它们具有供热量大、节约燃料、减轻污染、运行调节方便、费用低等优点。

集中采暖系统的热媒，应根据建筑物的用途、供热情况和当地气候特点等条件，经技术经济比较确定。民用建筑应采用热水作热媒。工业建筑，当厂区只有采暖用热或以采暖用热为主时，宜采用高温水作热媒；当厂区供热以工艺用蒸汽为主时，在不违反卫生、技术和节能要求的条件下，可采用蒸汽作热媒。

（1）根据供暖范围的不同，采暖系统可分为：

1）局部采暖系统。热源、供热管道和散热设备在构造上成为一个整体的采暖系统称为局部采暖系统。如火炉采暖、简易散热器采暖、煤气采暖与电热采暖等。

2）集中采暖系统。热源设在独建的锅炉房或换热站内，热量由热媒（热水或蒸汽）经供热管道输送至一幢或几幢建筑物的散热设备，这种采暖系统称为集中采暖系统。

3）区域采暖系统。以区域性锅炉房作为热源，供一个区域的许多建筑物采暖的采暖系统，称为区域采暖系统。

（2）根据所用热媒的不同，采暖系统可分为：

1）热水采暖系统。以热水为热媒，将热量输送至散热设备的采暖系统，称为热水采暖系统。热水采暖系统的供水温度一般为 95℃，回水温度为 70℃，称为低温热水采暖系统。供水温度高于 100℃ 的采暖系统，称为高温热水采暖系统。

2）蒸汽采暖系统。以蒸汽为热媒，将热量输送至散热设备的采暖系统，称为蒸汽采暖系统。

3）热风采暖系统。用热空气把热量直接送到供暖房间的采暖系统，称为热风采暖系统。

## 3.2 热 水 采 暖 系 统

以热水作为热媒的采暖系统，称为"热水采暖系统"。在热水采暖系统中，热媒是水。它是目前广泛使用的一种采暖系统，不仅用于居住和公用建筑，而且也用在工业建筑中。

按照水在系统中的循环动力不同，热水采暖系统分为自然循环热水采暖系统和机械循环热水采暖系统。在自然循环热水采暖系统中，热水靠供水与回水的容重差所形成的压力进行循环；在机械循环热水采暖系统中，热水是靠循环水泵产生的压力来进行循环的。

按热媒温度不同，热水采暖系统分为低温热水采暖系统（热水温度低于 100℃）和高温热水采暖系统（热水温度高于100℃）。室内热水采暖系统大多采用低温水采暖来设计供回水温度。

按供回水管道设置的方式不同，热水采暖系统分为单管系统（图3.2）和双管系统（图3.3）。热水经供水管顺序流过多组散热器，并顺序地在各散热器中冷却的系统，称为单管系统。单管系统的特点是立管上的散热器串联起来构成一个循环环路，从上到下各楼层散热器的进水温度不同，每组散热器的热媒流量不能单独调节。热水经供水管平行地分配给多个散热器，冷却后的回水自每个散热器直接沿水管回流热源的系统，称为双管系统。双管系统的特点是每组散热器都能组成一个循环环路，每组散热器的供水温度基本上是一致的，各组散热器可自行调节热媒流量，互相不受影响。

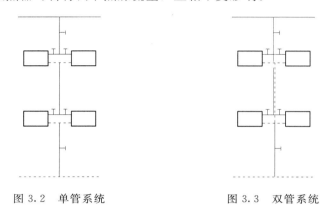

图3.2　单管系统　　　　　图3.3　双管系统

按管道敷设方式分为垂直式系统和水平式系统。

按系统循环的动力不同分为重力（自然）循环系统和机械循环系统。重力循环系统是靠供水与回水的密度差进行循环的系统，而机械循环系统是靠机械力（水泵压力）进行水循环的系统。

按照热水在管路中流程的长短不同分为同程式系统和异程式系统等。

按照供水干管敷设位置不同分为上供下回式和下供下回式。

### 3.2.1　热水采暖系统的组成

机械循环热水采暖系统，一般由热水锅炉、供水管道、散热器、集气罐、回水管道、膨胀水箱以及循环水泵等组成，如图3.4所示。

（1）热水锅炉。热水锅炉的作用是将冷水（或70℃低温回水）加热为热水（一般为95℃高温水）。

（2）供水管。供水管是由锅炉至散热器之间的热水管道，它将95℃的高温水送至建筑物内的散热器。

（3）散热器。散热器是将热量散至室内的设备。

（4）回水管。回水管是由散热器至锅炉之间的管道，它将散出热量后的低温水（又称回水）送至锅炉重新加热。

（5）集气罐。集气罐是用来排除管道和散热器中空气的装置，一般安装在供水干管的最高处。

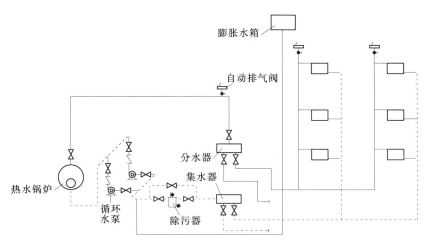

图 3.4　机械循环系统组成

（6）膨胀水箱。膨胀水箱设在系统的最高处，它的作用是容纳整个系统中的水因受热膨胀而增加的体积或补充系统因渗漏、蒸发而损失的水。

（7）循环水泵。循环水泵是使系统中的水克服流动阻力，保持系统循环的动力设备，一般安装在回水总管上。

### 3.2.2　重力循环采暖系统

重力循环采暖系统是系统运行前先将系统中充满冷水至最高处，系统中的空气从膨胀水箱排出，当水在锅炉中被加热后，水受热体积膨胀，密度变小。同时，散热器及回水管道内的低温水密度较大，在系统内形成了推动整个系统中的水沿管道流动的动力差，使得热水沿着供水干管流向散热器。系统内的水连续被加热，热水不断上升，在散热器及管路中被散热冷却后的回水又流回锅炉被重新加热，造成系统内热水单方向循环流动，这种自靠水的容重差进行循环的系统称为重力循环采暖系统，如图 3.5 所示。

为了计算重力循环作用压力大小，假设水温只在两处发生变化，即锅炉内（加热中心）和散热器内（冷却中心）。设供水管水温为 $t_g$（℃），密度为 $\rho_g$（kg/m³），冷却后的回水管水温为 $t_b$（℃），密度为 $\rho_b$（kg/m³），系统内各点之间的距离分别用 $h_0$、$h$、$h_1$ 表示，假设图 3.5 的循环环路最低点的断面 A—A 处有一个假想阀门，若突然将阀门关闭，则在断面 A—A 两侧受到不同的水柱压力，这两侧所受到水柱压力之差就是驱使水进行循环流动的作用压力。

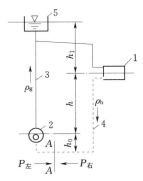

图 3.5　重力循环热水供暖
系统的工作原理图
1—散热器；2—热水锅炉；
3—供水管路；4—回水管路；
5—膨胀水箱

断面 A—A 左侧的水柱作用力为

$$P_L = g(h_0 \rho_b + h \rho_g + h_1 \rho_g) \tag{3.1}$$

断面 A—A 右侧的水柱作用力为

$$P_R = g(h_0 \rho_b + h \rho_h + h_1 \rho_b) \tag{3.2}$$

断面 $A$—$A$ 两侧之差 $\Delta P = P_R - P_L$，即系统内的作用压力，其值为

$$\Delta P = gh(\rho_b - \rho_g) \tag{3.3}$$

式中    $\Delta P$——自然循环系统的作用力，Pa；

   $g$——重力加速度，取 9.81，m/s²；

   $h$——锅炉中心到散热中心的垂直距离，m；

   $\rho_g$——供水热水的密度，kg/m³；

   $\rho_b$——冷却后回水的密度，kg/m³。

  由式（3.3）可知，重力循环热水采暖系统运行效果的优劣，主要取决于冷、热水之间的密度差（水温度差）和锅炉中心到散热器中心的垂直距离。这个高度差越大，产生的作用压力越大，水循环得越快。因此，在建筑物中，锅炉尽可能安装在较低的位置，如地下室内。除了容重差和高度差之外，为满足系统的正常运行，还必须注意管道的敷设坡度，以保证系统中的空气能够顺利排除。

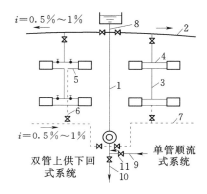

图 3.6　重力循环热水供暖系统
1—总立管；2—供水干管；3—供水立管；
4—散热器供水支管；5—散热器回水支管；
6—回水立管；7—回水干管；8—膨胀水箱连接管；9—充水管（接上水管）；
10—泄水管（接下水道）；11—止回阀

  重力循环热水采暖系统主要由锅炉、供回水管道、散热器及膨胀水箱等部分组成。如图 3.6 所示，图 3.6 左侧为重力循环双管上供下回式热水采暖系统，图 3.6 右侧为重力循环单管上供下回式热水采暖系统。

  在重力循环双管系统中应注意水力失调的问题。由于各层散热器与锅炉间形成独立的循环，因而随着从上层到下层，散热器中心与锅炉中心的高差逐渐减小，各层循环压力也出现由大到小的现象，上层作用压力较大，因此流过上层散热器的热水流量大于实际需求量，流过下层散热器的热水流量小于实际需求量。这样会造成上层温度偏高，下层温度偏低。楼层越多，失调现象越严重。由于自然压头的数值很小，所以能克服的管路阻力也很小，为了保证输送所需的流量，又避免系统的管径过大，则要求作用半径（总立管至最远立管的水平距离）不宜超过 50m。

  而在重力循环单管系统中，由于各层的冷却中心串联在一个环路上，从上到下逐渐冷却过程所产生的压力可以叠加在一起形成一个总的作用压力，因此单管系统不存在垂直失调问题。即使最底层的散热器低于锅炉中心，也可以使水循环流动。但在单管系统中，存在从上到下各楼层散热器的进水温度不同，且每组散热器的热媒流量不能单独调节的弊端。

  因此，重力循环系统适用范围较小。只有建筑物占地面积较小，且可能有在地下室、半地下室或就近较低处设置锅炉时，才可采用重力循环热水采暖系统。

### 3.2.3　机械循环采暖系统

  机械循环热水采暖系统与重力循环热水采暖系统的主要区别是在系统中设置了循环水泵，水在系统中靠水泵的机械能强制循环。在机械循环系统中，由于水泵所产生的作用力

很大，能克服较大的管路阻力和水的重力，因而供暖范围很大。机械循环热水供暖系统可用于单幢建筑物、多幢建筑物，甚至为区域热水供暖。

1. 上供下回式采暖系统

供水干管布置在所有散热器上方，而回水干管在所有散热器下方。因此，称为上供下回式热水采暖系统，如图 3.7 所示。

图 3.7 左侧为机械循环双管上供下回式热水采暖系统示意图，该系统与每组散热器连接的立管均为 2 根，热水平行地分配给所有散热器，散热器流出的回水直接流回锅炉。在这种系统中，水在系统内循环主要依靠水泵所产生的压头，但同时也存在着自然压头，它使流过上层散热器的热水量多于实际需要量，并使流过下层散热器的热水量少于实际需要量。从而造成上层房间温度偏高，下层房间温度偏低的"垂直失调"现象。随着层数的增多，垂直失调现象愈加严重。因此，双管系统不宜在 4 层以上的建筑物中采用。

图 3.7 右侧为机械循环单管上供下回式热水采暖系统示意图。与每组散热器连接的立管只有 1 根，热水自上而下顺序流过各层散热器，经回水干管流向循环水泵，返回锅炉。在单管系统中，根据散热器与立管连接的方式又分为顺流式（串联）和跨越式（并联）。

单管式系统的优点是节省立管，安装方便，不会因自然压头的存在造成水力失调。单管式系统的缺点是下层房间散热器的供水温度低，需要的散热器片数多；单管系统用顺流式接法时，不能对某个房间进行单独调节。本系统适用于学校、办公楼、集体宿舍等公共建筑。

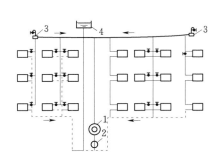

图 3.7 机械循环上供下回热水采暖系统
1—热水锅炉；2—循环水泵；
3—集气装置；4—膨胀水箱

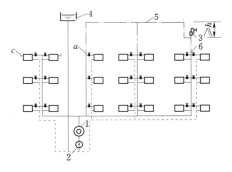

图 3.8 机械循环下供下回式采暖系统
1—热水锅炉；2—循环水泵；3—集气罐；
4—膨胀水箱；5—空气管；6—冷风阀

2. 机械循环双管下供下回式热水采暖系统

图 3.8 为机械循环双管下供下回式热水采暖系统示意图。在这种系统中，供水干管和回水干管均敷设在底层散热器之下。系统中的空气要靠上部集气罐排除。在设有地下室的建筑物或者在平屋顶建筑顶棚下难以布置供回水干管的场所，可以采用下供下回式采暖系统。在这种系统中，"水力失调"现象有一定程度的改善。这种系统适用于室温有调节要求且顶层不能敷设干管时的四层以下建筑。

### 3. 机械循环单管水平式热水采暖系统

图 3.9 为机械循环单管水平式热水采暖系统示意图，图中的上层为顺流式（串联），下层为跨越式（并联）。

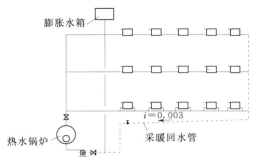

图 3.9　机械循环单管水平式热水采暖系统

这种系统具有构造简单、节省管材、便于施工等优点。水平式系统的排气方式要比垂直式上供下回系统复杂一些，需要在散热器上设置排气阀分散排气或者在同一层散热器上部串联一根空气管集中排气。

系统在上、下层环路中仍然存在自然压差，但由于各种水平环路较长，阻力较大且上层较下层管线稍长，自然压头的影响相对较小。该系统的缺点是：若水平串联的散热器组

数过多时，后面散热器内的水温相对过低，需增加散热器的片数。此外，在间歇供热时，管道与散热器接头处容易漏水，而且排气不便。水平式系统适用于单层建筑或者不能过多设置立管的多层建筑，比如实行分户计量热量的住宅建筑。

### 3.2.4　同程式与异程式系统

在采暖系统中，通过热水在循环环路中不断流动，把热量输送到各个房间，达到采暖的目的。循环环路是指热水从锅炉流出，经供水管到散热器，再由回水管流回到锅炉的环路。在前面介绍的各个系统中，如图 3.6 等图例中，通过各立管所构成的循环环路的管道总长度是不相等的，因此都称为"异程系统"。靠近总立管的循环环路较短；而远离总立管循环环路相对较长。因此造成各个环路的水头损失不完全相等，最远环路与最近环路之间的压力损失相差较大，压力平衡比较困难，最终会导致热水流量分配失调，靠近总立管的供水量过剩，系统末端供水不足的现象。

同程式机械循环热水采暖系统，如图 3.10 所示，各循环环路的热水流程长短基本相等，称为同程式热水采暖系统。增加回水管长度，使每个循环环路的总长度近似相等，因此每个环路水头损失也近似相等，这样环路间的压力损失易于平衡，热量分配也可以达到设计要求。因此在较大建筑物中，当采用异程式系统压力难以达到平衡时，可采用同程式系统。但是，同程式系统对管材的需求量较大。因此，系统管道初投资相对较大。

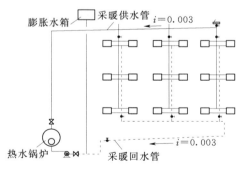

图 3.10　同程式热水采暖系统图

### 3.2.5　热水采暖系统的特点及有关问题

热水采暖系统相对于蒸汽采暖系统蓄热能力较大，系统热得慢，冷得也慢，室内温度相对比较稳定。在低温热水采暖系统中，散热器表面温度较低，不易烫伤人。同时，散热器上的尘埃也不易升华，卫生条件较好。

在热水采暖系统中，为保证系统的正常运行和采暖效果，需要注意以下问题：

（1）水的热膨胀问题。热水采暖系统在工作时，系统中的水在锅炉加热的过程中会发生体积膨胀。因此，应在系统的最高点设置膨胀水箱用以贮存这些膨胀的水量。膨胀水箱的有效容积应经过计算确定。膨胀水箱要与回水管连接，在膨胀水箱下部接检查管，将检查管引至锅炉房，以便检查水箱内是否有水。溢流管也要引至锅炉房，系统充水时可检查系统是否灌满。

（2）排气问题。在热水采暖系统中，如果有空气积存在散热器内，将减少散热器有效散热面积；如果积聚在管中就可能形成空气塞，堵塞管道，影响热水循环，造成系统局部不热。此外，空气与钢管内表面接触会引起锈蚀，缩短管道寿命。

为了及时排除系统中的空气，保证系统的正常运行。供水干管应按水流方向设置上升坡度，使气泡沿水流方向汇集到系统最高点的集气罐，再经自动排气阀将空气排出系统。管道坡度通常为 0.003。

# 3.3  蒸 汽 采 暖 系 统

水在汽化时吸收汽化潜热，而水蒸气在凝结时要放出汽化潜热。蒸汽采暖系统以蒸汽为热媒，利用蒸汽在散热器中凝结时放出的汽化潜热向房间供热，凝结水再返回锅炉重新加热。蒸汽供暖系统由热源、散热设备、冷凝水回收设备、蒸汽管路和凝结水管等组成。

根据蒸汽压力的不同，蒸汽采暖系统可分为低压蒸汽采暖系统、高压蒸汽采暖系统和真空蒸汽采暖系统三种方式。当系统蒸汽压力不大于 70kPa 时，称为低压蒸汽采暖系统；当系统蒸汽压力大于 70kPa 时，称为高压蒸汽采暖系统；当系统中的蒸汽压力低于大气压时，称为真空蒸汽采暖系统。

根据回水方式的动力不同，低压蒸汽采暖系统又可分为重力回水和机械回水。高压蒸汽采暖系统采用机械回水方式。

按照干管的布置不同，蒸汽采暖系统分为上供、中供、下供三种方式。

按照立管的布置数量不同，分为单管式和双管式。蒸汽采暖系统大多数采用双管式。

## 3.3.1  低压蒸汽采暖系统

重力回水低压蒸汽采暖系统。如图 3.11 所示，图 3.11（a）是上供下回式，图 3.11（b）是下供下回式。锅炉加热后产生的蒸汽，在自身压力作用下，克服系统阻力，沿管道系统送进散热器内，并将积聚在供汽管道和散热器内的空气压入凝水管，最后经排气管排出。蒸汽在散热器内冷凝放热后变成冷凝水。冷凝水靠重力作用返回锅炉，被重新加热后变成蒸汽，再次送入采暖系统。

重力回水低压蒸汽采暖系统形式简单，不需要设置凝结水泵，运行时不耗电，宜在小型采暖系统中使用。

机械回水低压蒸汽采暖系统，如图 3.12 所示为双管上供下回式蒸汽采暖系统示意图。锅炉产生的蒸汽经蒸汽总立管、干管、分立管后进入散热器，在散热器内放出热量凝结成水，凝结水则沿立管、干管流回凝结水箱，然后由凝结水泵将水压入锅炉。

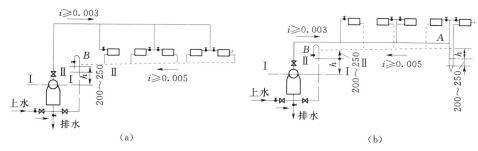

图 3.11    重力回水图低压蒸汽采暖系统（单位：mm）
(a) 上供下回式；(b) 下供下回式

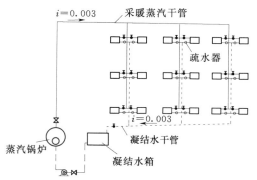

图 3.12    双管上供下回式蒸汽采暖系统

蒸汽沿管道流动时，由于热量向管外散失，因此会有部分蒸汽凝结成水，称为沿途凝结水。为了顺利排除沿途凝结水，蒸汽干管沿蒸汽流动方向要有 0.002～0.003 的坡度。一般情况下，沿途凝结水流经散热器后排入冷凝水管，最后汇入凝结水箱。为防止蒸汽进入凝结水管道，影响采暖效果，回水系统必须装设疏水装置，以便顺利排除系统中的凝结水。

相对于重力回水低压蒸汽采暖系统，机械回水扩大了供热范围，在供热范围较大的采暖系统应用广泛。

凝结水箱的有效容积应按 0.5～1.5h 凝结水量计算，凝结水水泵应在 30min 内把凝结水箱中的全部凝结水送回锅炉。为保证水泵能正常工作，防止凝结水汽化，凝结水泵应低于凝结水箱，其高差取决于凝结水的温度。当凝结水温度低于 70℃时，它们的高差为 0.5m 即可。

管道中高速流动的蒸汽推动沿途凝结水会产生浪花或水塞，浪花和水塞与弯头、阀门等管件相撞，将产生振动和巨响，称为"水击"现象。在蒸汽采暖系统中，减少"水击"现象的主要方法有：适当降低蒸汽的流速；及时排除沿途凝结水，并尽量使蒸汽管中的凝结水与蒸汽同向流动。

### 3.3.2　高压蒸汽采暖系统

高压蒸汽采暖系统蒸汽的温度、压力都比较高。因此，在采暖热负荷相同的条件下，高压蒸汽采暖系统的管径和散热器片数都小于低压蒸汽采暖系统。高压蒸汽采暖系统散热器表面温度较高，容易烫伤人和烤焦有机灰尘而污染空气。所以，这种系统多用于工业厂房。

图 3.13 所示为高压蒸汽采暖系统图。

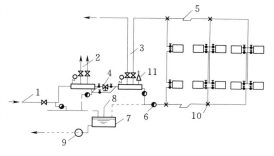

图 3.13    高压蒸汽采暖系统
1—室外蒸汽管；2—室内高压蒸汽供热管；3—室内
高压蒸汽供暖管；4—减压装置；5—补偿器；
6—疏水器；7—开式凝水箱；8—空气管；
9—凝水泵；10—固定支点；11—安全阀

高压蒸汽从室外干管引入，在建筑物入口处设减压装置，把锅炉房供给的高压蒸汽降低。高压蒸汽在散热器内放出热量后凝结成水，凝结水经疏水器后，由凝结水管道流回到锅炉房。高压蒸汽采暖系统在启动和停止过程中，管道温度变化较大，应考虑采用自然补偿装置或设置补偿器来解决管道的热胀冷缩问题。

### 3.3.3 真空蒸汽采暖系统

在真空蒸汽采暖系统中，蒸汽的饱和温度低于100℃，且蒸汽压力越低，蒸汽的饱和温度也就会越低。这种系统虽满足卫生要求，但由于系统压力低于大气压力，所以一旦系统稍有缝隙，空气就会大量进入，破坏系统的正常工作。因此系统要求的密封性很高，需要有抽气设备和专门保持真空的自控设备。这使得真空蒸汽采暖系统应用范围不广。

### 3.3.4 蒸汽采暖和热水采暖的选择

采暖系统热媒的选择应根据热媒的特性、卫生、经济、使用性质、地区采暖规划等条件来确定，见表3.1。

表 3.1                 采暖系统热媒的选择

| 建筑物种类 | 采暖系统热媒 | |
| --- | --- | --- |
| | 适宜采用 | 允许采用 |
| 居住建筑、医院、幼儿园、托儿所等 | ≤95℃的热水 | (1) ≤110℃的热水；<br>(2) 低压蒸汽 |
| 办公楼、学校、展览馆等 | (1) ≤95℃的热水；<br>(2) 低压蒸汽 | ≤110℃的热水 |
| 车站、食堂、商业建筑等 | (1) ≤130℃的热水；<br>(2) 低压蒸汽 | 高压蒸汽 |
| 一般俱乐部、影剧院等 | (1) ＞110℃的热水；<br>(2) 低压蒸汽 | ≤130℃的热水 |

蒸汽采暖系统与热水采暖系统相比，存在以下优点与不足。

蒸汽采暖系统的优点是：

（1）蒸汽采暖系统加热房间温度迅速。蒸汽采暖系统的热惰性小，系统的加热和冷却都很快，它适用于间歇供暖的场所，如剧院、会议室等。

（2）蒸汽采暖系统对设备的承压要求不高。蒸汽质量体积大、容重小，因此不会像热水采暖系统一样，给系统带来很大的静压。

（3）蒸汽采暖系统需要的散热设备少。在一般热水采暖系统中，供水温度为95℃，回水温度为70℃，热媒平均温度为82.5℃。而一般蒸汽采暖系统的热媒温度则不小于100℃。所以，蒸汽采暖系统所需的散热器片数要少于热水采暖系统。

（4）蒸汽采暖系统管道一次性投资少。蒸汽汽化潜热比每千克水在散热器中靠降温放出的热量要大得多。因此，对相同热负荷，蒸汽采暖系统的蒸汽流量比热水采暖系统所需的热水流量要少得多。蒸汽采用的流速较高。因此，可采用较小管径的管道。从管道初投资方面比较，蒸汽采暖系统比热水采暖系统经济。

蒸汽采暖系统的缺点是：

（1）蒸汽采暖系统维护管理困难。蒸汽与凝结水状态变化较大，使得蒸汽采暖系统设计和运行管理会出现困难，处理不当时，系统中易出现蒸汽的"跑、冒、滴、漏"，造成能源的浪费，也影响系统设备的正常运行工作。

（2）蒸汽采暖系统卫生条件差。热水采暖系统的散热器表面温度低，供热均匀；蒸汽采暖系统的散热器表面温度高，容易使有机灰尘剧烈升华，卫生状况较差。因此，对卫生要求较高的建筑物，如住宅、学校、医院、幼儿园等，不宜采用蒸汽采暖系统。

（3）蒸汽采暖系统使用年限短。对于蒸汽采暖系统，工作时管道里面充满蒸汽，停止工作时又充满空气。管道内壁腐蚀快，系统使用年限较短。

（4）蒸汽采暖系统房间供暖温度波动大。蒸汽采暖系统由于系统的热惰性小，供气时热得快，停气时冷得也较快，因此，非常适用于人群短时间迅速集散，需要间歇调节的建筑，由于间歇调节会使房间温度波动较大，因此不适用于有人长期停留的建筑物。

## 3.4　热风采暖系统

热风采暖系统是以空气作为热媒。将空气加热后送入室内，与室内的空气进行混合换热，达到加热房间、维持室内气温、满足使用要求的目的。

在热风采暖系统中，空气可以通过热水、蒸汽或高温烟气来加热。热风采暖的热媒宜采用 0.1～0.3MPa 的高压蒸汽或不低于 90℃ 的热水。也可以采用燃气、燃油或电加热，但应符合国家现行标准《城镇燃气设计规范》（GB 50028—2015）和《建筑设计防火规范》（GB 50016—2014）的要求。

热风采暖具有作用范围大、散热量大、热惰性小、造价低、升温快、温度梯度较小、设备简单等优点，可以与送风相结合，是比较经济的采暖方式之一。暖风机采暖是靠强迫对流来加热周围的空气，与一般散热器采暖相比，消耗电能较多、维护管理复杂、噪音大、费用高。

热风采暖系统与通风系统结合后，可兼有通风换气系统的作用。在既需要采暖又需要通风换气的建筑物内，通常与送风相结合，可采用热风采暖系统；在产生有害物质很少的工业厂房中，广泛应用暖风机来采暖；在人们短时间内聚散，需及时调节温度的建筑物，如影剧院、体育馆等，也广泛采用热风采暖系统。由于防火、防爆和卫生要求必须采用全新风的车间等也适用热风采暖系统。在房间空间比较大、对噪音无严格要求、需要散热器数量较多而难以布置的情况下，可采用暖风机来补充散热器热负荷不足的部分，或利用散热器作为值班采暖，其余热负荷均由暖风机来承担。因此，热风采暖系统广泛用于大空间的工业和公共建筑。但是，对于散发大量有害气体或灰尘的房间，不宜采用集中送风采暖系统形式。

根据送风方式的不同，热风采暖有集中送风、风道送风及暖风机送风等几种基本形式。

根据空气来源不同，可分为直流式（即空气为新鲜空气，全部来自室外）、再循环式（即空气为回风，全部来自室内）和混合式（即空气由室内部分回风和室外部分新风组成）等采暖系统。

　　热风集中采暖系统是以大风量、高风速、采用大型孔口为特点的送风方式，它以高速喷出的热射流带动室内空气按照一定的气流组织强烈的混合流动，因而温度场均匀，可以大大降低室内的温度梯度，减少房屋上部的无效热损失，并且节省管道和设备等。

　　暖风机是由空气加热器、通风机和电动机组合而成的一种采暖通风联合机组。由于暖风机具有加热空气和传输空气两种功能，因此省去了敷设大型风管的麻烦。

　　图 3.14 所示为 NC 型轴流式暖风机，它是由风机、电动机、空气加热器、百叶等组成，可悬挂或用支架安装在墙上、柱子上，也叫悬挂式暖风机。

　　图 3.15 为 NBL 型暖风机的外形图。这种大型暖风机的风机不同于小型暖风机的轴流式风机，它采用的是离心式风机。因此，它具有射程长、风速高、送风量大、散热量大的特点（每台暖风机散热量在 200kW 以上）。这种暖风机可以直接放在地面上，故又称为落地式暖风机。

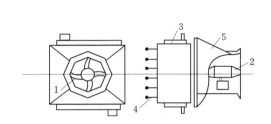
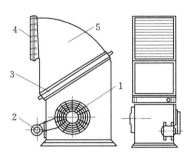

图 3.14　小型（NC）暖风机　　　　　　图 3.15　NBL 型暖风机
1—风机；2—电动机；3—空气加热器；　　1—风机；2—电动机；3—空气加热器；
4—百叶格；5—支架　　　　　　　　　　4—百叶格；5—支架

# 3.5　辐 射 采 暖 系 统

## 3.5.1　辐射采暖系统概念与分类

　　利用房间内的墙、地面、顶棚等表面或其他专门的辐射板（器），对该房间进行供暖，来达到整个房间或局部工作地点采暖要求，且辐射传热成分占总传热量 50% 以上的供暖系统，称为辐射采暖系统。

　　辐射采暖技术于 20 世纪 30 年代开始，在发达国家主要应用于一些高级住宅。由于它具有卫生、经济、节能、舒适等一系列优点。因使用效果比较好，很快就被人们所接受而得到迅速推广。在我国建筑设计中近年来辐射采暖方式也逐步推广应用，特别是低温热水地板辐射采暖技术，在我国北方广大地区已有相当规模的应用。

　　辐射采暖的热媒可用热水、蒸汽、空气、电和可燃气体或液体（如人工煤气、天然气、液化石油气等）。根据所用热媒的不同，辐射采暖可分为：

　　（1）低温热水式。热媒水温度低于 100℃（民用建筑的供水温度不大于 60℃）。

　　（2）高温热水式。热媒水温度等于或高于 100℃。

　　（3）蒸汽式。热媒为高压或低压蒸汽。

（4）热风式。以加热后的空气作为热媒。

（5）电热式。以电热元件加热特定表面或直接发热。

（6）燃气式：通过燃烧可燃气体或液体经特制的辐射器发射红外线。

根据表面温度的不同分为低温辐射供暖系统，即辐射板面温度低于 80℃ 的采暖系统；中温辐射供暖系统，即辐射板面温度一般为 80～200℃ 的采暖系统；高温辐射供暖系统，即辐射板面温度高于 500℃ 的采暖系统；根据供暖范围的大小分为全面辐射供暖系统、局部辐射供暖系统和单点辐射供暖系统。由于辐射采暖同时存在着辐射与对流热交换的作用，具有辐射强度和温度的双重作用，形成了真正符合人体散热要求的热环境，满足人体散热的要求，舒适感较好，并且卫生和节能。因此，是一种较好的供暖方式。除其中的低温辐射供暖系统的初投资要比对流供暖系统高约 10％～25％ 外，其他形式的初投资和运行费用，均比对流供暖系统低得多。

### 3.5.2　低温辐射采暖的特点

低温辐射供暖系统由埋设在建筑物墙、地、平顶等维护结构内部的钢管、铜管或塑料管等材料做成盘管，管道内通以 38～82℃ 低温热水组成，系统表面辐射温度不大于 45℃。低温辐射供暖系统也可以利用埋设电热电缆或电热膜等做成热辐射表面。

1. 热效应高

在辐射采暖中，主要是以辐射方式来传播热量，但同时也伴随着对流形式的热传播。在辐射采暖房间内的人或物体，是在接受辐射强度与环境温度的双重作用所产生的热效应，所以衡量辐射采暖效果的标准，是实感温度（也称黑球温度或等感温度）。实感温度可以用黑球温度计来测得，也可以通过经验公式计算得出。它标志着在辐射采暖环境中，人或物体辐射和对流热交换综合作用时是以温度表示出来的实际感觉。在人体舒适性范围内，辐射采暖的实感温度比室内温度高出 2～4℃。

2. 舒适性好

在保持人体散失总热量一定时，适当减少人体的辐射散射而相应地增加一些对流散热，就会感到更舒适。辐射采暖时，由于人体和物体直接受到辐射热，而室内地板、墙面及物体的表面温度比对流采暖时高，使得人体对外界的有效辐射散热会减弱，又由于辐射采暖室内空气温度比对流采暖环境空气温度低，所以相应地加大了一些人体的对流散热，与人体的生理要求相吻合，感到更加舒适。

在建筑工程中，一般选用预制楼板或现浇楼板，其隔音效果较差，楼上人走动或物品掉落地上，就会影响楼下。如果采用地板辐射采暖系统，则采暖系统的保温层具有非常好的隔音效果。因为系统内水流速度较慢，地板采暖过程中几乎没有噪音。

室内地板均匀地向室内辐射热量，空间温度自下而上温度均匀逐渐递减，符合人体生理要求，舒适性好。

3. 卫生条件好

辐射采暖时，室内空气平均流速低于散热器采暖，不会导致空气对流所产生的尘埃飞扬及积尘，可减少墙面物品或空气污染，环保卫生。

4. 能源消耗低

地板辐射采暖的实感温度比室内温度高出 2～4℃，住宅室内温度每降低 1℃，可节约燃料 10%。因此辐射采暖设计的室内计算温度可比对流采暖时低（高温辐射可降低 5～10℃）。一般情况下，建筑物总的耗热量可减少 5%～20%。其室内温度梯度比对流采暖时小，大大减少了屋内上部的热损失，使得热压减少，冷风渗透量也减小。16℃ 的设计温度可达到一般采暖 20℃ 的采暖效果。

5. 使用方便

辐射采暖管道全部埋在顶棚、地面或墙面内，可使建筑物的有效使用面积也增加 3%。采暖管道埋入地面的混凝土内，使用寿命一般在 50 年以上，节约了维修费用。

对于全面使用辐射采暖的建筑物，由于围护结构内表面温度均高于室内空气的露点温度，因此可避免围护结构内表面因结露、潮湿而出现发霉、脱落的现象，使建筑物更加美观，延长了建筑物的使用寿命。

6. 初投资大

由于建筑物辐射散热表面温度有一定限制，热媒温度不可过高。如地面式为 24～30℃，墙面式为 35～45℃，顶棚式为 28～36℃。因此，在相同热负荷条件下，低温辐射采暖系统则需要较多的散热板数量，初投资较大。

7. 维护不便

这种系统的埋管与建筑结构结合在一起，使结构变得更加复杂，施工难度增大，维护检查也不方便。

### 3.5.2.1 低温热水地板辐射采暖

低温辐射采暖是把加热管直接埋设在建筑物构件内而形成散热面，散热面的主要形式有顶棚式、墙面式和地面式等。低温地板辐射采暖的一般做法是，在建筑物地面结构层上，首先铺设高效保温隔热材料，而后用 DN15 或 DN20 的水管，按一定管间距固定在保温材料上，最后回填碎石混凝土，经夯实平整后再做地面面层，如图 3.16 所示。其热媒

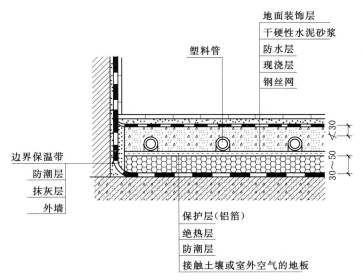

图 3.16 低温热水地板辐射采暖地面做法示意图（单位：mm）

为低温热水,供水温度一般为 40~60℃,供回水温差为 6~10℃。管道一般布置为蛇形管的形状,可以采用新型塑料管、铝塑复合管。原则上采取一个房间为一个环路,大房间一般以房间面积 20~30m² 为一个环路,视具体情况可布置多个环路。每个分支环路的盘管长度宜尽量接近,一般每根 60~80m,最长不超过 120m。

地面结构一般由结构层(楼板或土壤)、绝热层(上部敷设按一定管间距固定的加热管)、填充层、防水层、防潮层和地面面层(如天然石材、地砖、木地板等)组成。绝热层主要用来控制热量单方向传递,填充层用来埋置保护加热管并使地面温度均匀,地面面层指完成的建筑地面。当楼板基面比较平整时,可省略找平层,在结构层上直接铺设绝热层。直接与室外空气或不采暖房间接触的楼板、外墙内侧周边,也必须设绝热层。与土壤相邻的地面,必须设绝热层,并且绝热层下部应设防潮层。对于潮湿房间如卫生间、厨房和游泳池等,在填充层上宜设置防水层。为增强绝热板材的整体强度,并便于安装和固定加热管,有时在绝热层上还敷设玻璃布基铝箔保护层和固定加热管的低碳钢丝网。

绝热层的材料如采用聚苯乙烯泡沫塑料板时,楼板上的绝热层厚度不宜小于 30mm(住宅受层高限制时不应小于 20mm),与土壤或室外空气相邻的地板上的绝热层厚度不宜小于 40mm,沿外墙内侧周边的绝热层厚度不应小于 20mm。

填充层的材料应采用 C15 细石混凝土,粒径不宜大于 12mm,并宜掺入适量的膨胀剂。地面荷载大于 20kN/m² 时,应对加热管上方的填充层采取加固构造措施。

地板采暖管道一般采用塑料管。塑料管均具有耐老化、耐腐蚀、不结垢、承压高、无污染、沿程阻力小、容易弯曲、埋管部分无接头、易于施工。

低温热水地板辐射采暖系统的构造形式分户热量计量系统基本相同,只是在户内加设了分、集水器。当集中采暖热媒温度超过低温热水地板辐射采暖的允许温度时,可设集中的换热站。如将分户热量计量对流采暖系统改装为低温热水地板辐射采暖系统的用户,可以在户内入口处加热交换机组的系统。

低温地板辐射采暖的楼内系统一般通过设置在户内的分水器、集水器与户内管路系统连接。分、集水器常组装在一个分、集水器箱体内(图 3.17),每套分、集水器宜接 3~5 个回路,最多不超过 8 个。分、集水器宜布置于厨房、盥洗间、走廊两头等既不占用主要使用面积,又便于操作的部位,并留有一定的检修空间,且每层安装位置应相同。卫生间一般采用散热器采暖,自成环路,采用类似光管式散热器的干手巾架与分、集水器直接连接。为了减少流动阻力和保证供、回水温差不致过大,加热盘管均采用并联布置。

埋地盘管的每个环路宜采用整根管道,中间不宜有接头,防止渗漏。加热管的间距不宜大于 300mm。PB 和 PE-X 管转弯半径不宜小于 6 倍管道外径,其他管材不宜小于 5 倍管道外径,以保证水路畅通。

为防止热膨胀导致地面龟裂和破损。一般当采暖面积超过 30m² 或长边超过 6m 时,填充层应设置间距不大于 6m、宽度不小于 5mm 的伸缩缝,缝中填充弹性膨胀材料。加热管穿过伸缩缝处宜设长度不小于 100mm 的柔性套管。沿墙四周 100mm 均应设伸缩缝,其宽度为 5~8mm,在缝中填充软质闭孔泡沫塑料。为防止密集管路胀裂地面,管间距小于 100mm 的管路应外包塑料波纹管。

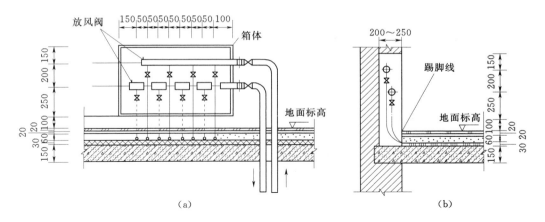

图 3.17　低温热水地板辐射采暖系统分、集水器安装示意图（单位：mm）

（a）分、集水器安装正视图；（b）分、集水器安装侧视图

### 3.5.2.2　低温辐射电热膜采暖

低温辐射电热膜采暖方式是以电热膜为发热体，大部分热量以辐射方式散入采暖区域。它是一种通电后能发热的半透明聚酯薄膜，由可导电的特制油墨、金属载流条经印刷、热压在两层绝缘聚酯薄膜之间制成的。电热膜工作时表面温度为 40～60℃，通常布置在顶棚上（图 3.18）或地板下（图 3.19）或墙裙、墙壁内，同时配以独立的温控装置。

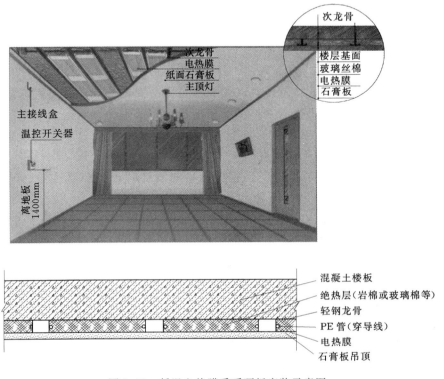

图 3.18　低温电热膜采暖顶板安装示意图

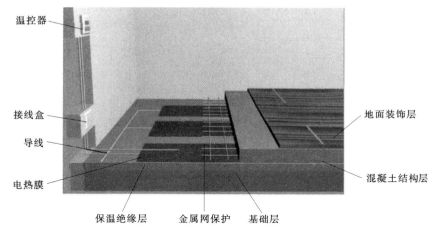

温控器

接线盒

导线

电热膜

地面装饰层

混凝土结构层

保温绝缘层    金属网保护    基础层

图 3.19    低温电热膜地面采暖

低温辐射电热膜系统由电源、温控器、连接件、保温层、电热膜及饰面层等构成。电源经导线连通电热膜，将电能转化为热能。由于电热膜为纯电阻元件，故其转换效率高，除一小部分损失外，绝大部分被转化为热能。低温辐射电热膜的工作温度在 50℃ 以下，以红外线辐射的形式向室内供暖。电热膜产生的 $9.5\mu m$ 的红外线辐射热，首先加热房间的密实物体（如墙壁、地板、家具），然后再由这些密实物体均匀向室内散发热量，由于辐射供暖时室内温度分布比传统供暖时均匀，居室四壁表面温度提高，减少了墙壁对人体的冷辐射，使人体具有最佳的舒适感，如同冬天里的阳光一样给人温暖、舒适的感觉。低温辐射电热膜采暖可用于工业与民用建筑内。

### 3.5.2.3    低温发热电缆采暖

低温辐射发热电缆采暖系统由发热电缆和温控器两部分组成，发热电缆铺设于地面中，温控器安装于墙面上。发热电缆是一种通电后发热的电缆，它由实心电阻线（发热体）、绝缘层、接地导线、金属屏蔽层及保护套构成。通常采用地板式，将发热电缆埋设于混凝土中，如图 3.20 所示。

当室内环境温度或地面温度低于温控器设定的温度时，温控器接通电源，发热电缆通电后开始发热升温，发出的热量被覆盖着的水泥层吸收，然后均匀地加热室内空气，还有一部分热量以远红外辐射的方式直接释放到室内。该种方式的采暖系统把整个地面作为散热器，室内温度上层低而下层高，有足温而头凉的感觉，使人们感到舒适而自然。

### 3.5.3    中温辐射采暖

中温辐射采暖系统是指主要依靠辐射传热方式进行热传递，且辐射表面温度在 80～200℃ 范围以内的供暖系统。中温辐射采暖使用的散热设备通常都是钢制辐射板。按照钢制辐射板长度的不同可分为块状和带状两种类型。

钢制辐射板构造简单，制作维修方便，比普通散热器节省金属约 30%～70%。钢制

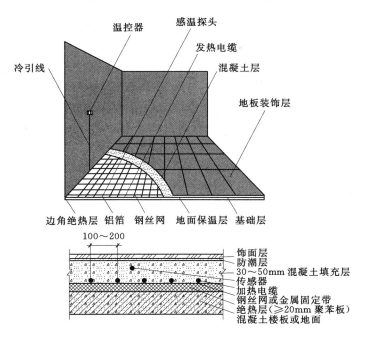

图 3.20　低温发热电缆辐射采暖安装示意图

辐射板采暖适用于高大的供暖房间，如工业厂房、冷加工车间等；大空间的公共建筑，如商场、展厅、车站等建筑物。

### 3.5.4　高温辐射采暖

主要利用红外线依靠辐射传热方式进行热传递，且辐射表面的温度大于 500℃ 的供暖系统。根据红外线生成源的不同分为电气红外线辐射器和燃气红外线辐射器等。前者主要应用于局部供暖系统和医学治疗方面；后者既适用于全面辐射供暖系统，也适用于局部辐射供暖系统和单点辐射供暖系统。

电气红外线辐射采暖设备多采用石英管或石英灯辐射器。石英管红外线辐射器的辐射温度可达 990℃，其中，辐射热占总散热量的 78%。石英灯辐射器的辐射温度可达 2232℃，其中，辐射热可以占到总散热量的 80%。

燃气红外线辐射器采暖是利用可燃气体或液体通过特殊的燃烧装置进行无焰燃烧，形成 800～900℃ 的高温，向外界发射出波长为 2.7～2.47μm 的红外线，在采暖空间或工作地点产生良好的热效应。它具有构造简单、辐射强度高、外形尺寸小、操作简单等优点。可用于工业厂房或一些局部工作地点的采暖。但使用中应注意采取相应的防火、防爆和通风换气等措施，图 3.21 为燃气红外线辐射器构造图。

燃气红外线辐射器是由具有一定压力的燃气经喷嘴喷出，由于速度高形成负压，将周围空气从侧面吸入，燃气和空气在渐缩的管形混合室内混合，再经过扩压管使混合物的部分动能转化为压力能。最后，通过燃烧板的细孔流出，在燃烧板表面均匀燃烧，从而向外界放射出大量的辐射热。

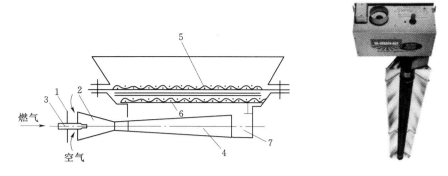

图 3.21　燃气红外线辐射器构造图

1—调节板；2—混合室；3—喷嘴；4—扩压管；5—多孔陶瓷板；6—气流分配板；7—外壳

# 3.6　供热系统热负荷与散热设备

## 3.6.1　室内采暖热负荷

### 3.6.1.1　采暖热负荷的概念

在寒冷的冬季，当建筑物或房间的失热量大于得热量时，室内温度不断降低。为了满足正常生产、工作和学习的需要，采暖房间要求维持一定的温度，这就需要采暖系统的散热设备放出一定的热量，维持房间内得热量和失热量的平衡。对于一般民用建筑和产生热量很少的车间，可认为房间得热量为零，失热量包括由于室内外温差引起的围护结构的耗热量，加热由门、窗缝隙渗入室内的冷空气的耗热量和加热由门、孔洞和其他生产车间进入的冷空气耗热量。

采暖系统的设计热负荷，是指在设计室外温度 $t_w$ 下，为了达到要求的室内温度 $t_n$，保持房间内的热量平衡时，采暖系统在单位时间内向建筑物供给的热量。冬季采暖系统的热负荷，应根据建筑物或房间的得热量和失热量确定。

失热量主要有：围护结构传热耗热量；加热由门、窗缝隙渗入室内的冷空气的耗热量，即冷风渗透耗热量；加热由门、孔洞及相邻房间侵入的冷空气的耗热量，即冷风侵入耗热量；水分蒸发的耗热量；加热由外部运入的冷物料和运输工具的耗热量；通风系统将空气从室内排到室外所带走的热量，即通风耗热量等。

得热量主要有：太阳辐射进入室内的热量；生产车间最小负荷班的工艺设备散热量；非供暖通风系统的其他管道和热表面的散热量；热物料的散热量等。

### 3.6.1.2　建筑物围护结构耗热量

围护结构的传热耗热量是指当室内温度高于室外温度时，通过围护结构向外传递的热量。一般应通过详细计算求得，当不需要详细计算时，也可用估算的方法求得。围护结构传热是很复杂的传热现象，它包括内表面吸热、结构材料导热和外表面放热 3 个基本过程。而这些过程又是由导热、对流和辐射 3 种基本传热方式组合而成的。

由于室外空气温度的变化具有随机性，供暖系统散热设备的放热也时有波动，通过围护结构的传热量随时间而变化，即发生了复杂的不稳定传热过程。不稳定传热的计算比较复杂，在工程计算中通常以某一稳定传热过程来代替实际的不稳定传热过程，这种代替会产生一定的误差，但却是一种简捷实用的计算方法。

**1. 围护结构耗热量的计算**

在工程设计中，计算采暖系统的设计热负荷时，常把它分成围护结构传热的基本耗热量和附加（修正）耗热量两部分进行计算。基本耗热量是指在设计条件下，通过房间各部分围护结构（门、窗、墙、地板、屋顶等）从室内传到室外的稳定传热量的总和；附加（修正）耗热量是指围护结构的传热状况发生变化时对基本耗热量进行修正的耗热量。

在计算耗热量时，应按照房间的朝向、材料结构和室内外温差的不同分别计算。对一侧不与室外空气直接接触的围护结构，当室内外温差大于 5℃ 时，亦应计算通过该围护结构的耗热量。在基本耗热量上再考虑由于朝向不同、风力大小不同及房间高度过高所引起的朝向、风力和房间高度修正。

（1）基本耗热量。稳定传热条件下，围护结构的基本耗热量的计算公式为

$$Q = \sum KF(t_n - t_w)\alpha \tag{3.4}$$

式中　$Q$——围护结构的基本耗热量，W；

$K$——围护结构的传热系数，W/(m²·℃)；

$F$——围护结构的传热面积，m²；

$t_n$——冬季室内设计温度，℃；

$t_w$——供暖室外计算温度，℃；

$\alpha$——温差修正系数，当计算的围护结构不是直接与室外接触时，传热温差小于 $(t_n - t_w)$ 用 $\alpha$ 进行修正，$\alpha$ 在 0.4～0.7 之间，见表 3.2。

表 3.2　　　　　　　　　　　　温差修正系数 $\alpha$ 值

| 维护结构特征 | $\alpha$ |
|---|---|
| 与不采暖房间相邻的隔墙 | |
| 不采暖房间有门窗与室外相通 | 0.7 |
| 不采暖房间无门窗与室外相通 | 0.4 |
| 不采暖地下室和半地下室的楼板（在室外地坪以上不超过 1.0m） | |
| 外墙上有窗 | 0.6 |
| 外墙上无窗 | 0.4 |
| 不采暖半地下室的楼板（在室外地坪以上超过 1.0m） | |
| 外墙上有窗 | 0.7 |
| 外墙上无窗 | 0.4 |

（2）附加耗热量。附加耗热量包括朝向修正、风力附加、外门开启附加、高度附加以及冷风渗透附加等。

1）朝向修正。主要是考虑太阳辐射热的影响对基本耗热量的修正。

北、东北、西北　　　　　　0～10%

东、西　　　　　　　　　　−5%

| | |
|---|---|
| 东南、西南 | $-10\% \sim -15\%$ |
| 南 | $-15\% \sim -30\%$ |

2）风力附加。当冬季室外平均风速 $L > 3\text{m/s}$ 时，应对垂直的外围护结构基本耗热量进行附加。

| | |
|---|---|
| 当 $L < 5\text{m/s}$ 时 | 2% |
| 当 $L \geqslant 5\text{m/s}$ 时 | 5% |

3）外门开启附加。主要考虑短时间开启外门，冷风侵入对门的基本耗热量的附加。

| | |
|---|---|
| 无门斗的单层门 | $65\%n$ |
| 有门斗的双层门 | $80\%n$ |
| 有两个门斗的三层门 | $60\%n$ |

$n$ 为建筑物层数。

4）高度附加。民用建筑和工业建筑（楼梯间除外）的高度附加率，房间高度大于 4m 时，每高出 1m 应附加 2%，但总的附加率不应大于 15%。

5）冷风渗透附加。在风压与热压的作用下，通过房间关闭着的门、窗缝隙，将产生室外空气向室内的渗漏。渗入冷风耗热量的计算公式为

$$Q = 0.279 C_p V \rho_w (t_n - t_w) \tag{3.5}$$

式中：$Q$——冷风渗透耗热量，W；

$C_p$——干空气的定压比热，$C_p = 1.0056 \text{ kJ/(kg} \cdot \text{℃)}$；

$V$——渗透空气的体积流量，可由缝隙法与换气次数法计算，$\text{m}^3/\text{h}$；

$\rho_w$——室外供暖计算温度下的渗透空气质量，$\text{kg/m}^3$；

$t_n$、$t_w$——室内、室外供暖计算温度，℃。

（3）室内计算温度。室内计算温度一般是指距地面 2m 以内的人们活动区域的平均温度。室内计算温度，主要决定于人体的生理热平衡。影响室内计算温度的因素有很多，如房间的用途、室内的潮湿情况和散热强度、劳动强度以及生活习惯、生活水平等。

当民用建筑物采用集中采暖时，主要采暖房间的室内计算温度可以按建筑物的等级采用不同的温度：

| | |
|---|---|
| 甲等高级民用建筑 | 20～22℃ |
| 乙等中级民用建筑 | 18～20℃ |
| 丙等普通民用建筑 | 16～18℃ |

对于工业企业的生产厂房，确定室内计算温度应考虑劳动强度的大小和生产工艺的要求，一般按下列规定采用：

| | |
|---|---|
| 轻作业 | 15～18℃ |
| 中作业 | 12～15℃ |
| 重作业 | 10～12℃ |

民用建筑和工业辅助建筑的室内计算温度以及工业厂房工作地点的温度可以参考有关手册。在工厂不生产的时间（节假日或下班后），为了保证车间内设备的润滑油和各种管路中介质不冻结，温度要求维持在 5℃ 的水平，这个温度叫做值班采暖温度。

（4）室外计算温度。对于某一地区来讲，采暖室外计算温度是某一固定数值，这一数

值的确定应保证采暖期内绝大多数时间，室内空气温度是维持在设计所要求的温度。室外计算温度的选用可以参考设计手册。我国制定的《工业建筑供暖通风与空气调节设计规范》（GB 50019—2012）中规定："采暖室外计算温度，应采用历年平均每年不保证 5 天的日平均温度"，这里采用"日平均温度"是考虑到一般围护结构都具有一定的热惰性，只有足够长时间的室外温度波动才能对室内温度的变化起到实质性的作用。

这一数值的确定应保证采暖期内绝大多数时间内，室内空气温度是维持在设计所要求的数值。当出现的极端最低室外气温时，由于围护结构的热惰性，短时间内室外温度的波动，在围护结构中衰减并且延滞了一段时间才影响到室内，或因衰减较大不影响室内。这种温度衰减与建筑物的维护结构传热系数有关，传热系数越低，温度衰减越大。所以，根据人体对温度的要求，短时间降低室内空气温度，即有一段时间是所谓的"不保证时间"是允许的。同时可以避免按照极端最低室外温度设计造成的设备投资浪费。

2. 围护结构耗热量的估算

（1）体积热指标法。对于工业建筑，可用单位体积采暖热指标来估算建筑物的热负荷，其计算公式为

$$Q = q_v V (t_n - t_w) \tag{3.6}$$

式中　$q_v$——建筑物的供暖体积热指标，$kW/(m^3 \cdot ℃)$；

　　　$V$——建筑物的外围体积，$m^3$；

　　　$t_n$——供暖室内计算温度，℃；

　　　$t_w$——供暖室外计算温度，℃。

各类建筑的供暖体积热指标 $q_v$ 可参考有关手册。

（2）单位面积热指标法。单位面积热指标是指单位时间内单位建筑面积的平均耗热量。这种方法适用于单设采暖系统的民用建筑，在选择采暖锅炉和室外供热管道时使用。由于各地的气温不同，所以应采取当地气候条件下的单位面积热指标，见表 3.3。

**表 3.3　　　　　　　　　　建筑物单位面积热指标　　　　　　　　单位：$W/m^2$**

| 建筑物名称 | 热指标 | 建筑物名称 | 热指标 |
|---|---|---|---|
| 住宅 | 47～70 | 商店 | 64～87 |
| 办公楼、学校 | 58～80 | 单层住宅 | 80～105 |
| 医院、幼儿园 | 64～80 | 食堂、餐厅 | 116～140 |
| 旅馆 | 58～70 | 影剧院 | 93～116 |
| 图书馆 | 47～76 | 大礼堂 | 116～163 |

### 3.6.2　散热设备

散热设备是以自然对流和辐射的方式向房间或空间供给热量，补充房间的热损失，以使室内保持需要的温度。散热设备包括散热器、暖风机等。散热器俗称暖气片，是目前我国大量使用的一类散热设备。下面主要介绍散热器。

散热器按加工材质分为铸铁、钢制和非金属散热器；按构造形状分为管型、翼型、柱

型和板式散热器；按换热方式分为普通型、对流型和辐射型散热器。最常使用的普通型散热器，该类型散热器辐射放热仅占 20％左右。

为满足使用的要求，要求散热器具有热工性能好、经济耐久、承压能力高、安装使用方便、加工工艺简单、卫生、美观等特点。在选择散热器时，应综合考虑以上因素。散热器一般布置在房间内的外墙窗下，以抵消窗面冷辐射和下降冷气流的影响。

1．散热器

（1）铸铁散热器。铸铁散热器是由铸铁浇铸而成，结构简单，具有耐腐蚀、使用寿命长、热稳定性好等特点。铸铁散热器被广泛应用于工业与民用建筑物中。常用的铸铁散热器有翼型和柱型两种。

1）柱型散热器。柱型散热器是呈柱状的单片散热器，每片各有几个中空的立柱相互连通，有二柱、四柱和五柱等几种形式。片与片之间可用正反螺丝来连接。根据散热面积的需要，可把各个单片组合在一起形成一组散热器，如图 3.22 所示。为满足安装和维护要求，每组片数不宜过多，一般二柱不超过 20 片，四柱不超过 25 片。我国目前常用的柱型散热器有带脚和不带脚两种片型，分别用于落地式安装和挂墙安装。柱型散热器传热系数高，外形也较美观，占地较少，易组成所需的散热面积，表面光滑，易于清扫。但是，也存在制造工艺复杂，劳动强度大的缺点。柱型散热器被广泛应用在住宅和公共建筑中。

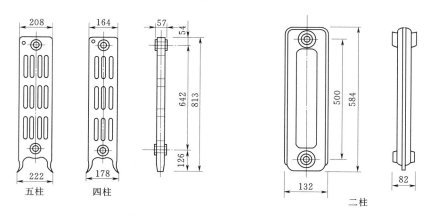

图 3.22　柱型散热器（单位：mm）

2）翼型散热器。翼型散热器外表面有许多肋片，分为圆翼型和方翼型两种。翼型散热器具有制造简单，耐腐蚀，造价低的特点。但是该种散热器存在承压能力低，易积灰，外形不很美观，不易组成所需散热面积的缺点。适用于散发腐蚀性气体的厂房和湿度较大的房间以及工厂中面积大而又少尘的车间。

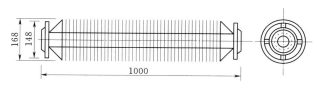

图 3.23　圆翼型散热器（单位：mm）

圆翼型散热器是在一根管道外面带有许多肋形片的铸件，如图 3.23 所示。按照管道内径的大小不同分为 50 和 75 两种规格。每根管长为 1m，可以用散热器两端的法兰与管道组合成所需要的形式。

长翼型散热器是一个外壳带有翼片的中空壳体。在壳体侧面的上、下端各有一个带丝扣的穿孔，可借正反螺丝把单个散热器组合起来。如图 3.24 所示。

这种散热器有两种规格，由于其高度为 600mm，习惯上称为"大 60"及"小 60"。"大 60"的长度为 280mm，带有 14 个翼片。"小 60"的长度为 200mm，带有 10 个翼片。除此之外，其他尺寸完全相同。

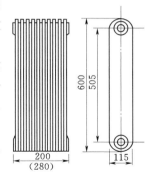

图 3.24 长翼型散热器
（单位：mm）

（2）钢制散热器。钢制散热器主要有钢串片对流散热器、钢板型、柱型、扁管型及光面排管型等几种类型。

钢串片对流散热器与铸铁散热器相比，具有体积小、重量轻、容易加工（由薄钢板压制焊接或钢管焊接而成）；耐压强度高（一般可达到 0.8～1.0MPa，而铸铁散热器只有 0.4～0.5MPa）；外形美观，便于布置；安装简单和维修方便的特点。其缺点是薄钢片间距密，不易清扫，容易被腐蚀，使用寿命较短。钢串片对流散热器是由钢管、钢片、联箱、放气阀及管接头组成。其结构示意图如图 3.25 所示。

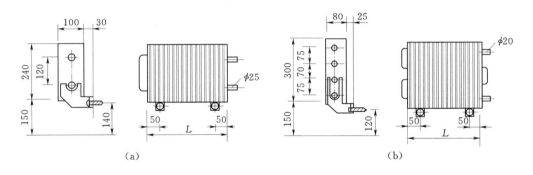

（a）                                （b）

图 3.25 钢串片散热器（单位：mm）
（a）240×100 型；（b）300×80 型

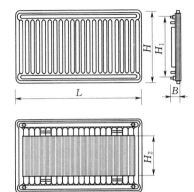

图 3.26 钢制板型散热器

钢制板型散热器有面板、背板、进出水口、放水口、固定套及上下支架等组成，如图 3.26 所示。散热器具有强度高，适于自动化生产线大批量生产；由于水道由全自动冲压及点焊制成，内部清洁；重量轻、外观精美；舒适性好的优点。钢制板型散热器适用于实行分户热计量和分室控温的建筑物内。

钢制柱型散热器其构造外形与铸铁散热器相似，如图 3.27 所示。以壁厚不小于 2.5mm 的钢管为主要原材料，经机械冷弯后焊接加工制成散热器。散热器上部联箱与片管采用电弧焊连接。该种散热器不需内防腐，具有使用寿命长、颜色多样的特点，可以满足现代化室内装饰的要求。

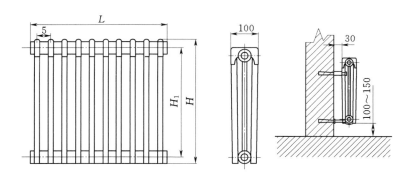

图 3.27　钢制柱型散热器（单位：mm）

（3）铝合金散热器。铝合金散热器是一种新型、高效散热器（图 3.28）。其造型美观大方、线条流畅，占地面积小，富有装饰性，其重量约为铸铁散热器的 1/10，便于运输安装，金属热强度高，约为铸铁散热器的 6 倍，节省能源，采用内防腐处理技术。

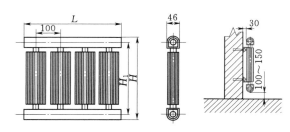

图 3.28　铝合金散热器

（4）复合材料型铝制散热器。复合材料型铝制散热器是复合材料成型的散热器，如铜—铝复合、钢—铝复合、铝—塑复合等。这些新产品适用于任何水质，耐腐蚀、使用寿命长，是轻型、高效、节材、节能、美观、耐用、环保产品。

2. 暖风机

暖风机是由通风机、电动机及空气加热器组合而成的一种散热设备。在风机的作用下，空气由吸风口进入机组，经空气加热器加热后，从送风口送至室内，以维持室内要求的温度。暖风机分为轴流式与离心式两种，常称为小型暖风机和大型暖风机。根据其结构特点及适用的热媒不同，又可分为蒸汽暖风机，热水暖风机，蒸汽、热水两用暖风机以及冷热水两用暖风机等。轴流式暖风机体积小，结构简单，安装方便，但它送出的热风气流射程短，出门风速低；离心式暖风机是用于集中输送大量热风的供暖设备，由于它配用离心式通风机，有较大的作用压头和较高的出口速度，它比轴流式暖风机的气流射程长，送风量和产热量大，常用于集中送风采暖系统。

### 3.6.3　主要设备与附件

1. 膨胀水箱

一般用钢板制成，有圆形或矩形等形状。膨胀水箱上设置的管道主要有：膨胀管、循环管、溢流管、信号管、泄水管等。

膨胀水箱的作用是贮存采暖系统中水的膨胀体积以及补充水温降低后水的收缩体积。在自然循环上供下回式系统中，膨胀水箱还可以作为排气设施使用；在机械循环系统中，膨胀水箱接在循环水泵吸入口处，可以控制系统的压力，防止水的汽化。

热水采暖系统运行时，水温升高，体积膨胀，如不合理处置这部分增大的体积，将造成系统超压，引起渗漏；系统停止运行后，水温降低，体积收缩，如不及时补水，系统内将形成负压，吸入空气，影响系统正常运行。

在上供下回热水采暖系统中，其膨胀水箱常放置在顶棚内；在平顶房屋中，则将膨胀水箱放置在专设的屋顶小室内，膨胀水箱由承重墙、楼板梁等支撑；下供下回式热水采暖系统中，膨胀水箱常放置在楼梯间顶层的平台上。膨胀水箱外应有保温小室以免水箱中水在停运时冻结，小室的尺寸应以便于膨胀水箱的拆卸维修为计算标准。膨胀管是系统主干管与膨胀水箱的连接管，当膨胀管与自然循环系统连接时，膨胀管应接在总立管的顶端；当与机械循环系统连接时，膨胀管应接在水泵入口前。一般开式膨胀水箱内的水温不应超过 95℃。

**2. 排气设备**

排气设备是及时排除采暖系统中空气的重要设备，在不同的系统中可以用不同的排气设备。在机械循环上供下回式系统中，可用集气罐、自动排气阀以及冷风阀等来排除系统中的空气，且应装在系统末端最高点。集气罐一般由直径为 100~250mm 的短管制成，长度为 300~430mm，分立式和卧式两种。集气罐顶部设有空气管，管端装有排气阀门。而自动排气阀的自动排气是靠本体内的自动机构使系统中的空气自动排出系统外，它外形美观、体积小、管理方便、节约能源。在水平式和下供式系统中，用装在散热器上的手动放气阀来排除系统中的空气。

热水采暖上供下回式系统中，一个系统中的两个环路不能合用一个集气罐，以免热水通过集气罐互相串通，造成流量分配的混乱。

自动集气罐是一种依靠自身内部机构将系统内空气自动排出的新型装置，型号种类较多。

**3. 除污器**

除污器是热水采暖系统用来清除和过滤热网中污物的设备，防止堵塞水泵叶轮、调压板孔口及管路等，以保证系统管路畅通无阻。除污器一般为圆形钢质筒体，设置在采暖系统用户引入口、供水总管、循环水泵的吸入管段、热交换设备进水管段、调压板前等位置，接管可取与干管相同的直径。除污器一般安装在采暖系统的入口调压装置前或锅炉房循环水泵的吸入口和换热器前面。

**4. 疏水器**

蒸汽采暖系统中疏水器的作用是自动阻止蒸汽逸漏，迅速排出用热设备及其管道中的凝水，排除系统中积留的空气和其他不凝性气体。疏水器种类繁多，按其工作原理可分为机械型、热力型、恒温型 3 种。机械型疏水器是利用蒸汽、冷凝水的密度差值，利用冷凝水水位来控制排气孔自动启闭的疏水器；热动力型疏水器是利用蒸汽、凝水在流动过程中压力、比容的变化来控制流道启闭的疏水器；热静力型疏水器是利用蒸汽、冷凝水的温度变化引起温元件膨胀和收缩来控制启闭的疏水器。

冷凝水流入疏水器后，经过一个缩小的孔口流出。此孔的启闭由内装酒精的金属波形囊控制。当蒸汽经过疏水器时，酒精受热蒸发，体积膨胀，波形囊伸长，带动底部的锥形阀，堵住小孔，使蒸汽不能流入凝水管。直到疏水器内的蒸汽冷凝成水后，波形囊收缩，小孔打开，排出凝水。当空气或较冷的凝水流入时，波形囊加热不够，小孔继续开着，它们可以顺利通过。

疏水器很容易被系统管道中的杂质堵塞，因此在疏水器前应有过滤措施。疏水器在蒸汽采暖系统中是必不可少的重要设备，它通常设置在散热器回水管支管或系统的凝水管上。

5. 减压阀

蒸汽通过断面收缩阀孔时因节流损失而压力降低，减压阀是利用这个原理制成的，它可以依靠启闭阀孔对蒸汽节流而达到减压的目的，且能够控制阀后压力。

6. 安全阀

安全阀是保证系统不超过允许压力范围的一种安全控制装置。一旦系统压力超过设计规定的最高允许值，阀门自动开启，直至压力降到允许值自动关闭。

7. 散热器温控阀

散热器温控阀是一种自动控制散热器散热量的设备，由阀体和感温元件控制两部分组成。散热器温控阀安装在散热器入口管上，根据室温和给定温度之差自动调节热媒流量的大小来自动控制散热器散热量的设备。散热器温控阀可以控制的温度范围是 $13\sim28℃$，控制精度可达到 $\pm1℃$。这种设备具有恒定室温，节约系统能源的功能，主要应用于双管系统和单管跨越系统中。

### 3.6.4　散热器片数与管径的确定

1. 散热器片数的确定

散热器的计算是在确定了室内采暖热负荷、散热器类型、热媒的种类以及采暖系统图式之后进行的，计算的目的是确定散热器的散热面积和数量。

散热器的散热面积可采用式（3.7）进行计算

$$F=\frac{Q}{K(t_p-t_n)}\beta_1\beta_2\beta_3 \tag{3.7}$$

式中　$F$——散热器的散热面积，$m^2$；

　　　$Q$——散热器的散热量，它等于房间的采暖设计热负荷，W；

　　　$K$——在实验条件下，散热器的传热系数，$W/(m^2\cdot℃)$；

　　　$t_p$——散热器内热媒平均温度，℃；

　　　$t_n$——室内采暖计算温度，℃；

　　　$\beta_1$——散热器的片数修正系数（<6 片时 $\beta_1=0.95$，$6\sim10$ 片时 $\beta_1=1.00$，$11\sim20$ 片时 $\beta_1=1.05$，$21\sim25$ 片时 $\beta_1=1.10$）；

　　　$\beta_2$——暗装管道内水冷却系数，当管道明装或采用蒸汽采暖时，$\beta_2=1.0$，如管道采用暗装时，水冷却系数可查相应手册；

　　　$\beta_3$——散热器装置方式修正系数，按照表 3.4 取值。

**表 3.4**                                         **散热器安装方式不同的修正系数 $\beta_3$**

| 序号 | 装置示意图 | 说明 | 系数 | 序号 | 装置示意图 | 说明 | 系数 |
|---|---|---|---|---|---|---|---|
| 1 | | 敞开装置 | $\beta_3=1.0$ | 5 | | 外加围罩，在罩子前面上下端开孔 | $A=130mm$ 孔是敞开的 $\beta_3=1.2$ 孔带有格网的 $\beta_3=1.4$ |
| 2 | | 上加盖板 | $A=40mm$ $\beta_3=1.05$ $A=80mm$ $\beta_3=1.03$ $A=100mm$ $\beta_3=1.02$ | 6 | | 外加网格罩，在罩子顶部开孔，宽度不小于散热器宽度，罩子前面下端开孔不小于 100mm | $A\geqslant100mm$ $\beta_3=1.15$ |
| 3 | | 装在壁龛内 | $A=40mm$ $\beta_3=1.11$ $A=80mm$ $\beta_3=1.07$ $A=100mm$ $\beta_3=1.06$ | 7 | | 外加围罩，在罩子前面上下端开孔 | $\beta_3=1.0$ |
| 4 | | 外加围罩，在罩子顶部和罩子前面下端开孔 | $A=150mm$ $\beta_3=1.25$ $A=180mm$ $\beta_3=1.19$ $A=220mm$ $\beta_3=1.13$ $A=260mm$ $\beta_3=1.12$ | 8 | | 加挡板 | $\beta_3=0.9$ |

　　散热器内热媒的平均温度 $t_p$ 的计算方法，在蒸汽供暖系统中，当蒸汽压力不大于 10kPa 时，$t_p$ 取 100℃；当蒸汽压力大于 30kPa 时，$t_p$ 取与散热器进口蒸汽压力相对应的饱和温度；在热水供暖系统中取散热器进水与出水温度的算术平均值。

　　散热器的传热系数 $K$ 值是指当散热器内热媒平均温度 $t_p$ 与室内气温 $t_n$ 之差为 1℃时，每平方米散热面积传递给室内空气的热量。影响传热系数的因素有很多。

　　散热器片数为　　　　　　　　　　　　$n=F/f$　　　　　　　　　　　　　　　（3.8）

式中　　$f$——每片散热器的散热面积，$m^2$。

　　在式（3.8）中，$n$ 只能取整数，如果计算得出 $n$ 值不为整数时，应根据下述原则处理：对柱型、长翼型、板式、扁管式等散热器，散热面积的减少不宜超过 $0.1m^2$；对串片式、圆翼型散热器，散热面积的减少不宜超过计算面积的 $10\%$。

　　2. **热水采暖管道管径的估算**

　　一般需根据流量的流速，通过水力计算确定热水采暖系统管道的管径。当采暖系统比较简单时也可采用估算的方法。首先，将整个系统的管道划分成若干个计算管段，即热媒流量或热负荷不变、管径不变的管段。

（1）采暖管道的热负荷。一个采暖管段的热负荷，就是这个管段所担负的各组散热器散热量的总和。采暖管段热负荷的大小，决定着管道内热媒流量的大小，也决定了该管段管径的大小。

（2）热水采暖管道管径的估算。当各管段的供暖热负荷确定之后，便可以根据各管段的热负荷直接查表 3.5 得出各管段的管径。

表 3.5 热 水 采 暖 管 径 估 算

| 公称直径 /mm | 15 | 20 | 25 | 32 | 40 | 50 | 70 | 80 | 100 |
|---|---|---|---|---|---|---|---|---|---|
| 热负荷 /W | 300~3060 | 3061~10470 | 10471~22100 | 22101~46520 | 46521~61060 | 61061~136700 | 136701~261700 | 261701~421600 | 421601~872250 |
| 单位摩阻 /(Pa/m) | 28~98 | 9~85 | 24~97 | 23~94 | 46~85 | 23~99 | 27~96 | 38~92 | 23~104 |

### 3.6.5 采暖系统的布置与敷设

在建筑物中应对采暖系统合理布置，以满足生产、工作和生活的需要。如果系统布置不合理，将会影响到系统的运行、室内美观、室内空间的使用等方面问题。系统的布置主要包括管路系统、散热器以及附属设备等几方面问题。

1. 管道布置

应根据采暖系统的热媒种类以及建筑物的特点，确定合理的引入口位置。在区域性采暖系统中，由于热水或蒸汽采暖系统的建筑物热力引入口是调节、统计和分配从热力管网取得热量的中心，所以热力引入口的位置最好设在建筑物的中央。可用地下室楼梯间或次要房间作为设置热力引入口的房间。系统的引入口一般设置在建筑物长度方向上的中点，与热力网的总体布局相适应。

布置采暖的管道应沿柱、梁、墙板平行敷设，力求管道最短，便于维护方便，不影响房间的美观。管道尽可能靠近柱、梁、墙板等构件，间距与管道直径有关，空间满足、安装操作要求，具体尺寸应符合规范规定。

在上供下回式系统中，一般将干管布置在顶层顶棚以下。对于大梁底面标高过低，妨碍供水或是蒸汽干管敷设时，才将干管穿越大梁中间或布置在顶棚内。当建筑物是平顶时，从美观上又不允许将干管敷设在顶棚下面时，则可在平屋顶上建造专门的管槽内。干管到顶棚的净距，要考虑管道的坡度和集气罐的安装条件。且顶棚中干管与外墙距离不得小于 1.0m，以便于安装和检修。

对下供式和上供下回式采暖系统的回水干管一般设置在首层地面下的地下室或地沟中，也可敷设在地面上。当地面上不允许敷设（如有过门）或高度不够时，可设在半通行地沟或不通行地沟内。半管沟每隔一段距离，应设活动盖板，以便于检修。半通行地沟深一般为 1.0~1.4m，宽一般为 0.8m。当允许地面明装，在遇到过门时，可采用两种方法：

一种是在门下砌筑沟槽（图 3.29）；一种是从门
上绕过。

管道的安装方法分为明装和暗装。民用建
筑、公用建筑和工业厂房采用明装方法，只是对
室内美观要求比较高的建筑物，如礼堂、剧院、
高级宾馆、饭店等装饰要求高的建筑物经常采用
暗装的方法。明装管道安装、维护比较方便，造
价低，占用空间少，但会影响到室内美观。安装
管道隐藏在管井、墙槽、顶棚内，室内美观程度
好，但占用空间较大，安装、维护不方便，造
价高。

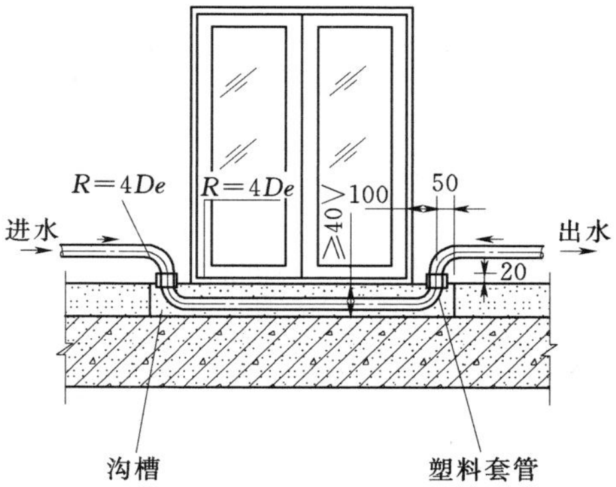

立管一般为明装，只有在对美观要求很高的
建筑物中才采用暗装方法。立管明装时，应尽量布置在外墙墙角及窗间墙处。每根立管的
上端和下端都应安装阀门，以便于检修。

管道受热后会伸长变形，每米长的钢管温度每升高 1℃时，便会伸长 0.012mm。为避
免金属管道热胀时造成的弯曲变形甚至破坏，在采暖系统中，应合理地设置固定点和在两
个固定点之间设置补偿器。补偿器的形式有自然补偿器、方形补偿器、波纹补偿器、套筒
补偿器和球型补偿器等。自然补偿器是利用供热管道自身的弯曲段来补偿膨胀变形。在室
内采暖管道中，应尽量使用自然补偿器。

当管道穿过楼板或隔墙时，为了使管道可自由伸缩且不致弯曲变形甚至破坏，不致损
坏楼板或墙面，应在楼板或隔墙内预埋套管，套管的内径应稍大于管道的外径。穿墙时套
管两端应与饰面平行。穿越楼板时，套管底部与楼板平齐，上部应高出地面 20～30mm，
防止地面积水流入套管内。在套管与管道之间，应填充紧密。

当采暖管道实施保温措施时，其保温材料应采用不易腐烂、热阻较大的非燃烧材料，
保温层的厚度根据管道的管径来确定，且保温层外面应作保护层。

2. 散热器的布置

散热器的布置原则应该满足室内冷热空气的对流好，人员停留区的感觉舒适，没有室
外冷空气直接侵扰，散热器占用建筑使用面积少，与室内装饰相协调的要求。

房间有外窗时，散热器一般应安装在每个外窗的窗台下，经散热器加热的空气沿外窗
上升，能阻止渗入的冷空气沿墙及外窗下降，同时可以减小玻璃冷辐射作用的影响，使流
经工作区的空气比较暖和、舒适。

在进深较小的房间内，散热器也有布置在内墙的，这时在室内会造成沿外墙下降、沿
内墙上升的气流，它有利于散热器的对流换热。但是，人们停留的地区却处在环流下部冷
气流区，会使人有寒冷的不舒适感觉，房间进深超过 4m 时尤为严重。因此，当距外墙
2m 以内的地方有人长期停留时，散热器宜布置在外窗下。

散热器分为明装、暗装和半暗装几种形式。在一般情况下，散热器在房间内明装，这
样散热效果好，投资少，易于清扫。当建筑物或生产工艺方面有特殊要求时，就要将散热
器加以围挡。在某些公共和民用建筑中，从房屋的整体美观出发，可将散热器暗装在窗下

图 3.29 明装管道过门
示意图（单位：mm）

的壁龛内，外面用装饰性面板把散热器遮住。为减少散热设备的占地面积，可将散热器装在进深约 120mm 的壁龛内，散热器没有完全装进壁龛，有一半还露在外面。散热器安装示意图如图 3.30 所示。

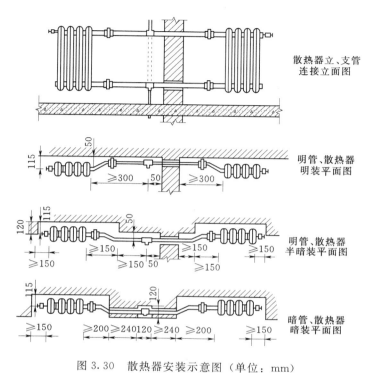

散热器立、支管连接立面图

明管、散热器明装平面图

明管、散热器半暗装平面图

暗管、散热器暗装平面图

图 3.30　散热器安装示意图（单位：mm）

# 3.7　高 层 建 筑 采 暖 系 统

## 3.7.1　高层建筑热负荷的特点

高层建筑由于高度的增加，使它受到风压和热压的综合作用，所以，高层建筑采暖热负荷的计算与一般建筑物相比有一些特殊的地方，如维护结构的传热系数和室外空气的进入量的问题。

（1）热压作用的影响。冬季建筑物内外空气温度不同，形成了室内外空气的密度差，室外冷空气将从下部楼层的外门、窗进入建筑物内，通过建筑物内竖直通道（如楼梯间、电梯间）上升，最后通过上部楼层的外门、窗等缝隙渗出室外。这种引起空气流动的压力称为热压。对于整个建筑物，渗入和渗出的空气量相等，在高层与低层之间必然有一内外压差为零的界面，称为中和面。

计算高度上建筑物内外的有效热压差为

$$\Delta P_r = C_r(h_z - h)(\rho_w - \rho_n)g \tag{3.9}$$

式中　$\Delta P_r$——计算高度上建筑物内外的有效热压差，Pa；

　　　$C_r$——热压系数，与空气由渗入到渗出的阻力分布有关，取 0.2～0.5；

$h_z$——中和面高度，m；

$h$——计算高度，m；

$\rho_w$——室外空气密度，kg/m³；

$\rho_n$——建筑物内部竖直贯通通道内空气密度，kg/m³；

$g$——重力加速度，取 9.8m/s²。

当 $\Delta P_r > 0$ 时，$h < h_z$，室外压力高于室内压力，冷风由室外渗入室内。

当 $\Delta P_r < 0$ 时，$h > h_z$，室外压力低于室内压力，被加热的空气由室内渗出室外。

（2）风压作用的影响。按照自然规律，室外风速从地面到上空是逐渐增大的，一般认为风速随高度增加的变化的计算公式为

$$\frac{v_h}{v_0} = \left(\frac{h}{h_0}\right)^m \tag{3.10}$$

式中　$v_h$——计算高度 $h$ 的室外风速，m/s；

$v_0$——基准高度 $h_0$ 的计算风速，m/s，即供暖设计所采用的冬季室外风速；

$h$——计算楼层的高度，m；

$h_0$——基准高度，m；

$m$——指数，主要与温度的垂直梯度和地面粗糙度有关，在空旷及沿海地区 $m = 1/6$；城郊区 $m = 1/4 \sim 1/5$；建筑群多的市区 $m = 1/3$；一般可取 0.2。

一般的多层建筑，由于邻近建筑高度相差不多，建筑物的外表面温度相近，可以忽略它们之间的相互辐射。而高层建筑物的高层部分，其周围很少受其他建筑物屏蔽，夜间天空温度很低，使高层建筑物高层部分增加了向天空辐射的热量，而周围的其他建筑物向高层建筑物高层部分的辐射热量却很微小。因此，高层部分的外表面的辐射换热系数也将增大。

高层部分外表面对流换热系数加大，辐射换热系数加大，所以加大了高层部分围护结构的传热系数。高层建筑的高层部分的室外风速大，根据对流换热原理，高层部分的外表面的对流换热系数也比较大。

建筑物在不同的高度，其外维护结构所受的风力作用是不同的，对采暖设计热负荷所产生的影响主要表现在风压对冷风渗透耗热量的影响。在风压作用下，冷风会从迎风面渗入，热风从背风面渗出。在供暖期间，热压与风压总是同时作用在建筑物外围护结构上。迎风面一侧中和面上移，背风面中和面下移。

冷风渗透耗热量在供暖设计热负荷中所占比例较大，在某些采暖建筑热负荷中，冷风渗透耗热量占总负荷的 25%，有的甚至高达 30%～40%。为了减少冷风渗透量，节约能耗，应增强门、窗等缝隙的密封性能，阻隔建筑物内从底层到顶层的内部通气。在设计建筑形体和门、窗开口位置时，应尽量减少建筑物外露面积和门、窗数量。

## 3.7.2　高层建筑采暖系统的特点

随着城市建设的飞速发展，高层以及超高层建筑越来越多，建筑物的高度也不断加大，这给建筑物的采暖系统带来了许多新的问题。

由于建筑物高度的增加，使得采暖系统内静水压力随之提高，这就需要选用承压能力较高的散热设备及管材、管件。当建筑高度超过 50m 时，宜采用竖向分区采暖系统。还

应注意采暖系统与室外热水网络的连接方式。

随着建筑物高度的增加，还会导致采暖系统垂直失调现象的加剧。为减轻垂直失调，一个竖向采暖分区最多不宜超过 12 层。

### 3.7.3 高层建筑热水采暖系统的形式

目前，国内常用的高层建筑热水采暖系统有如下几种。

1. 分区式采暖系统

分区式采暖系统是将室内采暖系统沿竖向分成两个或两个以上相互独立的系统，如图 3.31 所示。下区通常与室外管网直接连接，该系统的高度主要取决于室外热力管网的压力与散热器的承压能力；通过换热器将上区系统的压力与外网压力隔开，同时将外网提供的热量传给上区。

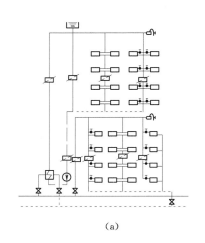
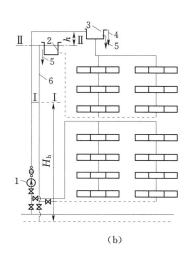

（a）                              （b）

图 3.31　分区供暖系统
（a）单水箱分区式供暖系统；（b）双水箱分区式供暖系统
1—加压水泵；2—回水箱；3—进水箱；4—进水箱溢流管；5—信号管；6—回水箱溢流管

2. 双线式系统

双线式系统有垂直式和水平式两种形式。

（1）垂直双线式单管热水采暖系统。垂直双线式单管热水采暖系统是由竖向的"π"形单管式立管组成的，如图 3.32（a）所示。双线系统的散热器通常采用蛇形管或辐射板式结构。由于系统的立管是由上升立管和下降立管组成的，因此各层散热器的平均温度可以近似地认为是相同的，对于高层建筑，这有利于避免系统垂直失调。

（2）水平双线式热水采暖系统。水平双线式热水采暖系统在水平方向的各组散热器平均温度近似地认为是相同的，如图 3.32（b）所示。当系统的水温度或流量发生变化时，每组双线上的各个散热器的传热系统 $K$ 值的变化程度近似是相同的，因而对避免冷热不均管混合系统很有利。

3. 单、双管混合式系统

单、双管混合式系统，如图 3.32（c）所示，将散热器沿竖直方向分成若干组，每组又包括若干层,在每组内散热器之间采用双管形式连接,而组与组之间则采用单管连接。这样,就构成了单、双管混合式系统。这种系统的特点是:避免了双管系统在楼层过多时出现的严重垂直失调现象,同时也避免了散热器支管管径过粗的缺点。有的散热器还能局部调节,单、双管系统的特点兼而有之。

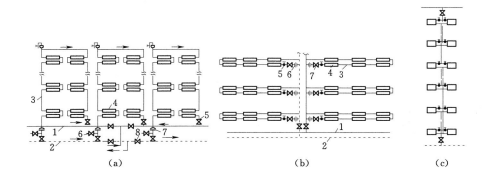

图 3.32　供暖系统图
(a)垂直式双线单管系统;(b)水平式双线系统;(c)单、双混合
1—供水干管;2—回水干管;3—双线立管;4—散热器;5—截止阀;6—排水阀;7—节流孔板;8—调节阀

# 3.8　热　　源

在建筑供热工程中,热源是指采暖热媒的来源或能从中吸取热量的任何物质、装置或天然能源。为供暖系统提供热水或蒸汽。这些能源可以由包括木材、煤炭、重油、燃气、电力、太阳能、地热等在内的物质转化而来,有相应的设备完成能源的转化。锅炉是常用的能源转化设备之一,可以安全可靠、经济有效地把燃料(即一次能源)的化学能转化为热能,进而将热能传递给水,以生产热水或蒸汽(即二次能源)。在这里主要介绍锅炉。

通常把用于动力、发电方面的锅炉称为动力锅炉;把用于工业及采暖方面的锅炉称为供热锅炉,又称为工业锅炉。

根据锅炉制取的热媒形式,锅炉可分为蒸汽锅炉和热水锅炉。

按其压力的大小可分为低压锅炉和高压锅炉。在蒸汽锅炉中,当蒸汽压力低于0.7MPa时,称为低压锅炉;当蒸汽压力高于0.7MPa时,称为高压锅炉。

按照供水温度不同,当热水温度低于100℃时,称为低温热水锅炉;当热水温度高于100℃时,称为高温热水锅炉。

按水循环动力的不同有自然循环锅炉和机械循环锅炉。

按所用燃料的不同有燃煤锅炉和燃油燃气锅炉。

为了表明各类锅炉的内部构造、使用燃料、容积大小、参数高低及运行性能等各方面的不同特点,通常用蒸发量、产热量、蒸汽(或热水)参数、受热面蒸发率、受热面发热率、锅炉效率、锅炉的金属耗率、锅炉的耗电率等几个参数来表示锅炉的基本特性。

(1)蒸发量:是指蒸汽锅炉每小时的蒸发量,该值的大小表征锅炉容量的大小。一般以符号 $D$ 来表示,单位为 t/h。供热锅炉的蒸发量一般为 0.1~65t/h。

（2）产热量：是指热水锅炉单位时间产生的热量，也是用来表征锅炉容量的大小。产热量以符号 $Q$ 表示，单位为 kJ/h 或 kW。

（3）蒸汽（或热水）参数：是指锅炉出口处蒸汽或热水的压力和温度，单位为 MPa 和℃。

（4）受热面蒸发率（或发热率）：是指每平方米受热面每小时所产生的蒸发量（或热量），单位为 kg/（m²·h）或 MW/m²。该值的大小可以反映出锅炉传热性能的好坏，受热面发热率值越大，说明这锅炉传热性能好，结构紧凑。锅炉受热面是指烟气与水或蒸汽进行热交换的表面积。

（5）锅炉效率：是指锅炉产生蒸汽或热水的热量与燃料在锅炉内完全燃烧时放出的全部热量的比值，用以说明锅炉运行的经济性。通常用符号 $\eta$ 表示，单位为％。

（6）锅炉的金属耗率：是指锅炉每吨蒸发量所耗用的金属材料的质量（t/t）。

（7）锅炉的耗电率：是指产生 1t 蒸汽耗电度数（kW/t）。

选择锅炉时，应从锅炉的建设成本、经济运行费用等方面综合考虑，经过技术经济指标比较后，选择合适的锅炉。

### 3.8.1　锅炉房设备及系统

锅炉本体和它的附属设备合称为锅炉房设备，其中锅炉本体是锅炉房的核心设备。锅炉本体的最主要设备是汽锅和炉子。炉子是燃料燃烧的设备场所，燃料在炉子中燃烧后的产物高温烟气以对流和辐射的形式将热量传递给汽锅里的水，水被加热，形成热水或沸腾汽化形成蒸汽（图 3.33）。

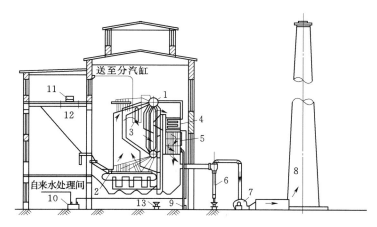

图 3.33　锅炉房设备简图
1—锅炉；2—链条炉排；3—蒸汽过热器；4—省煤器；5—空气预热器；6—除尘器；
7—引风机；8—烟囱；9—送风机；10—给水泵；11—运煤传动带输送机；
12—煤仓；13—灰车

汽锅的基本构造包括锅筒（又称汽包）、管束、水冷壁、集箱和下降管等组成的一个封闭汽水系统。炉子包括煤斗、炉排、炉膛、除渣板、送风装置等组成的燃烧设备。为了节省燃料、提高锅炉运行的经济性，还应在锅炉尾部烟道内设置省煤器和空气预热器。这三种设备都属于锅炉本体的组成部分，总称为锅炉附加受热面。

为保证锅炉本体正常运行，必须设置锅炉辅助设备，它们是为了保证锅炉房能安全可靠、经济有效地工作而设置的辅助性机械设备、安全控制器材及仪表控制器材等，也有的采用计算机控制运行。附属设备包括以下几个部分：燃料燃烧系统（包括燃煤锅炉、燃油燃气）、汽水系统（蒸汽、给水、排污三个部分）、通风除尘系统、仪表控制系统运煤和除灰渣系统。

**1. 锅炉房的位置**

锅炉房位置应符合总体规划，力求靠近热负荷比较集中的地区，可以缩短供热管道，减少压力降和热损失；锅炉房的位置应尽可能靠近运输线，方便燃料的运入和灰渣的运出，考虑燃料的贮运场地和灰渣的贮存场地；应位于主导风向的下风向，应有较好的朝向，以利于自然通风和采光，以减少环境污染；锅炉房的发展端和煤场、油库、灰场均应考虑有扩建的可能性；锅炉房的位置不宜与净化厂房和洁净度要求比较高的建筑太近；应便于给排水和供电，且有较好的地质条件。

锅炉房的位置应符合卫生标准；锅炉房一般应设置在地上独立的建筑物内，和其他建筑应考虑一定的防火距离，见表3.6的规定要求。当锅炉房单独设置有困难时，可以考虑与其他建筑物相连或设置在地下室，但必须符合《建筑设计防火规范》（GB 50016—2014）等有关规范要求。

**表 3.6** 锅炉房与其他建、构筑物之间的最小防火距离

| 锅炉房等级 | 高层建筑 | | | | 一般民用建筑 | | | 工厂建筑或乙、丙、戊类库房 | | |
|---|---|---|---|---|---|---|---|---|---|---|
| | 一类 | | 二类 | | 耐火等级 | | | 耐火等级 | | |
| | 主体建筑 | 群房 | 主体建筑 | 群房 | 1～2级 | 3级 | 4级 | 1～2级 | 3级 | 4级 |
| 1～2级 | 20 | 15 | 15 | 13 | 10（6） | 12（7） | 14（9） | 10 | 12 | 14 |
| 3级 | 25 | 20 | 20 | 15 | 12（7） | 14（8） | 15（9） | 12 | 14 | 16 |

注 括号内数值表示只适用于单台锅炉蒸发量小于或等于4t/h，总蒸发量不大于12t/h的锅炉房。

**2. 锅炉房的布置**

锅炉房除本身的主厂房以外，还有其他的建筑物、构筑物、燃料堆放设施等组成部分。这些组成部分包括烟囱、烟道、排污降温池、凝结水回水池、化水车间、煤棚、输煤廊、灰堆、贮油罐、油泵房、变配电室、控制室等。锅炉房区域内各建筑物、构筑物的平面布置应在遵守规范、符合工艺流程的前提下，保证设备安装、运行、检修安全方便，使风、烟、汽的流程短，锅炉房面积和体积紧凑为原则。锅炉房应根据其规模的大小和工艺布置要求设置锅炉间、辅助间和生活区；锅炉房的操作面或辅助间应布置在主要道路边，以便出入和操作的方面，并且可增加厂区立面的美观。

煤堆、灰堆宜布置在运煤设备出入锅炉房的一方，对于简易上煤的小型锅炉房，一般设在扩建端一侧。对于较大型锅炉房，一般位于固定端或锅炉房后面。煤堆、灰堆与锅炉房的距离按有关防火规范，一般不应小于10m。

烟囱、烟道、排污降温池则自然处于锅炉房主厂房的后面，以减少对主要道路的污染。一般将独立的送风机、排风机和除尘设备间布置在锅炉房的后面；化验间、控制室则

布置在采光良好、监测和取样方便且噪声、振动较弱的地方；给水和水处理间、维修间、变配电间、办公室、值班室等辅助用房布置在锅炉房的固定端。燃油燃气锅炉房系统的贮油罐位置或煤气站位置与锅炉房的距离应满足防火规范要求。

3. 锅炉房对建筑设计的要求

锅炉房的组成有：锅炉间（主厂房）水泵及水处理车间、运煤廊及煤仓间、通风及除尘设备间、变配电间、修理间、化验间及其他生产生活辅助间（值班室、更衣室、浴室、办公等）。

锅炉房每层至少有两个出口，分别设在相对的两侧。附近如果有通向消防电梯的太平门时，可以只开一个出口。当炉前走道总长度不大于12m，且面积不大于200m² 时，锅炉房可以只开一个出口。锅炉房通向室外的门应向外开启，锅炉房内的辅助间或生活间直接通向锅炉间的门，应向锅炉间开启，以防止污染。

设置在高层建筑物内的锅炉房，应布置在首层或地下一层靠外墙部位，并设置直接通向室外的安全出口。外墙开口部位的上方，应设置宽度不小于1m 的不燃烧的防火挑檐。

锅炉房的锅炉间属于丁类生产厂房，蒸汽锅炉额定蒸发量大于4t/h，热水锅炉额定出力大于2.8MW 时，锅炉间建筑不应低于二级耐火等级；蒸汽锅炉与热水锅炉低于上述出力时，锅炉间建筑不应低于三级耐火等级。锅炉房与其他建筑物相邻时，其相邻的墙为防火墙。

锅炉房的设计应考虑有良好的采光和通风条件。锅炉房屋顶自重大于90kg/m² 时，应开设天窗，或在高出锅炉的锅炉房墙上开设玻璃窗，开窗面积至少应为全部锅炉占地面积的1/10。锅炉房应尽量采用轻型结构屋顶为宜。

锅炉房的地面至少高出室外地面约150mm，以免积水和便于泄水，但不宜过多。否则，会增加向室内运输设备和燃料的困难。室内与室外地坪之间应做成坡道，以利运输。

锅炉房的面积应根据锅炉的台数、型号、锅炉与建筑物之间的净距、检修、操作和布置等辅助设备的需要而定。锅炉房的高度主要由锅炉的高度而定，一般要求锅炉房的顶棚或屋顶下弦高出锅炉最高操作点2.0m。如锅炉房是砖木结构时，则从这些部件到锅炉房顶部最低结构的距离，不应小于3m。

锅炉前端到锅炉房前墙的距离不应小于3m；对于炉前需要操作的锅炉，此距离应大于燃烧室长度2m 以上；对于装有链条炉排的锅炉，此距离应保证可以检修炉排；需在炉前装卸管子的锅炉，炉前应保证有更换管子的位置。

锅炉有侧面操作、检修的通道时，其宽度应保证操作、检修的需要；如不需要在锅炉侧面进行操作时，则锅炉与锅炉侧墙之间或锅炉与锅炉房侧墙之间的距离不应小于1m。锅炉后墙与锅炉房后墙间的通道宽度不应小于1m。

鼓风机、引风机和水泵等之间的通道，不应小于0.7m；过滤器和离子交换器前面的操作通道不应小于1.2m。

灰渣斗下部净空，当人工除渣时，不应小于1.9m；机械除渣时，比灰车再高0.5m；除灰室通道宽度每边应比灰车宽0.7m。灰渣斗的内壁倾角不宜小于55°。

煤斗的下底标高除要保证溜煤管的角度不小于60°外，还应考虑炉前采光和检修所要求，一般高于运行层平台3.5～4m。

锅炉设备及周围所需的最小尺寸确定以后，即可根据每台炉所需的长、宽、高尺寸，来选择相应的厂房跨度、柱距、标高。如果锅炉房内各台锅炉型号都相同，则厂房柱间距的尺寸也应相同。如果锅炉房内各台锅炉型号不同，应按尺寸较大的炉子来确定厂房各部分尺寸。根据规定，锅炉房的柱距，最好为 6m 和 6m 的倍数。如果厂房需加边跨，可按 1.8m、2.1m、2.4m、3.0m 加上去。厂房的跨度在 18m 以下，采用 3m 的倍数；大于 18m，按 6m 的倍数选取；特殊情况，可选用 21m、27m、33m。厂房层高（除锅炉运转层外）最好为 300mm 的倍数。

主厂房的各部分尺寸是根据锅炉设备在主厂房内平、立面布置形式和设备运行、维修、防护所必要的空间，并结合建筑模数确定的。工艺设备周围所需空间，可参照下列各条要求确定。

### 3.8.2 热力管网与热力引入口

热源设备生产的热能转移给某一种热媒（热水或蒸汽），热媒通过热力管网输送到用户的热力引入口，然后在各种用户系统中放出热量。

根据热媒流动的形式，供热系统可以分为封闭式、半封闭式和开放式三种。在封闭式系统中，用户只利用热媒所携带的部分热能，剩余的热能随热媒返回热源，又再一次受热增补热能。在半封闭式系统中，用户既消耗部分热能又消耗部分热媒，剩余的热媒和它所含有的余热返回热源。在开放式系统中，不论热媒本身或它所携带的热能都完全被用户利用。

采暖系统除用小型锅炉房作为热源外，还可用区域采暖系统来供给热能。区域采暖系统的热源是热电站或大型的锅炉房。由热源产生大量的热能通过管网输送给各个需要的热用户。水的供热系统可分为单管、双管、三管和四管式等几种。

区域采暖系统的热媒有热水和水蒸气。如果以热水作为热媒，热水采暖系统管网的供水温度为 95～180℃，回水温度为 70～90℃，因此它适用于不同用途、不同供水温度的热用户。如果以蒸汽作为热媒，蒸汽的参数完全取决于热用户所需要的蒸汽压力和室外管网所造成的热媒流动阻力。当采暖系统与区域采暖系统的室外管网相连接时，室外管网中的热媒参数不可能与全部热用户所要求的热媒参数完全一致，因此需要在各热用户的热力引入口将热媒参数加以改变，来满足各自的需求。也就是在每一栋或者几栋建筑联合设立一个热力引入口，在热力引入口中，装有专门的自动控制装置和设备，采用不同的连接方法来解决热媒参数之间的矛盾问题。

室内热水采暖系统、热水供应系统与室外热水热力管网之间的连接方式，如图 3.34 所示。图 3.34 中的（a）、（b）、（c）是室内热水采暖系统与室外热水热力管网的直接连接方式图，（d）是室内热水采暖系统与室外热水热力管网的间接连接方式图，（e）是室内热水供应系统与室外热力管网的直接连接方式，（f）是室内热水供应系统与室外热力管网的间接连接方式。所谓直接连接方式，就是热用户与室外热水热力管网直接连接，热力管网内的热媒直接进入热用户系统中；而间接连接方式，就是热用户与室外热水热力管网通过表面式热交换器连接在一起，热力管网中的热媒不直接进入热用户，而只把热量传递给热用户。

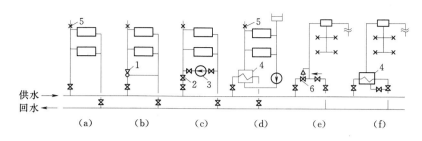

图 3.34 热用户与热水热力管网连接方式示意图
1—混水器；2—单向阀；3—水泵；4—加水器；5—排气阀；6—温度调节器

图 3.35（a）是室内蒸汽采暖系统与室外蒸汽热力管网的直接连接方式图。室外蒸汽

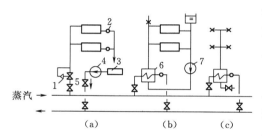

图 3.35 热用户与蒸汽热力管网的连接
1—减压阀；2—疏水器；3—凝结水箱；
4—凝结水泵；5—单向阀；6—加热器；
7—循环水泵

热力管网中的压力较高的蒸汽通过减压阀进入室内采暖系统，热媒在散热器中放热后，凝结水经疏水器流入凝结水箱，然后由水泵将其送回热力管网。为了防止热力管网中的凝结水和二次蒸汽倒流入凝结水箱中，凝结水泵出口设置单向阀。图 3.35（b）是室内热水采暖系统与室外蒸汽热力管网的间接连接方式图样。室外管网的高压蒸汽在汽—水加热器中将采暖系统的循环水加热升温。热水采暖系统用水泵使水在系统中循环，达到加热房间的目的。图 3.35（c）是室内热水供应系统与室外蒸汽热力管网的间接连接方式图样。

# 3.9 燃 气 工 程

在城市的工业与民用燃料中，燃气将逐渐取代煤炭等固体燃料，成为建筑供热、供暖系统中的重要热源。

## 3.9.1 概述

燃气又称煤气，一般有人工煤气、天然气及液化石油气三大类。人工煤气包括以煤炭为原料的煤气及以石油为原料的油制气。其主要成分为氢、一氧化碳及甲烷（$CH_4$）。煤制气的热值较低，均低于 $20000kJ/m^3$，热裂化油制气热值为 $38000kJ/m^3$。天然气的主要成分为甲烷，其热值比人工煤气高，一般为 $40000 \sim 50000kJ/m^3$。液化石油气的主要成分为多种碳氢化合物，热值最高，一般在 $110000 \sim 120000kJ/m^3$ 范围内。

不同种类的燃气由于成分、热值及燃烧所需空气量的不同，使用的煤气炉具也是不同的。燃气中的一氧化碳、碳氢化合物均为有毒气体，与空气混合达到一定浓度后，遇到明火会发生爆炸。

## 3.9.2 管道系统

煤气的输送主要靠管道，为了克服管道阻力，输送煤气时要加压，压力越高，危险性就越大，煤气管与各种构筑物及建筑物的距离就要相应的远一些。煤气管道的输送压力 $P$ 分为以下 5 个级别，见表 3.7。

**表 3.7** 煤气管道的输送压力分级表

| 压力分级 | 低压 | 中　压 | | 高　压 | |
|---|---|---|---|---|---|
| | | B | A | B | A |
| 压力值/kPa | $P \leqslant 5$ | $5 < P \leqslant 200$ | $200 < P \leqslant 400$ | $400 < P \leqslant 800$ | $800 < P \leqslant 1600$ |

居民生活、公共建筑、庭院和室内煤气管为低压煤气管道；输送焦炉煤气时，压力不大于 200kPa；输送天然气时，压力不大于 350kPa；输送气态液化石油气时，压力不大于 500kPa。输送一定数量的煤气时，压力越高，所需管径越小。为节省管材，可以用中压分配管道向用户送气。但煤气炉具需用低压煤气，这时应在每个用户或每一栋楼设调压器，将煤气压力由中压调至炉具所需压力（<5kPa）。

室内煤气管道与人的安全息息相关。因此，室内煤气管道应该满足以下安全要求：室内煤气管道应为明装。当有特殊原因必须暗装时，应便于安装、维修并保证通风良好；室内煤气管道不应敷设在潮湿或有腐蚀性的房间内。当必须通过时，应采取防腐措施；室内煤气管不应穿过卧室、浴室或地下室。必须穿过时，应将煤气管道放在套管中；室内煤气管道力求设在厨房内；当穿过过道或厅室时，不宜设阀门和活接头；室内煤气管道的水平安装高度一般不小于 2m。

室内煤气管道与设备、墙面、楼板及其他设施的间距应该满足表 3.8 的要求。高层建筑的上部餐厅厨房及高级公寓厨房的煤气管道宜设在单独且顶部有排风口的管道井内。

**表 3.8** 室内煤气管道和设备与墙、板及其设施的间距

| 序　号 | 项　　目 | 间　　距 |
|---|---|---|
| 1 | 立管与墙面净距 | 3～9cm |
| 2 | 管道及管件距楼板净距 | ≥10cm |
| 3 | 管道与电缆引入管的进线箱平行净距 | ≥30cm |
| 4 | 管道与明、暗电线：水平间距交 叉间距 | ≥10cm ≥3cm |
| 5 | 管道与明、暗设闸盒箱、表盘、接线盒的平行间距 | ≥10cm |
| 6 | 管道与上水、下水、暖气管道：平行净距 交叉净距 | ≥10cm ≥1cm |
| 7 | 管道与洗手盆、水池的净距 | ≥10cm |
| 8 | 在立管上设进气总阀距地面 | 1.5cm |
| 9 | 在返身水平管上设进气总阀距地面 | 0.5cm |
| 10 | 各楼层活接头距地面 | 1.2～1.5m |
| 11 | 室内煤气表：与地板的净距与煤气灶的净距 | 1.4m ≥30cm |
| 12 | 燃具外尺寸与墙面净距 | 10～30cm |

### 3.9.3 建筑燃气供应系统

建筑燃气供应系统一般有用户引入管、水平干管、立管、用户支管、燃气计量表、用具连接管和燃气用具组成，如图 3.36 所示。

中压进户和低压进户燃气通道系统相似，仅在用户支管上的用户阀门与燃气计量表间加装用户调压器。

室内燃气管道一般为明装敷设。当建筑物或工艺有特殊要求时，也可以采用暗装。但必须敷设在有人孔的闷顶或有活塞的墙槽内，以便安装和检修。燃气管道穿越墙壁或楼板时应设套管，如图 3.37 所示。燃气引入管管径大于 75mm 时，管材采用给水铸铁管，以石棉水泥接口；管径小于 75mm 时，采用镀锌钢管，螺纹连接。室内管道全部采用镀锌钢管，螺纹连接，以聚四氟乙烯生料带或厚白漆为填料，不得使用麻丝作填料。燃气管还应有 0.002～0.005 的坡度，坡向引入管。

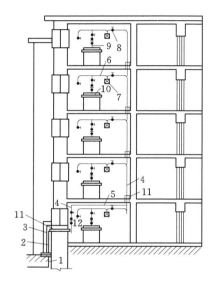

图 3.36 建筑燃气供应系统剖面图
1—用户引入管；2—转台；3—保温层；4—立管；
5—水平干管；6—用户支管；7—燃气计量表；
8—表前阀门；9—燃气灶具连接；10—燃气灶；
11—套管；12—燃气热水器接头

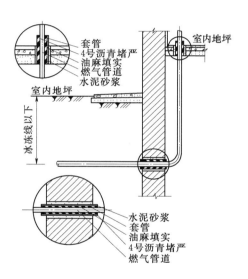

图 3.37 燃气管道穿越墙壁
和地板的做法

### 3.9.4 燃气表

燃气表是计量燃气用量的仪表。使用管道燃气的用户均应设置燃气表。居住建筑应一户一表，公共建筑至少每个用气单位设一个燃气表。为保证安全，燃气表应装在不受振动，通风良好，室温介于 5℃与 35℃之间的房间，不得装在卧室、浴室、危险品和易燃、易爆物仓库内。小表可挂在墙上，距地面 1.6～1.8m 处。燃气表到燃气用具的水平距离不得小于 0.3m。

### 3.9.5 燃气用具

燃气用具包括燃气灶、燃气热水器、燃气锅炉、燃气冰箱以及燃气空调机等。

1. 燃气灶

燃气灶是厨房的一种燃气设施。燃气灶的形式很多，有单眼、双眼、多眼灶等。家用的一般是双眼灶。由炉体、工作面和燃烧器3个部分组成。灶面采用不锈钢材料，燃烧器为铸铁件。各种燃气灶对应于液化石油气、人工燃气及天然气的不同型号。

为提高燃气灶的安全性，避免发生中毒、火灾或爆炸事故，目前有些家用灶增设了熄火装置，它的作用是一旦灶的火焰熄灭，立即发出信号，将燃气通路切断，使燃气不能逸漏。灶具在安装时，其侧面及背面应离可燃物（墙壁面等）0.2m以上，燃气灶与可燃难燃的墙壁面之间应采取有效的防火隔热措施。燃气灶与墙面之间应有不小于1m的净距，与插座的距离也应符合要求。

2. 燃气热水器

燃气热水器是一种局部加热设备，根据构造方式不同可分为自然式和容积式热水器两类。由于燃气燃烧不充分，所排出的烟气会含有CO，当空气中CO浓度超过0.16％时，人处于该环境下呼吸20min，就会导致死亡。因此，房间内应有良好的通风换气设备。

### 3.9.6 烟气排除

燃气在燃烧和发生不完全燃料时，烟气中含有CO、$CO_2$、$SO_2$等有害气体。为保证人体健康，维持室内空气的清洁度，同时为了提高燃气的燃烧效果，对使用燃气用具的房间必须采取一定的通风措施，使各种有害成分的含量能控制在容许浓度之下，使燃气燃烧得更加充分。

常用的通风排气方式有机械通风和自然通风两种，机械通风方式是在使用燃气用具的房间安装诸如抽油烟机、排风扇等设备来通风换气；自然排气是利用室内外空气温度差所造成的热压来通风换气。

安装燃气用具的房间，当燃气燃烧时生成的烟气量较多，而房间内的通风情况又不佳时，应安装烟道，它既可以排出燃气的燃烧产物，又可以在产生不完全燃烧和漏气情况下，排除可燃气体，防止中毒或爆炸，以提高燃气用具的安全性。根据连接燃气用具的数量，烟道可分为单独烟道和共用烟道两种。

## ？ 复习思考题

1. 采暖系统由哪几部分组成？如何进行分类？
2. 自然循环热水采暖系统与机械循环热水采暖系统的主要区别是什么？
3. 什么是同程式采暖系统？为什么要采用同程式系统？
4. 热水采暖系统由哪几部分组成？热水采暖系统有何特点？
5. 蒸汽采暖系统由哪几部分组成？蒸汽采暖系统有何特点？
6. 蒸汽采暖系统分为哪几类？简述其适用范围。
7. 在采暖系统中如何选择热媒的种类？
8. 热风采暖系统有何特点？
9. 低温辐射采暖分为哪几类？简述低温辐射采暖的特点。

10. 常用的散热设备有哪些？简述其适用范围。
11. 常用的高层采暖形式有哪些？
12. 衡量锅炉基本性能的参数有哪些？
13. 室内煤气管道的安全要求有哪些？

第 4 章

# 建筑通风

本章要点

了解建筑通风的分类与组成；熟悉通风方式、通风设备的组成及布置；熟悉地下建筑的通风和防排烟；熟悉高层建筑的防火排烟。

# 4.1 建筑通风的任务和分类

## 4.1.1 建筑通风的任务

建筑通风的任务是把室内被污染的空气直接或经过净化后排至室外，把室外新鲜空气或经过净化的空气补充进来，以保持室内的空气环境满足卫生标准和生产工艺的要求。

单纯的通风一般只对空气进行净化和加热方面的处理，对环境空气的温度、湿度、洁净度、室内流速等参数有特殊要求的通风称为空气调节。

## 4.1.2 建筑通风系统的分类

通风系统主要有两种分类方法。

（1）按照通风系统的作用动力不同通风系统分为自然通风和机械通风。自然通风是利用室外风力造成的风压以及由室内外温差和高度差产生的热压使空气流动；机械通风是依靠风机提供的动力使空气流动。

（2）按照通风系统的作用范围不同通风系统分为全面通风和局部通风。全面通风是对整个房间进行通风换气，用送入室内的新鲜空气把房间里的有害物质浓度稀释到卫生标准的允许浓度以下；局部通风是采用局部气流，使局部工作地点不受有害物质的污染，以造成良好的局部工作环境。

在设计通风系统时，如果能在有害物产生的地点直接把它们收集起来，经过处理排至室外，这种通风方式称为局部排风。此种通风方式需要的风量小，效果好。同样，有些车间（如高温车间）没有必要对整个车间进行降温，只对少数局部地点进、送风，则称为局部送风，如果对整个高温车间降温会造成巨大的能量浪费。所以，无论是排风还是送风都应优先采用局部通风方式。只有当有害物源不固定或生产条件限制不能采用局部通风或局部通风效果不好时，才考虑采用全面通风。全面通风是对整个房间进行通风换气，即用新鲜空气把整个房间的有害物稀释到最低浓度以下，并同时排走。

此外，根据换气方法不同通风系统还可分为排风和送风。排风是在局部地点或整个房间把不符合卫生标准的污染空气直接或经过处理后排至室外，送风是把新鲜或经过处理的空气送入室内。

### 4.1.3 通风系统的组成

通风主要就是更换室内空气，根据换气方法不同有排风和送风之分，对于为排风和送风设置的管道及设备等装置分别称为排风系统和送风系统，统称为通风系统。通风系统主要由空气处理系统（包括空气的过滤、除尘等）、风机动力系统、空气输送风道系统及各种配件控制的阀类、风口、风帽等组成，如图 4.1所示。

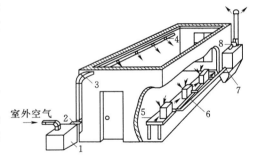

图 4.1　通风系统示意图
1—室外处理室；2—送风机；3—风管；
4—送风口；5—吸尘罩；6—风管；
7—防尘器；8—排风机

## 4.2 自 然 通 风

自然通风是依靠自然界的热压或风压促使室内外空气进行交换的一种通风方法。在任何情况下，空气的流动都是由于本身各部分的压力不同所致。利用室外冷空气与室内热空气比重的不同，以及建筑物迎风面和背风面风压的不同而进行换气的通风方式，称为自然通风。自然通风有 3 种形式，风压作用下的自然通风，热压作用下的自然通风，风压、热压共同作用下的自然通风。

自然通风的特点是结构简单、不需要复杂的装置和消耗能量，因此是一种经济的通风方式，在建筑设计中应优先采用。

### 4.2.1 自然通风的作用原理

#### 1. 风压作用下的自然通风

风压是由于空气流动所造成的压力，如图 4.2所示。室外空气的流动，当与建筑物相遇时，会使建筑物周围的空气压力发生变化。在建筑物的迎风面，空气流动受阻，空气流动的速度减小，静压升高，这样室外空气的压力大于室内空气的压力，此时风压为正，称为正压。若建筑物的迎风面上有外窗，室外空气就会从开启的外窗或窗缝进入室内。由于室外空气绕过建筑物流动，在建筑物的背风面和侧面，静压降低，这样室外空气的压力小于室内空气的压力，此时风压为负，称为负压，室内空气就会从窗口或缝隙流向室外。当流进建筑物的室外空气量等于从建筑物流出的室内空气量时，建筑物内可保持一定的静压。

风压作用下的自然通风换气量取决于风速的大小。风速越大，换气量就越大；风速越小，换气量就越小。换气量的大小还与风向有关系。

#### 2. 热压作用下的自然通风

热压是由于室内外空气的温度不同而形成的重力压差，如图 4.3所示。由于室内、室外空气的温度不同，密度也不同，当室内空气温度高于室外空气温度时，室内空气的密度却小于室外空气的密度。建筑物上下有两个窗孔，室内空气会从上部窗孔流向室外，室外空气会从下部窗孔进入室内，当从建筑物下部窗孔进入室内的室外空气量等于从上部窗孔流向室外的室内空气量时，建筑物内可保持静压为一稳定值。热压作用和室内外的空气密度差有关，和建筑物上下两个窗孔的高差有关。

热压作用下的自然通风换气量取决于室内外温度差和进排风口的高度差。温差越大，高度差越大，通风换气量就越大。

建筑物外墙内外两侧的压差称为余压。当余压为零时，我们把建筑物所处的平面称为中和面。建筑物的中和面以下窗孔为进风，建筑物的中和面以上窗孔为排风。

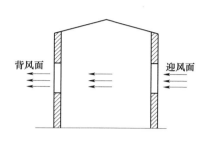

图 4.2 风压作用下的自然通风

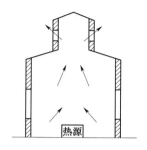

图 4.3 热压作用下的自然通风

3. 风压、热压共同作用下的自然通风

当建筑物受到风压和热压的共同作用时，建筑物外围护结构各窗孔上作用的内外压差等于其所受到的风压和热压之和。如果建筑物进排风窗孔布置成如图 4.4 所示的情况，就可利用热压和风压的共同作用，增大建筑物的自然通风量。

但是，由于室外风速、风向经常变化，不是一个稳定可靠的作用因素，为了保证自然通风的效果，在实际的自然通风设计中，通常只考虑热压的作用，但要定性地考虑风压对自然通风效果的影响。

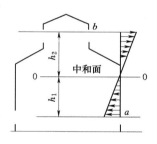

图 4.4 余压沿外墙高度上的变化规律

## 4.2.2 改善自然通风效果的措施

在工业建筑中，通常都是利用有组织的自然通风来改善工作区的工作条件，自然通风效果的好坏与通风车间的建筑形式、总平面布置、车间内部工艺布置以及风压和热压的作用情况等因素有关。

1. 进风窗

布置自然通风车间的进风窗时，夏季进风窗的下缘距室内地坪越低，对进风越有利。因此，一般不高于 1.2m，高温车间可取 0.6～0.8m，以便室外新鲜空气可直接进入工作区。在冬季，为了防止室外冷空气直接进入工作区，进风窗的下缘距室内地坪不宜小于 4m。因此，在气候较寒冷的地区，宜设置上、下两排进风窗，供冬、夏两季分别使用。由于夏季室内的余热量大，下部进风窗面积应当开得比冬季进风窗的面积大一些。

2. 避风天窗与风帽

（1）避风天窗。采用自然通风的热工车间，当有风压作用时，迎风面上部排风天窗的热压会被风压抵消一部分，使天窗两侧的压差减小，当车间的热压较小或室外风压很大时，迎风面的排风天窗会排不出风，甚至会发生倒灌现象，严重地影响热车间的自然通风效果。因此，普通天窗在有风的情况下，需要关闭迎风面的天窗，只依靠背风面的天窗排风，这不仅需要增加天窗的面积，而且管理上也很不方便。

为了防止发生排风天窗的倒灌现象，并能利用风压来改善自然通风的效果，可采用避风天窗和风帽。

在普通天窗附近加设挡风板或采取其他措施，以保证天窗的排风口在任何风向下都处于负压区的天窗称为避风天窗。常见的避风天窗有矩形避风天窗、下沉式避风天窗、曲（折）线型避风天窗等形式。

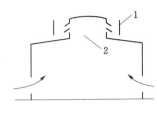

图 4.5　矩形避风天窗
1—挡风板；2—喉口

矩形避风天窗如图 4.5 所示。挡风板通常用钢板、木板或木棉板等材料制作，两端应封闭，上缘应与天窗的屋檐高度相同。挡风板与天窗窗扇之间的距离为天窗高度的 $1.2\sim1.3$ 倍，挡风板下缘与屋面之间应留有 $50\sim60\,mm$ 的间距，以便排除屋面雨水。矩形避风天窗的采光面积大，便于排风，但结构复杂，造价高。

下沉式避风天窗如图 4.6 所示。其特点是部分屋面凹下，利用屋架本身的高差形成低凹的避风区。下沉式避风天窗不需要设专门的挡风板和天窗架，造价比矩形避风天窗低，但是不便于清扫积灰和排除屋面雨水。

图 4.6　下沉式避风天窗

曲（折）线型天窗的构造如图 4.7 所示。其挡风板的形状是折线或曲线。与矩形避风天窗相比，这种避风天窗的排风量大，阻力小，重量轻，造价也低。

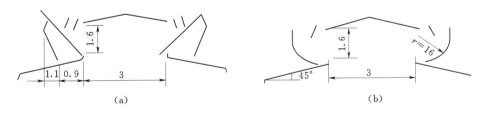

(a)　　　　　　　　　　　　　(b)

图 4.7　曲（折）线型避风天窗（单位：m）
(a) 折线型避风天窗；(b) 曲线型避风天窗

（2）避风风帽。避风风帽是一种在自然通风房间的排风口处，利用风力造成的抽力来加强排风能力的装置，其结构如图 4.8 所示。避风风帽是在普通风帽的周围增设一圈挡风圈，挡风圈的作用与避风天窗挡风板的作用相同，当室外气流吹过风帽时，在排风口周围形成负压区来防止室外空气倒灌，负压的抽吸作用可增强房间的通风换气能力。此外，风帽还具有防止雨水和污物进入风道或室内的作用。图 4.9 是利用透风风帽进行自然通风的示意图。

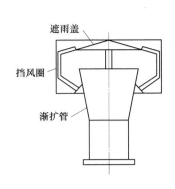

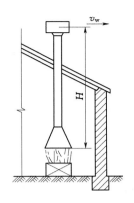

图 4.8　避风风帽构造示意图　　　　图 4.9　利用避风风帽自然通风示意图

### 4.2.3　建筑设计与自然通风的配合

为了使建筑具有良好的自然通风效果，建筑设计应当根据自然通风原理来进行。建筑设计与自然通风配合时需要注意的主要问题有：

（1）为避免建筑物有大面积的围护结构受西晒的影响，车间的长边应尽量布置成东西向，尤其是在炎热地区。

（2）车间的主要进风面应当与夏季主导风向成 60°～90°，且不宜小于 45°，并应与避免西晒的问题一同考虑。

（3）车间周围，特别是在迎风面一侧不宜布置附属建筑物。当采用自然通风的低矮建筑与较高的建筑物相邻时，为了避免风力在高大建筑物周围形成的正、负压区对低矮建筑自然通风的影响，各建筑之间应当留有一定的间距。

（4）炎热地区的厂房，如果车间内不产生大量的有害气体和粉尘，且车间内部阻挡物较少，以及室外气流在车间内的速度衰减比较小时，可考虑采用以穿堂风为主的自然通风。这时，建筑物迎风面和背风面外墙上的进、排风窗口面积应占外墙总面积的 25% 以上。

自然通风是一种比较经济的通风方式，它不消耗动力。自然通风换气量的大小与室外气象条件密切相关，人们难以精确控制通风换气量，送入房间的空气不能处理，有时就不能满足要求。余热量较大的热车间常采用自然通风，降低室内温度。自然通风除了用于工业与民用建筑的全面通风外，某些热设备的局部排气系统也可以采用自然通风。

# 4.3　机　械　通　风

自然通风虽然具有不消耗能量、结构简单、不需要复杂的装置和专人管理等优点，是一种条件允许时应优先采用的经济的通风方式。但由于自然通风的作用压力比较小，风压和热压受自然条件的影响较大，其通风量难以控制，通风效果不稳定，因此，在一些对通风要求较高的场合难以采用，这时需设置机械通风系统。

机械通风是依靠风机提供的动力强制性地进行室内、外空气交换的通风方式。与自然通风相比，机械通风的作用范围大，可采用风道把新鲜空气送到需要的地点或把室内指定地点被污染的空气排到室外，机械通风的通风井和通风效果可人为地加以控制，不受自然条件的影响。但是，机械通风需要配置风机、风道、阀门以及各种空气净化处理设备，需要消耗能量，结构也较复杂，初投资和运行费用较大。机械通风系统根据其作用范围的大小，可分为全面通风和局部通风两种类型。

### 4.3.1　全面通风

全面通风是对整个房间进行通风换气，用送入室内的新鲜空气把整个房间里的有害物浓度稀释到卫生标准的允许浓度以下，同时把室内被污染的污浊空气直接或经过净化处理后排放到室外大气中去。

全面通风包括全面送风和全面排风，两者可同时或单独使用，单独使用时需要与自然进风、排风方式相结合。

图 4.10 是全面机械排风、自然进风系统的示意图。室内污浊空气在风机作用下通过排风口和排风管道排到室外，而室外新鲜空气在排风机抽吸造成的室内负压作用下，通过外墙上的门、窗孔洞或缝隙进入室内。这种通风方式由于室内是负压，可以防止室内空气中的有害物向邻近房间扩散。

图 4.11 是全面机械送风、自然排风系统的示意图。室外新鲜空气经过空气处理设备处理达到要求的送风状态后，用风机经送风管和送风口送入室内。这时，室内因不断地送入空气，压力升高，呈正压状态，并使室内空气在正压作用下，通过外墙上的门、窗孔洞或缝隙排向室外。这种通风方式在与室内卫生条件要求较高的房间相邻时不宜采用，以免室内空气中的有害物在正压作用下向邻室扩散。

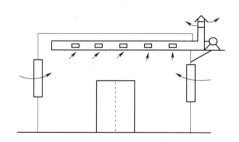

图 4.10　全面机械排风、
自然进风示意图

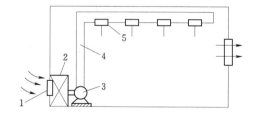

图 4.11　全面机械送风、自然排风示意图
1—进风口；2—空气处理设备；3—风机；
4—风道；5—送风口

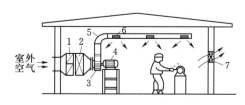

图 4.12　全面机械送风、排风示意图
1—空气过滤器；2—空气加热器；3—风机；
4—电动机；5—风管；6—送风口；7—轴流风机

图 4.12 是全面机械送风、排风系统的示意图。室外新鲜空气在送风机作用下经过空气处理设备、送风管道和送风口送入室内，污染后的室内空气在排风机的作用下直接排至室外，或送往空气净化设备处理，达到允许的有害物浓度的排放标准后排入大气。

全面通风的通风效果除了与所采用的通风系统的形式有关外，还与通风房间的气流组织形式有关。为了获得良好的全面通风效果，需要合理地选择和设置送风、排风口的形式，数量和位置，图 4.13 是几种全面通风房间气流组织的布置形式。

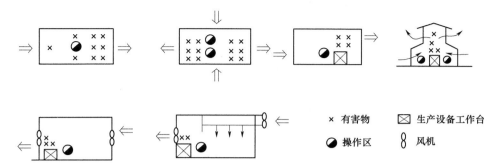

图 4.13　全面通风房间气流组织示意图

在通风房间的气流组织中，送风口应靠近工作区，使室外新鲜空气以最短的距离到达工作地点，减少在途中被污染的可能。排风孔则应当布置在有害物的产生地点或有害物凝聚集中的地方，以便迅速地排除污染过的空气。当有害气体的密度小于空气的密度时，排风口应布置在房间的上部，送风口布置在房间的下部；当有害气体的密度大于空气的密度时，在房间的上、下位置都要设置排风口。但是，如果有害气体的温度高于周围空气的温度，或车间内有上升的热气流时，则不论有害气体的密度大于还是小于空气的密度，排风口都应布置在房间的上部，送风口应布置在房间的下部。

### 4.3.2　局部通风

局部通风系统包括局部送风和局部排风，两者都是利用局部气流，使局部的工作区域不受有害物的污染，以营造良好的局部工作环境。

#### 1. 局部送风

局部送风是将处理后符合标准的空气送到局部工作地点，造成对工作人员温度、湿度、清洁度适宜的局部空气环境，以保证工作地点的良好环境。对于面积较大且工作人员很少的生产车间（如高温车间），采用全面通风的方法改善整个车间的空气环境既困难又不经济，而且往往也没有必要，这时，可采用局部送风方法，向少数工作人员停留的地点送风，使局部工作区域保持较好的空气环境即可，直接向人体送风的方法又称为空气淋浴，如图 4.14 所示。

空气幕属于局部送风。对于大型的公共建筑和工业厂房的出入口，一般是经常开启的，在寒冷地区的冬季，室外的冷空气会随着开启的外门进入室内。为了保证室内的温度达到一定的要求，需在大门处设置空气幕，减少冷空气侵入。热空气幕送出空气的温度一般不超过50℃。当送风口设置在大门上部时，喷出的气流卫生条件较好，如图 4.15 所示。

#### 2. 局部排风

局部排风是把有害物质在生产过程中产生地点直接收集起来并排放到室外的通风方法。这是防止有害物质向四周扩散的最有效的措施。与全面通风相比，局部排风除了能有效防止有害物质污染环境和损害人们的身体健康外，还可以大大地减少排除有害物质所需的通风量，是一种经济的排风方式。图 4.16 是一个局部排风系统的示意图，通常由以下几部分组成：

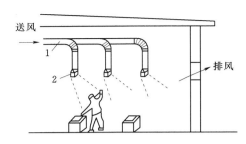

图 4.14　局部送风系统示意图

1—风管；2—送风口

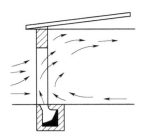

图 4.15　空气幕送风

（1）局部排风罩。局部排风罩的作用是捕集有害物质。局部排风罩的形式很多，概括起来可分为密闭罩、外部吸气罩、接收式排风罩和吹吸式排风罩等类型。

密闭罩的主要特点是把产生有害物质的地点完全封闭起来，使有害物质被限制在很小的空间里，从而只需要很小的排风量就可以有效地控制有害物质的扩散，如图 4.17 所示。

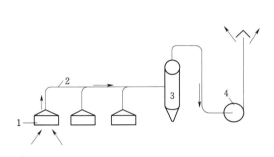

图 4.16　局部排风系统示意图

1—局部排气罩；2—风管；3—净化设备；4—通风机

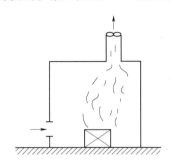

图 4.17　密闭式排风罩示意图

有时由于受工作条件的限制，无法把产生有害物质的设备完全封闭起来，而只能把局部排风罩设置在有害物源附近，依靠机械排风造成的负压，把产生的有害物质吸入罩内，这类局部排风罩统称为外部吸气罩，如图 4.18 所示。

图 4.18　外部吸气罩示意图

图 4.19　高温热源的接受式排风罩

接受式排风罩是依靠生产过程（或设备）本身产生或诱导的气流，携带有害物质进入排风罩。例如在热源上部靠上升热气流排除余热的接收罩（图 4.19）和砂轮机旁靠砂轮旋转磨削产生的惯性物诱导的气流射入的接受罩（图 4.20）等。

外部吸气罩在距离有害物源较远时，要在有害物产生地点造成一定的空气流动是比较难的。在这种情况下，可利用吹气气流把有害物质吹向外部吸气罩的吸气口，这种排风罩具有外部吸气罩和接受罩的双重功能，称为吹吸式排风罩，如图 4.21 所示。

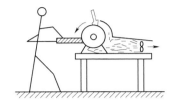

图 4.20　砂轮磨削的接受式排风罩　　图 4.21　吹吸式排风罩示意图

（2）风道。风道是通风系统中用于输送空气的管道。风道通常采用薄钢板制作，也可采用塑料、混凝土、砖、砌块等其他材料制作。

风道的断面有圆形、矩形等形状。圆形风道的强度大，在同样的流通断面面积下，比矩形风道节省管道材料、阻力小。但是，圆形风道不易与建筑配合，一般适用于风道直径较小的场合。对于大断面的风道，通常采用矩形风道，矩形风道容易与建筑配合布置、也便于加工制作。但矩形风道流通断面的宽高比宜控制在 3∶1 以下，以便尽量减小风道的流动阻力和材料消耗。

（3）空气净化处理设备。为了防止大气污染，当排风中的有害物浓度超过卫生标准所允许的最高浓度时，必须用除尘器或其他有害气体净化设备对排风空气进行处理，达到规范允许的排放标准后才能排入大气。

（4）风机。风机是为通风系统中的空气流动提供动力的机械设备。在排风系统中，为了防止有害物质对风机的腐蚀和磨损，通常把风机布置在空气处理设备的后面。风机可分为离心风机和轴流风机两种类型。

# 4.4　通　风　设　备

对于自然通风，其设备装置较简单，只需用进、排风窗以及附属的开关装置即可。其他各种通风方式，包括机械通风系统和管道式自然通风系统，则由较多的构件和设备组成。

机械排风系统一般由有害污染物收集和净化设备、排风道、风机、排风口及风帽等组成；而机械送风系统一般由进风口、风道、空气处理设备、风机和送风口等组成。在机械通风系统中还应设置必要的调节通风量和启闭系统运行的各种控制部件，即各式阀门。

在这些通风方式中，除了利用管道输送空气以及机械通风系统使用风机造成空气流动的作用压力外，一般还包括如下一些部分：全面排风系统尚有室内排风口和室外排风装置；局部排风系统尚有局部排风罩、排风处理设备以及室外排风装置；进风系统尚有室外进风装置、进风处理设备以及室内送风口等。下面仅就一些主要设备和构件做简要的介绍。

### 4.4.1　室内送、排风口

室内送风口是送风系统中风道的末端装置，由送风道而来的空气，通过送风口以适当的速度均匀地分配到各个指定的送风地点。室内排风口是排风系统的始端吸入装置，车间内被污染的空气经过排风口进入排风道内。室内送、排风口的任务是将各送风、排风所需的空气量按一定的方向、速度送入室内和排出室外。

室内送风口的形式有多种，构造最简单的形式是在风管上直接开设孔口送风，根据孔口开设的位置有侧向送风口、下部送风口，如图 4.22 所示，其中图 4.22（a）为风管侧送风口，除孔口本身外，送风口无任何调节装置，无法调节送风的流量和方向；图 4.22（b）为插板式风口，其中送风口处设置了插板，可以调节送风口截面积的大小，便于调节送风量，但仍不能改变和控制气流的方向。

性能较好的常用室内送风口是百叶式送风口，可以在风道上、风道末端或墙上安装。如图 4.23 所示，对于布置在墙内或暗装的风道可采用这种送风口，将其安装在风道末端或墙壁上。百叶式送风口有单、双层和活动式、固定式之分，其中双层百叶式风口不仅可以调节控制气流速度，还可以调整气流的角度，为了美观还可采用各种花纹图案式送风口。

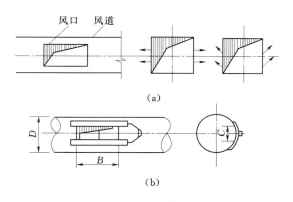

图 4.22　两种最简单的送风口
（a）风管侧送风口；（b）插板式送、吸风口

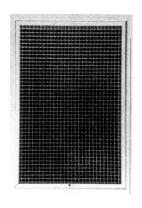

图 4.23　百叶式送风口

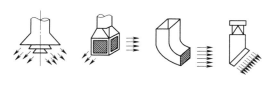

图 4.24　空气分布器

在工业厂房中，往往需要向某些工作地点供应大量的空气，从较高的上部风道向工作区送风，为了避免工作地点有"吹风"的感觉，要求在送风口附近的风速迅速降低，能满足这种要求的大型室内送风口，通常叫做空气分布器，如图 4.24 所示。

送风口及空气分布器的形式很多，其构造和性能可查阅《全国通用采暖通风标准设计图集》。

室内排风口是全面排风系统的一个组成部分，室内被污染的空气经由排风口进入排风管道。排风口的种类较少，通常做成百叶式，多采用单层百叶式排风口，有时也采用水平排风道上开孔的孔口排风形式。图4.23所示的送风口，也可以用于排风系统，当作排风口使用。

室内送、排风口的位置决定了通风房间的气流组织形式。室内送、排风口的布置情况，是决定通风气流方向的一个重要因素，而气流的方向是否合理，将直接影响全面通风的效果。通风房间气流组织的常用形式有上送下排、下送上排、中间送上下排等，选用时应按照房间功能、污染物类型、有害源位置、有害物分布情况、工作地点的位置等因素来确定。

室内送风口的布置原则是：在全面通风系统中室内送风口的布置应靠近工作地点，使新鲜空气以最短距离到达作业地带，避免途中受到污染；应尽可能使气流分布均匀，减少涡流，避免有害物在局部空间积聚；送风口处最好设置流量和流向调节装置，使之能按室内要求改变送风量和送风方向；尽量使送风口外形美观、少占空间；对清洁度有要求的房间送风应考虑过滤净化。

室内排风口的布置原则是尽量使排风口靠近有害物产源地点或浓度高的区域，以便迅速排污。

### 4.4.2　风道

风道的作用是输送空气。风道的制作材料、形状、布置均与工艺流程、设备和建筑结构等有关。

#### 4.4.2.1　风道的材料、形状及保温

制作风道的常用材料有薄钢板、塑料、玻璃钢、矿渣石膏板、砖、混凝土等。风道选材是由系统所输送的空气性质以及就地取材的原则来确定的。一般来讲，输送腐蚀性气体的风道可用涂刷防腐油漆的钢板或硬塑料板、玻璃钢制作；埋地风道通常用混凝土板做底、两边砌砖，用预制钢筋混凝土板做顶；利用建筑空间兼作风道时，多采用混凝土或砖砌风道。

1. 金属薄板

金属薄板是制作风管及部件的主要材料，通风工程常用的钢板厚度为0.5~4mm。常用的有普通薄钢板、镀锌钢板、不锈钢板、铝板及塑料复合钢板等。它们的优点是易于工业化加工制作，安装方便，能承受较高温度。

（1）普通薄钢板具有良好的加工性能和结构强度，但其表面易生锈，应刷漆进行防腐。

（2）镀锌薄钢板由普通薄钢板镀锌而成，由于表面镀锌可起防腐作用，目前应用广泛，一般用来制作不受酸雾作用的潮湿环境中的风管。

（3）铝及铝合金板加工性能好，耐腐蚀摩擦时不易产生火花，常用于通风工程的防爆系统。

（4）不锈钢板具有耐酸能力，常用于化工环境中需耐腐蚀的通风系统。

（5）塑料复合板是在普通薄钢板表面喷上一层0.2~0.4mm厚的塑料层。常用于防尘要求较高的通风系统和-10~70℃温度下耐腐蚀系统的风管。

2. 非金属材料

（1）硬聚氯乙烯塑料板适用于有酸性腐蚀作用的通风系统，具有表面光滑，制作方便

等优点。但不耐高温，不耐寒，只适用于 $0 \sim 60℃$ 的空气环境，在太阳辐射作用下易脆裂。

（2）无机玻璃钢风管是以中碱玻璃纤维作为增强材料，用十几种无机材料科学地配成黏结剂作为基体，通过一定的成型工艺制作而成。具有质轻、高强、不燃、耐腐蚀、耐高温、抗冷融等特性。

工业通风系统常使用薄钢板制作风道，截面呈圆形或矩形，根据用途（一般分通风系统、除尘系统）及截面尺寸（$D = 100 \sim 2000mm$）的不同，钢板厚度为 $0.5 \sim 4mm$。输送腐蚀性气体的通风系统，如采用涂刷防腐油漆的钢板风道仍不能满足要求时，可用硬聚氯乙烯塑料板制作，截面也可做成圆形或矩形，厚度为 $2 \sim 8mm$。埋在地下的风道，通常用混凝土板做底，两边砌砖，内表面抹光，上面再用预制的钢筋混凝土板做顶，如地下水位较高，尚需做防水层。

风道的断面形状为矩形或圆形。圆形风道的强度大、阻力小、耗材少，但占用空间大、不易与建筑配合。对于高流速、小管径的除尘和高速空调系统，或是需要暗装时可选用圆形风道。矩形风道容易布置，便于加工。低流速、大断面的风道多采用矩形。矩形风道适宜的宽高比在 3.0 以下。我国已于 1975 年制定了《通风管道统一规格》可供遵循。

风道在输送空气过程中，如果要求管道内空气温度维持恒定，或是避免低温风道穿越房间时外表面结露，或是为了防止风道对某空间的空气参数产生影响等情况，均应考虑风道的保温处理问题。保温材料主要有软木、泡沫塑料、玻璃纤维板等。保温厚度应根据保温要求进行计算。保温层结构可参阅有关国家标准图。

#### 4.4.2.2 风道的布置

风道的布置应在进风口、送风口、排风口、空气处理设备、风机的位置确定之后进行。风道布置应服从整个通风系统的总体布局，并与土建、生产工艺和给水排水等各专业互相协作、配合；应使风道少占建筑空间并不得妨碍生产操作；风道布置还应尽量缩短管线、减少分支、避免复杂的局部管件；应便于安装、调节和维修；风道之间或风道与其他设备、管件之间合理连接以减少阻力和噪声；风道布置应尽量避免穿越沉降缝、伸缩缝和防火墙等；对于埋地风道应避免与建筑物基础或生产设备底座交叉，并应与其他管线综合考虑；风道在穿越火灾危险性较大房间的隔墙、楼板处以及垂直和水平风道的交接处，均应符合防火设计规范的规定。

在某些情况下可以把风道和建筑物本身构造密切结合在一起。在居住和公用建筑中竖直的砖风道通常就砌筑在建筑物的内墙里，为了防止结露和影响自然通风的作用压力，竖直风道一般不允许设在外墙中，而设在间壁墙中，否则应设空气隔离层。相邻的两个排风或进风竖风道，其间距不应小于 1/2 砖；相邻的进风道和排风道，其间距不应小于 1 砖。

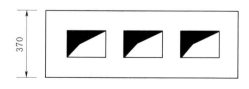

图 4.25　内墙风道（单位：mm）

风道的断面尺寸应按砖的尺寸取整数倍，其最小尺寸为 1/2 砖×1/2 砖，如图 4.25 所示。如果内墙墙壁较薄，小于 1.5 砖时，应设贴附风道，如图 4.26 所示。当贴附风道沿外墙内侧布设时，应在风道外壁和外墙内壁之间留有 40mm 厚的空气保温层，设在阁楼里和不供暖房间里的水平排风道可用下列材料制作：如果排风的湿度正常，用 40mm 厚的双层矿渣石膏板（如图 4.27 所示）；排风的湿度较大，用 40mm 厚的双层矿渣混凝土板；排风的温度很大，可用镀锌薄钢板或涂漆良好的普通薄钢板，外面加设保温层。各楼层内性质相同的一些房间的竖向排风道，可以在顶部（阁楼里或最上层的走廊及房间顶棚下）汇合在一起。对于高层建筑尚需符合防火规范的规定。

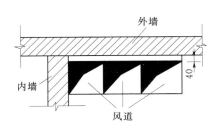

图 4.26　贴附风道（单位：mm）

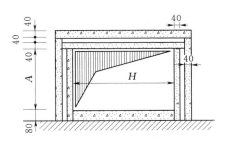

图 4.27　水平风道（单位：mm）

工业通风系统在地面以上的风道通常采用明装，风道用支架或支撑沿墙壁及柱子敷设，或者用吊架吊在楼板或桁架的下面（风道距墙较远时），或用吊架固定在楼板、桁架之下。在满足使用要求的前提下尽可能布置得美观。在不影响生产过程并且各种工艺设备不相冲突的前提下，力求缩短风道的长度。此外，对于大型风道还应尽量避免影响采光。

在有些情况下，可以把风道和建筑结构密切地结合在一起，例如对采用锯齿形屋顶结构的纺织厂，便可很方便地将风道与屋顶结构结合为一体。这样布置的风道，既不影响工艺和采光，又整齐美观。

### 4.4.3　室外进、排风装置

1. 室外进风装置

室外进风口是通风和空调系统采集新鲜空气的入口。根据进风室的位置不同，室外进风口可采用竖直风道塔式进风口，如图 4.28 所示，其中图 4.28(a) 是贴附于建筑的外墙上；图 4.28(b) 是做成离开建筑物而独立的构筑物，也可以采用设在建筑物外围结构上的墙壁式或屋顶式进风口，如图 4.29 所示。

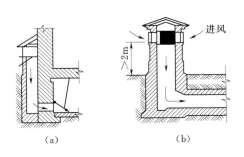

图 4.28　塔式室外进风装置
(a) 贴附于建筑的外墙上的进风口；(b) 进风口设置为离开建筑而独立的构筑物

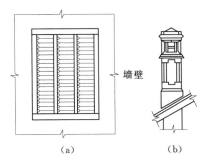

图 4.29　墙壁式和屋顶式进风装置
(a) 墙壁式；(b) 屋顶式

2. 室外进风口的位置要求

（1）设置在室外空气较为洁净的地点，在水平和垂直方向上都应远离污染源。

（2）室外近风口下缘距室外地坪的高度不宜小于 2m，并须装设百叶窗，以免吸入地面上的粉尘和污物，同时可避免雨、雪的侵入。

（3）用于降温的通风系统，其室外进风口宜设在背阴的外墙侧。

（4）室外进风口的标高应低于周围的排风口，且宜设在排风口的上风侧，以防吸入排风口排出的污浊空气，具体地说，当进风口、排风口相距的水平间距小于 20m 时，进风口应比排风口至少低 6m。

（5）屋顶式进风口应高出屋面 0.5～1.0m，以免吸进屋面上的积灰和被积雪埋没。室外新鲜空气由进风装置采集后直接送入室内通风房间或送入进风室，根据用户对送风的要求进行预处理。机械送风系统和管道式自然送风系统的室外进风装置，应设在室外空气比较洁净的地点，在水平和竖直方向上都要尽量远离和避开污染源。

### 4.4.4　通风机

通风机是用于为空气气流提供必需的动力以克服输送过程中的压力损失。在通风工程中，根据通风机的作用原理主要有离心式和轴流式两种类型。在特殊场所使用的还有高温通风机、防爆通风机、防腐通风机和耐磨通风机等。

1. 离心式通风机

离心式通风机简称离心风机，其构造如图 4.30 所示，与离心式水泵相类似，同属流体机械的一种类型。它是由叶轮、机轴、机壳、导流器（吸风口）、电机等部分组成。叶轮上有一定数量的叶片，机轴由电动机带动旋转，叶片间的空气随叶轮旋转而获得离心力，并从叶轮中心以高速抛出叶轮之外，汇集到螺旋线形的机壳中，速度逐渐减慢，空气的动压转化成静压获得一定的压能，最终从排风口压出。当叶轮中的空气被压出后，叶轮中心处形成负压，此时室外空气在大气压力作用下由吸风口被吸入叶轮，再次获得能量后被压出，形成连续的空气流动。

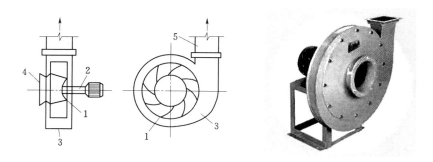

图 4.30　离心风机构造示意图

1—叶轮；2—机轴；3—机壳；4—导流器；5—排风口

不同用途的风机，在制作材料及构造上有所不同。用于一般通风换气的普通风机（输送空气的温度不高于 80℃，含尘浓度不大于 150mg/m³），通常用钢板制作，小型的也有用铝板制作的；除尘风机要求耐磨和防止堵塞，因此钢板较厚，叶片较少并呈流线型；防腐风机一般用硬聚氯乙烯板或不锈钢板制作；防爆风机的外壳和叶轮均用铝、铜等非铁金属制作，或外壳用钢板而叶轮用非铁金属制作等。离心风机的机号，是用叶轮外径的分米数表示的，不论哪一种形式的风机，其型号均与叶轮外径的分米数相等。离心风机的全称包括名称、型号、机号、传动方式、旋转方向和出风口位置等内容，一般书写顺序为：

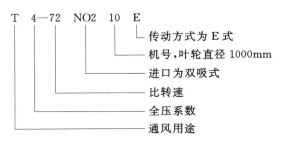

其中，全压系数是衡量不同类型风机压头大小的参数。同类型的风机在风机叶轮直径及转数相同条件下，全压系数越大则压头也越大，机号是用叶轮外径的分米数表示，前面冠以符号NO；传动方式则表示风机的 6 种传动方式，如 A 型表示直联，即叶轮装在电动机轴上，E 型为叶轮在两轴承中间，带轮悬臂传动。

### 2. 轴流式通风机

轴流式通风机简称轴流风机，如图 4.31 所示，叶轮安装在圆筒形外壳中，叶轮由轮毂和铆在其上的叶片组成，叶片与轮毂平面安装成一定的角度。叶片的构造形式很多，如帆翼型扭曲或不扭曲的叶片，等厚板型扭曲或不扭曲叶片等。大型轴流风机的叶片安装角度是可以调节的，借以改变风量和全压。有的轴流风机做成长轴形式，将电动机放在机壳的外面。大型的轴流风机不与电动机同轴，而用三角带传动。当叶轮由电动机带动旋转时，空气从吸风口进入风机中沿轴向流动经过叶轮和扩压器时压头增大，从出风口排出。电动机安装在机壳内部。

图 4.31　轴流风机图

轴流风机产生的风压低于离心风机，以 500Pa 为界分为低压轴流风机和高压轴流风机。其全称可写成：

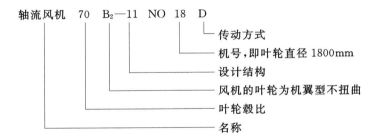

轴流风机与离心风机相比较，在性能上最主要的差别是，轴流风机产生风压较小，单级式轴流风机的风压一般低于 300Pa；轴流风机自身体积小、占地少，可以在低压下输送大流量空气，噪声大，允许调节范围很小等。轴流风机一般多用于无需设置管道以及风道阻力较小的通风系统。

3. 风机的基本性能参数

（1）风量。通风机在标准状况下工作时，在单位时间内所输送的气体体积，称为风机风量，以符号 $Q$ 表示，单位为 m³/h 或 L/s。

（2）全压。通风机在标准状况下工作时，1m³ 气体通过风机以后获得的能量，称为风机全压，以符号 $H$ 表示，单位为 Pa。

（3）功率和效率。通风机的功率是单位时间内通过风机的气体所获得的能量，以符号 $N$ 表示，单位为 kW，风机的这个功率称为有效功率。

电动机传递给风机转轴的功率称为轴功率，用符号 $N_轴$ 表示，轴功率包括风机的有效功率和风机在运转过程中损失的功率。

通风机的效率是指风机的有效功率与轴功率的比值，以符号 $\eta$ 表示，即可写成

$$\eta = \frac{N}{N_轴} \times 100\% \tag{4.1}$$

通风机的效率是评价风机性能好坏的一个重要参数。

（4）转速。通风机的转速指叶轮每分钟的转数，以符号 $n$ 表示，单位为 r/min。通风机常用转速为 2900r/min、1450r/min、960r/min。选用电动机时，电动机的转速必须与风机的转速一致。

4. 风机的选择

选择通风机时，必须根据风量 $Q$ 和相应于计算风量的全压 $H$，参阅厂家样本或有关设备选用手册来选择，确定经济合理的台数。

### 4.4.5 阀门及通风配件

1. 阀门

通风系统中的阀门主要用于启动风机，关闭风道、风口，调节管道内空气量，平衡阻力等。阀门安装于风机出口的风道、主干风道、分支风道上或空气分布器之前等位置。常用的阀门有插板阀、蝶阀。

蝶阀的构造如图 4.32 所示，多用于风道分支处或空气分布器前端。转动阀板的角度即可改变空气流量。蝶阀使用较为方便，但严密性较差。

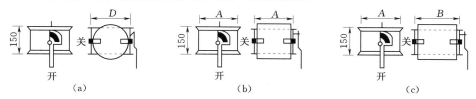

图 4.32　蝶阀构造示意图（单位：mm）
(a) 圆形；(b) 方形；(c) 矩形

插板阀的构造如图 4.33 所示，多用于风机出口或主干风道处，用作开关。通过拉动手柄来调整插板的位置即可改变风道的空气流量。其调节效果好，但占用空间大。

2. 通风工程中辅助配件

通风工程中辅助配件主要有各种类型风帽。风帽在自然排风、机械排风系统中经常使用，安装在室外，是通风系统的末端设备，主要的作用是防止雨雪直接灌入系统风道内，同时可以适应由于风向的变化而影响排风效果，并保证气体排出口处形成

图 4.33 插板阀构造示意图

负压而使气体顺利排出。风帽就是利用室外风力在风帽处形成负压而加强排风能力的一种辅助设备。

风帽常用的有伞形风帽、锥形风帽、筒形风帽等类型，其构造如图 4.34 所示。

伞形风帽适用于一般的机械通风系统；锥形风帽适用于除尘或非腐蚀性但有毒的通风系统；筒形风帽适用于自然通风系统。

3. 风道支架

风道支架多采用沿墙、沿柱敷设的托架及吊架，其支架形式如图 4.35 所示。

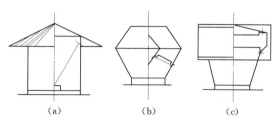

图 4.34 风帽种类外形图
(a) 伞形风帽；(b) 锥形风帽；(c) 筒形风帽

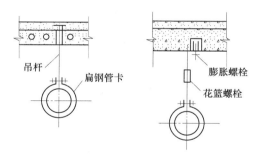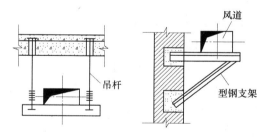

图 4.35 风道支架形式

圆形风管多采用扁钢管卡吊架安装，对直径较大的圆形风管可采用扁钢管卡两侧做双吊杆，以保证其稳固性。吊杆采用圆钢，圆钢规格应根据有关施工图集规定选择。矩形风管多采用双吊杆吊架及墙、柱上安装型钢支架，矩形风道可置放于角钢托架上。

吊架可穿楼板固定、膨胀螺栓固定、预埋件焊接固定。

矩形风道采用的圆钢吊杆、角钢横担均应按有关图集选定，集中加工不得任意改变圆钢的规格。

风道支架不仅承受风道及保温层的重量，也需承受输送气体时的动荷载，因此在施工中应按有关图集要求的支架间距安装，不得与土建或其他专业管道支架共用。施工时应保证管中心位置、支架间距，支架应牢固平整。

# 4.5 高层建筑防烟、排烟

在火灾事故的死伤者中，大多数是由于烟气的窒息或中毒所造成的。在现代的高层建筑中，由于使用各种在燃烧时产生有毒气体的装修材料，以及高层建筑中各种竖向管道产生的烟囱效应，使烟气更加容易迅速地扩散到各个楼层，不仅造成人身伤亡和财产损失，而且由于烟气遮挡视线，还使人们在疏散时产生心理上的恐惧，给消防抢救工作带来很大困难。因此，在高层建筑的设计中，必须认真慎重地进行防火排烟设计，以便在火灾发生时，顺利地进行人员疏散和消防灭火工作。

根据《建筑设计防火规范》（GB 50016—2014）的规定，对于建筑高度超过24m的新建、扩建和改建的高层民用建筑（不包括单层主体建筑高度超过24m的体育馆、会堂、影剧院等公共建筑，以及高层民用建筑中的人民防空地下室）及与其相连的裙房，都应进行防火设计。其中，需要设置防烟排烟设施的部位有：

（1）一类高层建筑和建筑高度超过32m的二类高层建筑的下列部位：①长度超过20m的内走道；②面积超过100m²且经常有人停留或可燃物较多的房间；③高层建筑的中庭和经常有人停留或可燃物较多的地下室。

（2）防烟楼梯间及其前室，消防电梯前室或合用前室。

（3）封闭避难层（间）。

工程实践中，高层建筑所采用的防烟排烟方式有自然排烟和机械排烟，下面分别进行介绍。

## 4.5.1 高层建筑的自然排烟

自然排烟是利用风压和热压做动力的排烟方式。自然排烟由于具有结构简单、不需要电源和复杂的装置、运行可靠性高、平常可用于建筑物的通风换气等优点。在我国目前的经济、技术条件和管理水平下，除建筑高度超过50m的一类公共建筑和建筑高度超过60m的居住建筑外，是具有可靠外墙的防烟楼梯间及其前室、消防电梯间前室和合用前室的建筑宜采用的排烟方式。为了保证火灾发生时人员疏散和消防扑救工作的需要，高层建筑的防烟楼梯间和消防电梯间应设置前室或合用前室，目的是：①阻挡烟气直接进入防烟楼梯间或消防电梯间；②作为疏散人员的临时避难场所；③降低建筑物竖向通道产生的烟囱效应，以减小烟气在垂直方向的蔓延速度；④作为消防人员到达着火层开展扑救工作的起始点和安全区。

自然排烟方式的主要缺点是排烟效果受风压、热压等因素的影响，排烟效果不稳定，设计不当时会适得其反。因此，要使自然排烟设计能够达到预期的防灾减灾的目的，需要对影响自然排烟的主要因素以及在自然排烟设计中如何减小和利用这些影响因素有所了解。

### 1. 高层建筑自然排烟的方式

（1）用建筑物的阳台、凹廊或在外墙上设置便于开启的外窗或排烟窗排烟。这是利用高温烟气产生的热压和浮力，以及室外风压造成的抽力，把火灾产生的高温烟气通过阳台、凹廊或在楼梯间外墙上设置的外窗和排烟窗排至室外，这种自然排烟方式如图 4.36 所示。

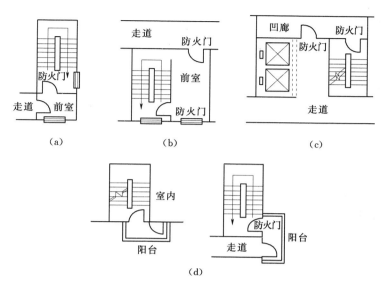

图 4.36 自然排烟方式示意图
（a）靠外墙的防烟楼梯间及其前室；（b）靠外墙的防烟楼梯间及其前室；
（c）带凹廊的防烟楼梯间；（d）带阳台的防烟楼梯间

从影响高层建筑烟气流动的风压和热压的分布特点可知，采用自然排烟的高层建筑前室或合用前室，如果在两个或两个以上不同朝向上有可开启的外窗（或自然排烟口），火灾发生时，通过有选择地打开建筑物背风面的外窗（或自然排烟口），则可利用风压产生的抽力获得较好的自然排烟效果，图 4.37 中是两个这样布置前室自然排烟外窗的建筑平面示意图。

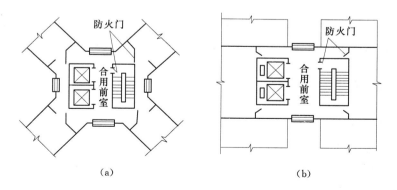

图 4.37 在多个朝向上有可开启外窗的前室示意图
（a）四周有可开启的前室；（b）两个不同朝向有开启外窗的前室

采用自然排烟时，热压的作用较稳定，而风压因受风向、风速和周围遮挡物的影响变化较大。当自然排烟口的位置处于建筑物的背风侧（负压区），烟气在热压和风压造成的抽力作用下，迅速排至室外。但自然排烟口如果位于建筑物的迎风侧（正压区），自然排烟的效果会视风压的大小而降低。当自然排烟口处的风压不小于热压时，烟气将无法从排烟口排至室外。因此，采用自然排烟方式时，应结合相邻建筑物对风的影响，将排烟口设在建筑物常年主导风向的负压区内。

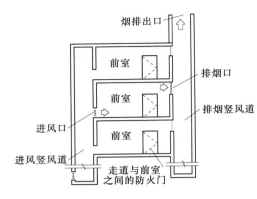

图 4.38　竖井排烟示意图

（2）排烟竖井排烟。就是在高层建筑防烟楼梯间前室、消防电梯前室或合用前室设置专用的排烟竖井和进风竖井，利用火灾时室内外温差产生的浮力（热压）和室外风力的抽力进行排烟，其排烟原理如图 4.38 所示。

竖井排烟方式在着火层与排烟口的高差较大时有较好的排烟效果，其主要缺点是所需要的排烟竖井的断面较大。研究表明：采用竖井排烟时，前室排烟竖井的截面积应不小于 6m² （合用前室不小于 9m²），排烟口的开口面积不小于 4m² （合用前室不小于 6m²）；前室进风竖井的截面积应不小于 2m² （合用前室不小于 3m²），进风口面积不小于 1m² （合用前室不小于 1.5m²）。这种排烟方式由于需要两个断面很大的竖井，不但占用了较多的建筑面积，还给建筑设计布置造成较大的困难，因而在实际工程中用的较少。

2. 自然排烟设计注意事项

自然排烟除了需要根据风压和热压的影响合理地设置自然排烟口位置外，在设计中还需注意下面一些问题：

（1）自然排烟口应设在房间净高的 1/2 以上，距顶棚或顶板下 800mm 以内。

（2）内走廊和房间的自然排烟口，距离该防烟分区最远点的水平距离应小于 30m。

（3）自然排烟窗、排烟口和送风口应由非燃烧材料制作，宜设置手动或自动开启装置，手动开关应设置在距地面 0.8～1.5m 的地方。

（4）当多层房间共用一个自然排烟竖井时，排烟口的位置应尽量靠近吊顶设置，排烟口的面积小于该防烟分区面积的 2%，排烟竖井烟气排出口的面积应不小于最大防烟分区面积的 2%。

（5）为了充分利用风压和热压的作用，排烟井的顶部可比建筑物最上层高一些，以增大热压的作用力，并且宜采用避风风帽增大竖井上部排烟口处负压的抽力。在高层建筑中，可采用自然排烟的部位和排烟口的有效面积，见表 4.1。

（6）由于自然排烟不依赖排烟设备，应根据所设计建筑物上的风压、热压分布情况，做好防火防烟分区的划分，确保疏散通道的安全。建筑设计时应考虑上下层房间的窗间墙有足够的高度，或设置遮挡以防止火势在浮力作用下向上层蔓延。

（7）当依靠前室的可开启外窗进行自然排烟时，为了防止烟气在热压作用下进入作为安全疏散通道的楼梯间，楼梯间也要设置可开启的外窗进行排烟。由于烟气比空气轻，为便于将烟气排出，排烟窗应当设置在各楼层的上方，并设有开启排烟窗的装置。

（8）排烟口应当选用操作性能良好、复位简单的产品。

表 4.1　　　　　　　　　　　　　　　自然排烟部位和排烟口的有效面积

| 序　号 | 自然排烟部位 | 排烟口形式 | 开口的有效面积 |
|---|---|---|---|
| 1 | 长度不大于 60m 的内走廊 | 外窗（或排烟口） | 走廊面积的 2% |
| 2 | 超过 100m² 需要排烟的房间 | 外窗（或排烟口） | 房间面积的 2% |
| 3 | 靠外墙的防烟楼梯间的前室或消防电梯前室 | 外窗 | ≥2m² |
| 4 | 靠外墙的合用前室 | 外窗 | ≥3m² |
| 5 | 靠外墙的防烟楼梯间 | 外窗 | 每 5 层开窗不小于 2m² |
| 6 | 不靠外墙的防烟楼梯间、前室或消防电梯前室 | 进风口<br>进风道 | ≥1m²<br>断面不小于 2m² |
| | | 排烟口<br>排烟竖井 | ≥4m²<br>断面不小于 6m² |
| 7 | 不靠外墙的合用前室 | 进风口<br>进风道 | ≥1.5m²<br>断面不小于 3m² |
| | | 排烟口<br>排烟竖井 | ≥6m²<br>断面不小于 9m² |
| 8 | 净高不大于 12m 的中厅 | 天窗或高侧窗 | 地面面积的 5% |

## 4.5.2　高层建筑的机械防烟

机械防烟是利用风机造成的气流和压力差来控制烟气流动方向的防烟技术。它是在火灾发生时用气流造成的压力差阻止烟气进入建筑物的安全疏散通道内，从而保证人员疏散和消防扑救的需要。实践表明，机械加压防烟技术具有系统简单、可靠性高、建筑设备投资比机械排烟系统少等优点，近年来在高层建筑的防排烟设计中得到了广泛的应用。根据《建筑设计防火规范》（GB 50016—2014）规定：高层建筑的下列部位应设置独立的机械加压防烟设施：

（1）不具备自然排烟条件的防烟楼梯间、消防电梯前室或合用前室。

（2）采用自然排烟措施的防烟楼梯间，其不具备自然排烟条件的前室。

（3）封闭避难层（间）。

## 4.5.3　高层建筑的机械排烟

1. 机械排烟系统的特点和设置场合

机械排烟就是使用排烟风机进行强制排烟，以确保疏散时间和疏散通道安全的排烟方式。机械排烟可分为局部排烟和集中排烟两种方式。局部排烟是在每个房间内设置排烟风机进行排烟，适用于不能设置竖风道的空间或旧建筑。集中排烟是将建筑物分为若干个区域，在每个分区内设置排烟风机，通过排烟风道排出各房间内的烟气。通常，对于重要的疏散通道必须排烟，以便在火灾发生时保证对疏散时间和疏散通道安全的要求。根据《建筑设计防火规范》（GB 50016—2014）的规定，一类高层建筑和建筑高度超过 32m 的二类高层建筑的下列部位应设置机械排烟设施：

（1）无直接自然通风且长度超过 20m 的内走道；或虽然有直接自然通风，但长度超过 60m 的内走道。

（2）面积超过 100m²，且经常有人停留或可燃物较多的地上无窗房间或设固定窗的房间。

（3）不具备自然排烟条件或净空超过 12m 的中庭。

（4）除利用窗井等开窗进行自然排烟的房间外，各房间总面积超过 200m²，或一个房间面积超过 50m²，且经常有人停留或可燃物较多的地下室。

机械排烟的主要优点是：①不受排烟风道内温度的影响，性能稳定；②受风压的影响小；③排烟风道断面小可节省建筑空间。

机械排烟的主要缺点是：①设备要耐高温；②需要有备用电源；③管理和维修复杂。

**2. 机械排烟系统**

（1）走道和房间机械排烟系统的布置。进行机械排烟设计时，需根据建筑面积的大小，水平或竖向分为若干个区域或系统。走道的机械排烟系统宜竖向布置；房间的机械排烟系统宜按防烟分区设置。面积较大、走道较长的走道排烟系统，可在每个防烟分区设置几个排烟系统，并将竖向风道布置在几处，以便缩短水平风道，提高排烟效果，如图 4.39 所示。对于房间排烟系统，当需要排烟的房间较多且竖式布置有困难时，可采用如图 4.40 所示的水平式布置。

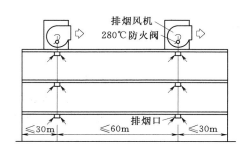

图 4.39　竖式布置的走廊排烟系统

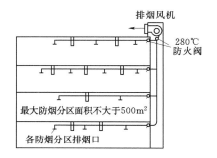

图 4.40　水平布置的房间排烟系统

在高层或超高层建筑中，若把竖向排烟风道作为一个系统，由于烟囱效应，风机有超负荷的危险。因此，这时需要沿竖向分为几个排烟系统。排烟风机应设在各个排烟系统最高排烟口的上部，并位于防火分区的机房里。排烟风机外壳距墙壁和其他设备要有 600mm。

（2）走道和房间的排烟量。每个机械排烟系统的排烟量与所负担的防烟分区数量有关。负担一个防烟分区排烟或净空高度大于 6m 的不划分防烟分区的房间排烟时，排烟量按每平方米不小于 60m³/h 计算，且单台排强风机的排烟量不应小于 7200m³/h。担负两个或两个以上防烟分区的排烟时，应按最大一个防烟分区面积每平方米不小于 120m³/h 计算排烟量。图 4.41 是机械排烟系统排烟风量的计算示意图。

**3. 机械排烟设计中需注意的问题**

在进行高层建筑机械排烟设计时，还需要注意下列一些事项：

（1）机械排烟的前室、走廊和房间的排烟口应设在顶棚或靠近顶棚的墙壁上。设在顶棚上的排烟口与可燃物构件或可燃物品的距离不小于 1m。排烟口距该防烟分区最远点的水平距离不应超过 30m。这里的水平距离是指烟气流动路线的水平长度，房间和走道排烟口至防烟分区最远点的水平距离如图 4.42 所示。

走道的排烟口与防烟楼梯疏散口的距离无关。但排烟口应尽量布置在与人流疏散方向相反的地方，如图 4.43 所示。

（2）排烟口平时关闭，当火灾发生时仅打开失火层的排烟口。排烟口应设有手动和自

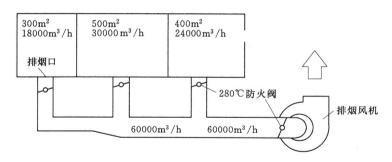

图 4.41 排烟系统排烟量计算示意图

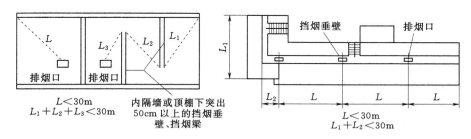

图 4.42 房间、走道排烟口至防烟分区最远点水平距离示意图

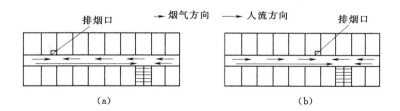

图 4.43 走道排烟口与楼梯疏散口的位置
(a) 好；(b) 不好

动控制装置。手动开关应设置在距地面 0.8～1.5m 的地方。排烟口和排烟阀应与排烟风机联锁，当任一个排烟口或排烟阀开启时，排烟风机即可启动。当一个排烟口开启时，同一排烟分区内的其他排烟口也能联锁开启。

（3）排烟口上应设有风量调节装置，以便使各排烟口之间保持风量、风压的平衡。

（4）排烟风机可采用普通钢制离心风机或排烟轴流风机，并应当在风机入口总管及排烟支管上安装在 280℃ 时自动关闭的排烟防火阀。疏散楼梯间前室和消防电梯前室的排烟风机宜与其他系统分开，单独设置。

（5）机械排烟系统宜单独设置，有条件时可与平时的通风排气系统合用，但必须采取可靠的防火安全措施，并应符合排烟系统的要求。

（6）机械排烟系统的风管、风口、阀门以及通风机等必须采用不燃烧材料制作，安在吊顶中的排烟管道要用不燃烧材料保温，且与可燃物品的距离不小于 150mm，排烟管道的钢板厚度不小于 1mm。

（7）机械排烟设计应考虑补风的途径。当补风通路阻力不大于 50Pa 时，可自然补风；当补风通路空气阻力大于 50Pa 时，应该设置火灾时可以转换成补风的机械送风系统或单独的机械补风系统，补风量不宜小于排烟量的 50％。

（8）当机械排烟与通风、空调系统共用时，可采用变速风机或并联风机；当排风量与排烟量相差较大时，应分别设置风机，火灾时能自动切换。

（9）机械排烟系统的风速与加压送风系统的要求相同。机械排烟系统的排烟口风速不宜大于 10m/s。

# 4.6　地下车库的通风

## 4.6.1　概述

随着人民生活水平的不断提高，城市的中、小型汽车数量正在飞速增长。因此，停车难的问题就急显突兀，地下停车场、车库的建设也就随之而发展。作为地下车库，解决通风和防排烟问题是设计的主要内容之一，所谓车库的通风，也就是要排除汽车尾气和汽油蒸汽，送入新鲜空气。以便有害物（这里主要指 CO）的含量稀释到国家规定的卫生标准要求。防排烟也就是满足火灾时的排烟要求，以保证火灾发生时迅速排除滞留烟气，限制烟气的扩散，保证人员和车辆安全撤离现场，减少伤亡。

地下室的通风方式一般为全面通风方式，即按划分的若干个防火分区，有若干个送、排风系统。这些系统也同时兼做火灾时的排烟系统。

建筑物一旦发生火灾，为了防止火势蔓延扩大，需要将火灾控制在一定的范围内进行扑灭，尽量减轻火灾造成的损失。在建筑设计中，利用各种防火分隔设施，将建筑物的平面和空间分成若干分区，即防火分区。《建筑设计防火规范》（GB 50016—2014）规定 1 类建筑，2 类建筑和地下室，每个防火分区允许的最大建筑面积分别为 1500m²、1000m² 和 500m²；当设有自动灭火系统时，其面积可增加 1 倍。

为了将烟气控制在一定的范围内，利用防烟隔断将一个防火分区划分成多个小区，称为防烟分区。防烟分区是对防火分区的细分，防烟分区作用是有效地控制火灾产生的烟气流动，它无法防止火灾蔓延。

根据《建筑设计防火规范》（GB 50016—2014），设置排烟设施的走道及净高不超过 6m 的房间，要求划分防烟分区。不设排烟设施的房间（包括地下室）和走道，不划分防烟分区。防烟分区可通过挡烟垂壁，隔墙或从顶棚下突出不小于 0.5m 的梁来划分。挡烟垂壁是用不燃材料制成，从顶棚下垂不小于 500mm 的固定或活动挡烟设施。活动挡烟垂壁在火灾时因感温、感烟或其他控制设备的作用，能自动下垂。

一般每个防烟分区采用独立的排烟系统或垂直排烟道进行排烟。如果防烟分区的面积过小，会使排烟系统或垂直烟道数量增多，提高系统和建筑造价；如果防烟分区面积过大，使高温的烟气波及面积加大，受灾面积增加，不利于安全疏散和扑救。因此每个防烟分区的建筑面积不宜大于 500m²，且不应该跨越防火分区。

## 4.6.2　地下停车场有害物的种类及危害

地下停车场内汽车排放的有害物主要是一氧化碳（CO）、碳氢化合物（HC）、氮氧化物

（$NO_x$）等有害物。它们来源于燃油箱及排气系统。燃油箱、化油器的污染物主要为碳氢化合物（HC），即由燃油气形成的。若控制不好，其污染物将达到总污染物的 15%～20%；由燃油箱泄漏的污染物同汽车尾气的成分相似，主要有害物为 CO、HC、$NO_x$ 等。有的汽油内加有四乙基铅作抗爆剂，致使排出的尾气中含有大量铅成分，其毒性比有机铅大 100 倍，对人体的健康和安全危害很大。

汽车在怠速状态下，CO、HC、$NO_x$ 三种有害物散发量的比例大约为 7：1.5：0.2。由此可见，CO 是主要的。根据《工业企业设计卫生标准》（GBZ 1—2010），只要提供充足的新鲜空气，将空气中的 CO 浓度稀释到标准规定的范围以下，HC、$NO_x$ 均能满足标准的要求。

汽车库通风的目的：①使空气中汽油蒸汽浓度不致达到其最低爆炸浓度，对汽油蒸汽和空气混合物按体积计为 1%；②把 CO 浓度控制在国家有关标准之内。一般情况下满足后者，则达到爆炸混合物的危险性就大大降低了。

地下停车场停放的汽车尾部总排放量不仅与车型、停车车位数、车位利用系数、单位时间排量和汽车发动机在车库内工作时间有关，而且与排气温度有关。

### 4.6.3　地下车库的气流分布

在考虑地下汽车库的气流分布时，防止场内局部产生滞流是最重要的问题。因 CO 较空气轻，再加上发动机发热，该气流易滞流在汽车库上部，因此在顶棚处排风有利，而汽车的排气位置是在汽车库下部，如能在其尚未扩散时就直接从下部排走则更好。另外，汽油蒸汽比空气重，亦希望从下部排风，所以排风宜上下同排。一般技术手册要求上部排 1/3，下部排 2/3。排风口的布置应均匀，并尽量靠近车体。新风如能从汽车库下部送，对降低 CO 浓度是十分有利的，但结构上很难做到，因此，送风口可集中布置在上部，采用中间送，两侧回，或者两侧送两侧回。

为了防止地下停车场有害气体的溢出，要求停车场内保持一定的负压。由此，地下停车场的送风量要小于排风量。根据经验，一般送风量取排风量的 85%～95%。另外的 5%～15% 补风由门窗缝隙和车道等处渗入补充。

### 4.6.4　地下通风系统布置

地下车库通风系统设计不仅要考虑通风，还要考虑其防火排烟的问题。如果将车库的通风和防火防烟分开布置，由于其各自功能单一，系统设计很简单。如果结合布置，则系统设计变得复杂，但这种复杂系统在技术上是可行的，在经济上是合理的，因而采用普遍。地下车库通风排烟系统形式一般有以下两种：

（1）多支管系统。汽车库上部设系统总管，由总管均匀地接出向下的立管，总管上与立管的下部均设有排风口，总管上的排风口兼做排烟口，设置普通排风口，支管上的排风口仅作为排风口之用，设置防烟防火阀，布置如图 4.44 所示。平时，上下排风口同时排风；火灾时，下部排风口的防烟防火阀自动关闭，上部排风口作为排烟口排除烟气。总管接出多个立管，则每个立管尺寸小，因而占有空间小。但每个立管上均设置防烟防火阀，不仅初投资大，且由于阀门多，易出现失控和误控情况，影响系统运行的有效性。

（2）单支管系统。汽车库上部设系统总管，由总管接出一根支管，该支管在下部形成水平管，总管与立管都均匀设有普通排风口，在支管靠近总管处设置防火防烟阀，布置如图 4.45 所示。平时，上下排风口同时排风；火灾时，支管上的防烟防火阀自动关闭，上部排风口作为排烟口。总管只接出一个立管，则只设一个防烟防火阀就可满足火灾时的排烟需要，控制上较上一个方案简单，且初投资省，但占用空间大。

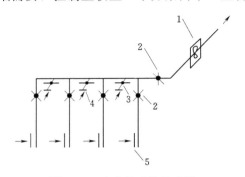

图 4.44　多支管系统示意图
1—单速排风/排烟风机；2—排烟防火阀；
3—防烟防火阀；4—排风/排烟口；
5—排风口

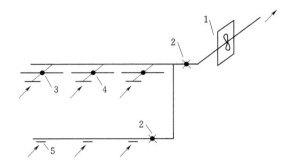

图 4.45　单支管系统示意图
1—单速排风/排烟风机；2—排烟防火阀；
3—防烟防火阀；4—排风/排烟口；
5—排风口

### 4.6.5　地下车库防排烟系统设计方案

面积超过 $2000m^2$ 的地下车库应设置机械排烟系统。机械排烟系统可以与人防、卫生等排气、通风系统合用。

**1. 防烟通风设计**

防烟通风设计的主要措施是设置楼梯间防烟加压系统，其目的在于保持疏散通路安全无烟，特别是防烟楼梯间及前室。在设计中给楼梯间加压送风，使得楼梯间的压力不小于前室的压力，前室的压力又大于走道的压力，并且在着火层的人员打开通往前室及楼梯间的防火门时，在门洞断面上保持足够大的气流速度，以便能有效地阻止烟气进入前室或楼梯间，保证人员通往安全通路进行输送。

**2. 排烟通风设计**

排烟通风设计就是使用风机进行强制排烟。它由挡烟壁、排烟口、防火排烟阀门、排烟风机或烟排出口组成。为了确保系统在火灾时能有效地工作，设计时应对系统的划分、分区的确定、排烟口的位置、风道设计等进行认真的考虑。按《汽车库、修车库、停车场设计防火规范》（GB 50067—2014）的规定，除敞开式汽车库、建筑面积小于 $1000m^2$ 的地下一层汽车库和修车库外，汽车库、修车库应设排烟系统，并应划分防烟分区。防烟分区的建筑面积不宜超过 $2000m^2$，且防烟分区不应跨越防火分区。防烟分区可采用挡烟垂壁、隔墙或从顶棚下突出不小于 0.5m 的梁划分。

排烟系统可采用自然排烟方式或机械排烟方式。机械排烟系统可与人防、卫生等排气、通风系统合用。当采用自然排烟方式时，可采用手动排烟窗、自动排烟窗、孔洞等作为自然排烟口，并应符合下列规定：

（1）自然排烟口的总面积不应小于室内地面面积的 2%。

（2）自然排烟口应设置在外墙上方或屋顶上，并应设置方便开启的装置。

（3）房间外墙上的排烟口（窗）宜沿外墙周长方向均匀分布，排烟口（窗）的下沿不应低于室内净高的1/2，并应沿气流方向开启。

每个防烟分区应设置排烟口，排烟口宜设在顶棚或靠近顶棚的墙面上；排烟口距该防烟分区内最远点的水平距离不应大于30m。排烟风机可采用离心风机或排烟轴流风机，并应保证280℃时能连续工作30min。机械排烟管道的风速，采用金属管道时不应大于20m/s；采用内表面光滑的非金属材料风道时，不应大于15m/s。排烟口的风速不宜超过10m/s。

设置机械排烟的地下室，应同时设置送风系统，其送风量不小于排烟量的50％。采用机械排烟时，对于没有补给空气通道的密闭空间，将无法进行有效的排烟。

### 4.6.6　地下建筑通风及防排烟系统设备选型及防火阀的设置

1. 送风口（排烟口）

送风口种类很多，但其功能基本相同。采用最多的是活动百叶风口。

2. 风道

风道材料：风道应优先选用难燃或不燃的金属复合材料或非金属材料。汽车尾气中的酸性气体对一般金属风道、连接法兰、挂件有较强的腐蚀作用，在沿海地区、南方地区尤为严重。

3. 附件

（1）排烟防火阀。由阀体和操作机构组成，用于排烟系统的管道上和排烟风机的吸入口，平时处于常闭状态，发生火灾时，自动或手动开启，进行排烟，当排烟温度达280℃时，温度熔断器动作，将阀门关闭，隔断气流，排烟防火阀应联锁关闭相应的排烟风机。防烟防火阀一般有两类：一种为矩形，一种为圆形，其内部由阀体和操作装置组成。用于有防烟防火要求的通风、空调系统的风管上，平时处于开启状态，当火灾时，通过探测器向消防中心发出信号，接通阀门上的电源或温度熔断阀门关闭，或人工将阀门关闭，切断火焰和烟气沿管道蔓延的通道。

（2）防火调节阀。防火调节阀通常安装在空调系统的风管上，平时常开，发生火灾时，熔断器动作使阀门关闭，也可手动关闭，手动复位。手动改变叶片开启角度。关闭后发出电信号。

（3）防烟防火调节阀。安装在空调系统的送回风管道上，平时呈开启状态，火灾发生时，当管道内气体温度达到70℃时关闭，起隔烟阻火作用，可手动改变叶片开启角度。电信号通过烟感、温感反馈到控制中心使阀门关闭。关闭后发出电信号。温度熔断器更换方便。阀门各部件均进行了防腐处理。

（4）防烟垂壁。由铅丝玻璃、铝合金、薄不锈钢板等配以电控装置组合而成，其外形如图4.46所示。挡烟垂壁下垂不小于50cm。用于高层建筑防火分区的走道（包括地下建筑）和净高不超过6m的公共活动用房，起隔烟作用。

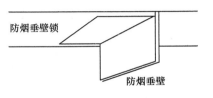

图4.46　防烟垂壁示意图

（5）防火门。由防火门锁、手动及自动控制装置组成。

（6）活动安全门。平时关闭，发生火灾后可以通过自动或手动控制将门打开。

（7）排烟窗。由电磁线圈、弹簧锁等组成，平时关闭，并用排烟窗锁锁住。当火灾发生时可自动或手动将窗打开。

（8）帘门。设置在建筑物中防火分区通道口处，可形成门帘或防火分隔。当发生火灾时，可根据消防控制室、探测器的指令或就地手动操作使卷帘门下降至一定位置，以达到人员紧急疏散、灾区隔烟、隔火的目的。

### 4.6.7 地下建筑通风系统的消声、隔振措施及环境保护

1. 消声与隔振

为了减少风道系统及送风口、回风口的气流噪声，最重要的是合理选择风速。电机噪声主要有电磁噪声、机械噪声和空气动力性噪声。3 种噪声中以空气动力性噪声最大。

消声器是由吸声材料按不同的消声原理设计而成的构件，选用消声器时，除了考虑消声量外，还要从其他诸方面进行比较和评价，如系统允许的阻力损失；安装位置和空间大小；造价高低；消声器的防火、防尘、防霉、防蛀等性能。

消声器应设于风管系统中气流平稳的管段上。当管内气流速度小于 8m/s 时，消声器应设于接近通风机处的主管上；当风速大于 8m/s 时，宜分别设在各分支管上。

空气通过消声器的流速不宜超过以下数值：阻性消声器 5～10m/s；共振型消声器 5m/s；消声弯头 6～8m/s。

消声器主要用于降低空气动力噪声，对于通风机产生的振动而引起的噪声，则应采用防振措施来解决。

2. 车库保温

在没有特殊要求时，为节能，停车库可以不保温，但相应消防管道应保温，喷洒系统应设计成干式或干湿两用系统。

北方寒冷地区有保温要求时，在计算通风量同时应进行热负荷计算。由于通风量大，热量散失多，宜采用节能措施：如热回收装置（转轮、套装风道）、电动车库大门、热风幕等。

## ❓ 复习思考题

1. 通风的方式有哪些？各方式有什么特点？

2. 送风系统的组成有哪些？

3. 排风系统的组成有哪些？

4. 室外进风口的布置原则有哪些？

5. 自然排烟设计注意事项有哪些？

6. 机械排烟设计注意事项有哪些？

# 第 5 章

# 空气调节

📖 本章要点

了解空气调节系统的分类和特点；掌握空调制冷原理；了解空气的组成、状态参数和空气调节的参数及设计指标；掌握常用空调设备；熟悉空调设备的功能、任务和作用；熟悉空调水系统的基本构成及功能；了解空调房间的气流组织方式；了解空调系统的节能及消声减振措施。

《采暖通风与空气调节术语标准》（GB 50155—2015）将空气调节定义为：使房间或封闭空间的空气温度、湿度、洁净度和气流速度等参数，达到给定要求的技术。现代空调已从控制温湿度环境工程步入了对空间环境的品质全面调节与控制阶段，即所谓的人工环境工程阶段。根据可持续发展理论，我们可以对空调重新定义，即"空调就是要以最少的能耗，创造健康、舒适的室内环境，同时保护我们的地球环境。"

## 5.1 空调系统的组成与分类

### 5.1.1 空气调节的任务和作用

1. 空气调节的任务

通过采用一定的技术手段，在某一特定空间内，对空气环境（温度、湿度、洁净度及空气流动速度）进行调节和控制，使其达到并保持在一定范围内，以满足工艺过程和人体舒适的要求。舒适空调一般指夏季室内温度为 24～28℃，相对湿度 40%～65%，空气平均流速小于 0.3m/s；冬季室内温度为 18～22℃，相对湿度 40%～60%，空气平均流速小于 0.2m/s；洁净度则是指在保证房间空气的温湿度符合要求的同时，对房间空气的压力、噪声、尘粒大小、数量也有严格要求。

2. 空气调节的主要作用

（1）创造合适的室内气候环境，以利于工业生产和科学研究，保证某些需要特定气候的工业生产和科学实验的进行。

（2）创造舒适的"人工气候"，以利于人们的生活、学习和休息。

（3）改善火车、汽车及飞机等的内部气候条件，为人们提供合适的旅途环境，保证健康旅行。

（4）提供适应于特殊医疗的气候条件，以利于病员的有效医治及手术、医疗过程的安全。

（5）为珍贵物品、图书及字画等的收藏创造条件，以期长久保存。

（6）为文娱活动、艺术表演及体育比赛等提供了良好条件。

### 5.1.2    空调系统的基本构成与工作原理

#### 1. 空调系统的构成

一个典型的空调系统应由空调冷源和热源、空气处理设备、空调风系统、空调水系统、空调的自动控制和调节装置这五大部分组成。图 5.1 为集中式空调系统的构成。

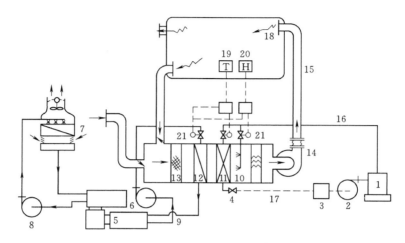

图 5.1    集中式空调系统的构成

1—锅炉；2—给水泵；3—回水滤器；4—疏水器；5—制冷机组；6—冷冻水循环泵；
7—冷却塔；8—冷却水循环泵；9—冷水管系；10—空气加湿器；11—空气加热器；
12—空气冷却器；13—空气过滤器；14—风机；15—送风管道；16—蒸汽管；
17—凝水管；18—空气分配器；19—温度控制器；20—湿度控制器；
21—冷、热能量自动调节阀

（1）空调冷源和热源。冷源是为空气处理设备提供冷量以冷却送风空气。常用的空调冷源是各类冷水机组，它们提供低温水（例如 7℃）空气冷却设备，以冷却空气。也有用制冷系统的蒸发器来直接冷却空气的。热源是用来提供加热空气所需的热量。常用的空调热源有热泵型冷热水机组、各类锅炉、电加热器等。

（2）空气处理设备。其作用是将送风空气处理到规定的送风状态。空气处理设备（也称空调机组）可以是集中于一处，为整幢建筑物服务（小型建筑物多采用）。也可以分散设置在建筑物各层面。常用的空气处理设备有空气过滤器、空气冷却器（也称表冷器）、空气加热器、空气加湿器和喷水室等。

（3）空调风系统。它包括送风系统和排风系统。送风系统的作用是将处理过的空气送到空调区，其基本组成部分是风机、风管系统和室内送风口装置。风机是使空气在管内流动的动力设备。排风系统的作用是将空气从室内排出，并将排风输送到规定地点。可将排风排放至室外，也可将部分排风送至空气处理设备与新风混合后作为送风。重复使用的这一部分排风称为回风。排风系统的基本组成是室内排风口装置、风管系统和风机。在小型空调系统中，有时送排风系统合用一个风机，排风靠室内正压，回风靠风机负压。

（4）空调水系统。其作用是将冷媒水（简称冷水或冷冻水）或热媒水（简称热水）从冷源或热源输送至空气处理设备（也称空调机组）。空调水系统的基本组成是水泵和水管系统。空调水系统分为冷（热）水系统、冷却水系统和冷凝水系统三大类。

（5）空调的自动控制和调节装置。由于各种因素，空调系统的冷热负荷是多变的，这就要求空调系统的工作状况也要有变化。所以，空调系统应装备必要的控制和调节装置，借助它们可以（人工或自动）调节送风参数、送排风量、供水量和供水参数等，以维持所要求的室内空气状态。

2. 空调系统的工作原理

（1）热源系统。热源系统的工作原理是利用热媒的循环将热量从热源输送到空气处理系统中，通过热交换设备提供空气调节过程中所需的热量。

（2）冷源系统。冷源系统的工作原理是利用制冷装置产生冷量，利用冷媒的循环将冷量输送到空气处理系统中，通过热交换设备提供空气调节过程中所需的冷量。

（3）管路循环。空调系统包括三大独立的管路循环：即制冷工质的循环、热媒的循环和冷媒的循环。制冷工质在制冷装置中是制冷剂，它用其他能量作为动力，形成高温区和低温区。高温区的工质向热媒传送高温热量，使热媒温度升高；低温区的工质吸收冷媒中的热量，使冷媒温度降低。对工质的要求是性能稳定，安全高效，无污染。工质在制冷机中，温度、压力处于由高到低，又由低到高地不停变化，形成一个独立的、封闭的管路循环系统。热媒，即输热介质，负责把工质中的热量连续不断地输送出去，通常是水、水蒸气或空气。冷媒，即输冷介质，负责把被工质冷却的介质连续不断地输送出去，通常是水、盐水或空气。空调制冷系统中常用的冷媒是水，这种水称为冷冻水。热媒和冷媒的循环有封闭的，也有开放的。

### 5.1.3 空调系统的分类

1. 按照使用目的分类

（1）舒适空调：要求温度适宜，环境舒适，对温湿度的调节精度无严格要求，用于住房、办公室、影剧院、商场、体育馆、汽车、船舶及飞机等。

（2）工艺空调：对温度有一定的调节精度要求，另外空气的洁净度也要有较高的要求。用于电子器件生产车间、精密仪器生产车间、计算机房及生物实验室等。

2. 按照空气处理方式分类

（1）集中式（中央）空调：空气处理设备集中在中央空调室里，处理过的空气通过风管送至各房间的空调系统。适用于面积大、房间集中及各房间热湿负荷比较接近的场所选用，如宾馆、办公楼、船舶及工厂等。系统维修管理方便，设备的消声隔振比较容易解决。

集中式空调系统适用以下条件：

1）房间面积大或多层、多室而湿热负荷变化情况类似。

2）新风量变化大。

3）室内温度、湿度、洁净度、噪声、振动要求严格。

4）全年多工况节能。

5）采用天然冷源。

集中式空调装置类别及使用特点：

1）单风管定风量直流式，（全部采用新风，不使用回风）适用于房间内容易产生有害物质，不允许空气再循环使用。

2）单风管定风量一次回风式，仅作夏季降温用或室内相对湿度波动范围要求严格，且湿负荷变化较大。

3）变风量，适用于室温允许波动范围 $t_N \geqslant 1℃$，湿热负荷变化较大。

4）单风管定风量一、二次回风式，适用于室内散湿量较小，且允许选择较大温差。

5）冷却器，要求水系统比较简单，但室内相对湿度要求不严格。

6）喷水室，要求采用循环喷水蒸发冷却或天然冷源；室内相对湿度要求较严或相对湿度要求较大而又有较大发热量；喷水室兼作辅助净化措施。

（2）半集中式空调：既有中央空调又有处理空气的末端装置的空调系统。这种系统比较复杂，可以达到较高的调节精度。适用于对空气精度有较高要求的车间和实验室等。

半集中式空调系统适用条件：

1）房间面积大但风管不易布置。

2）多层多室层高较低，热负荷不一致或参数要求不同。

3）室内温、湿度要求 $t_N$ 小于 $-1℃$ 或大于 $1℃$，湿度不小于 $10\%$。

4）要求各室空气不相串通。

5）要求调节风量。

半集中式空调装置类别及使用特点：

1）风管盘管，适用于空调房间较多，空间较小，且各房间要求单独调节；建筑物面积较大但主风管敷设困难。

2）诱导器，多房间、层高低，且同时使用，空气不允许互相串通，室内要防爆。

（3）局部式空调（分散式空调系统）：每个房间都有各自的设备处理空气的空调。空调器可直接装在房间里或装在邻近房间里，就地处理空气。适用于面积小、间距分散和热湿负荷相差大的场合，如办公室、机房及家庭等。其设备可以是单台独立式空调机组，如窗式、分体式空调器等，也可以是由管道集中给冷热水的风机盘管式空调器组成的系统，各房间按需要调节本室的温度。

局部式空调适用条件：

1）各房间工作班次和参数要求不同且面积较小。

2）空调房间布置分散。

3）工艺变更可能性较大或改建房屋层高低且无集中冷源。

局部式空调装置类别及使用特点：

冷风降温机组或恒温恒湿机组，仅用于夏季降温去湿房间，全年要求恒温恒湿。

3. 按照制冷量分类

（1）大型空调机组：如卧式组装淋水式，表冷式空调机组，应用于大车间、电影院等。

（2）中型空调机组：如冷水机组和柜式空调机等，应用于小车间、机房、会场及餐厅等。

（3）小型空调机组：如窗式、分体式空调器，用于办公室、家庭及招待所等。

**4. 按新风量分类**

（1）直流式系统：空调器处理的空气为全新风，送到各房间进行热湿交换后全部排放到室外，没有回风管。这种系统卫生条件好，能耗大，经济性差，用于有害气体产生的车间、实验室等。

（2）闭式系统：空调系统处理的空气全部再循环，不补充新风的系统。系统能耗小，卫生条件差，需要对空气中氧气再生和备有二氧化碳吸收装置。如用于地下建筑及潜艇的空调等。

（3）混合式系统：空调器处理的空气由回风和新风混合而成。它兼有直流式和闭式的优点，应用比较普遍，如宾馆、剧场等场所的空调系统。

**5. 按送风速度分类**

（1）高速系统：主风道风速 20～30m/s。

（2）低速系统：主风道风速 12m/s 以下。

**6. 按负担室内热湿负荷所用的介质分类**

（1）全空气式空调系统：空气调节区的室内负荷全部由经过加热或冷却处理的空气来负担的空调系统。单风管系统、双风管系统、全空气诱导系统及变风量系统属于这类系统。

（2）空气—水式空调系统：空气调节区的室内负荷由经过处理的空气和水共同负担的空调系统。独立新风加风机盘管系统、置换通风加冷辐射板系统及再热系统加诱导器系统属于这类系统。该以极低的送风速度（0.25m/s 以下）将新鲜的冷空气由房间底部送入室内，由于送入的空气密度大而沉积在房间底部，形成一个空气湖。当遇到人员、设备等热源时，新鲜空气被加热上升，形成热流并作为室内空气流动的主导气流，从而将热量和污染物等带至房间上部，脱离人的停留区。回（排）风口设置在房间顶部，热的、污浊的空气就从顶部排出。

（3）全水式空调系统：空气调节区的室内负荷全部由经过加热或冷却处理的水负担的空调系统。无新风的风机盘管系统和冷辐射板系统属于这类系统。

（4）冷剂式空调系统：以制冷剂的"直接膨胀"作为吸收空气调节区室内负荷的介质的空调系统。商用单元式空调器和家用房间空调器属于这类系统。

**7. 按系统风量调节方式分类**

（1）定风量空调系统：通常的集中式空调系统，风机的送风量保持一定，通过改变送风温度来适应空气调节区的负荷变化，以调节室内的温湿度。这种系统称为定风量空调系统。

（2）变风量空调系统：通过改变送风量而保持一定的送风温度，适应空气调节区的负荷变化，达到调节所需要的室内温湿度。这类系统称为变风量系统。

此外空调系统按系统控制精度不同还可分为一般空调系统和高精度空调系统等。

空调系统的分类见表 5.1。

**表 5.1**  　　　　　　　　　　　　　空调系统的主要分类

| 分　类 | 空调系统 | | 系　统　特　征 | 系　统　应　用 |
|---|---|---|---|---|
| 按空气处理设备的设置情况分类 | 中央空调系统 | 集中系统 | 集中进行空气的处理、输送和分配 | 单风管系统<br>双风管系统<br>变风量系统 |
| | | 半集中系统 | 有集中的中央空调器，并在各个空调房间内还分别有处理空气的"末端装置" | 末端再热式系统<br>风机盘管机组系统<br>诱导器系统 |
| | | 全分散系统 | 每个房间的空气处理分别由各自的整体式空调器承担 | 单元式空调器系统<br>窗式空调器系统<br>分体式空调器系统<br>半导体空调器系统 |
| 按负担室内空调负荷所用的介质来分类 | 全空气系统 | | 全部由处理过的空气和水共同负担室内空调负荷 | 一次回风系统<br>一、二次回风式系统 |
| | 空气—水系统 | | 由处理过的空气和水共同负担室内空调负荷 | 再热系统和诱导器系统并用全新风系统和风机盘管系统并用 |
| | 全水系统 | | 全部由水负担室内空调负荷，一般不单独使用 | 风机盘管系统 |
| | 冷剂系统 | | 制冷系统蒸发器直接放室内吸收余热余湿 | 单元式空调器系统<br>窗式空调器系统<br>分体式空调器系统 |
| 按集中系统处理的空气来源分类 | 封闭式系统 | | 全部为再循环空气，无新风 | 再循环空气系统 |
| | 直流式系统 | | 全部用新风，不使用回风 | 全新风系统 |
| | 混合式系统 | | 部分新风，部分回风 | 一次回风系统<br>一、二次回风系统 |
| 按风管中空气流速分类 | 低速系统 | | 考虑节能与消声要求的矩形风管系统，风管截面积较大 | 民用建筑主风管风速低于 8m/s；<br>工业建筑主风管风速低于 15m/s |
| | 高速系统 | | 考虑缩小管径的圆形风管系 | 民用建筑主风管风速高于 10m/s；<br>工业建筑主风管风速高于 15m/s |

### 5.1.4 几种常见的空调系统

#### 1. 集中式单风管空调系统

集中式单风管空调系统只设置一根风管，处理后的空气通过风管送入末端装置，其送风量可单独调节，而送风温度则取决于空调器。集中式空调系统的空气来源常采用再循环式，它又可分为两种形式：一种是新风和回风在热、湿处理之前混合，空气经处理后送入空调房间，称为一次回风式；另一种是新风和回风在处理前混合，经处理之后再次与回风混合，然后送入空调房间，称为二次回风式。图 5.2 为集中式单风管系统示意图。

#### 2. 集中式双风管空调系统

集中式双风管系统中设有两组送风管或两组空调器。新风与回风混合，经第一级空调器处理后，一部分经一根风管送到末端装置；另一部分再经第二级空调器处理后才送到末端装置；两种不同状态的空气在末端装置中混合，才送到空调房间。通过调风门可控制送入的两种空气的比例，使送风量与送风温度达到要求。图 5.3 为集中式双风管系统示意图。

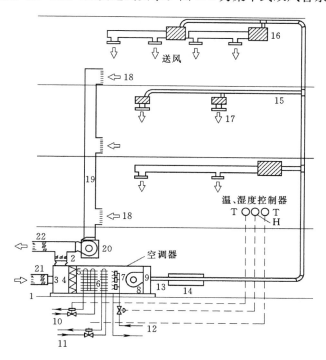

图 5.2 集中式单风管系统

1—新风进口；2—回风进口；3—混合室；4—过滤器；5—空气冷却器；6—空气加热器；
7—加湿器；8—风机；9—空气分配室；10—冷却介质进出；11—加热介质进出；
12—加湿介质进出；13—主送风管；14—消声器；15—送风支管；16—消声器；
17—空气分配器；18—回风；19—回风管；20—循环风机；
21—调风门；22—排风

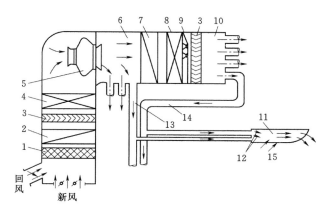

图 5.3 集中式双风管系统

1—空气过滤器；2—空气冷却器；3—挡水板；4——级空气加热器；5—离心或轴流通风机；
6——级空气分配室；7—二级空气冷却器；8—二级空气加热器；9—空气加湿器；
10—二级空气分配室；11—诱导器；12—调风门；13——级送风管；
14—二级送风管；15—二次风

3. 风机盘管式空调系统

风机盘管式空调系统由一个或多个风机盘管机组和冷热源供应系统组成。风机盘管机组由风机、盘管和过滤器组成，它作为空调系统的末端装置，分散地装设在各个空调房间内，可独立地对空气进行处理，而空气处理所需的冷热水则由空调机房集中制备，通过供水系统提供给各个风机盘管机组。图 5.4 为风机盘管式系统示意图，图 5.5 为风机盘管机组示意图。

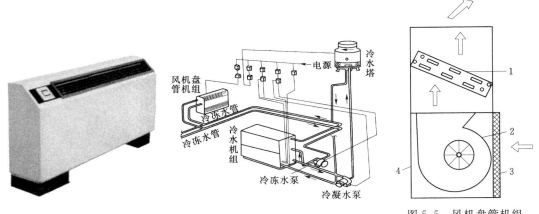

图 5.4 风机盘管式空调系统

图 5.5 风机盘管机组
1—盘管；2—风机；3—空气
过滤器；4—箱体

## 5.2 空调系统的冷源及制冷机房

### 5.2.1 空调冷源

1. 天然冷源

空调制冷就是降低和维持空间温度或物质温度，使之低于环境温度。完成这一过程，空调系统所能提供的冷源是至关重要的。按使用的冷源可分为以下几类。

（1）地下水：在我国的大部分地区，用地下水喷淋空气都具有一定的降温效果，特别是在北方地区，由于地下水的温度较低（如东北地区的北部和中部 4~12℃），可满足恒温空调工程的需要，是一种常用的天然冷源。

（2）地道风（包括地下隧道、人防地道以及天然隧洞）：由于夏季地道壁面的温度比外界空气的温度低得多，因此在有条件利用时，使空气通过一定长度的地道，也能实现冷却或减湿冷却的处理过程。

（3）其他：天然冰、深湖水和山涧水等，也都是可以利用的天然冷源。

2. 人工冷源

当天然冷源不能满足空调需要时，需采用人工冷源，即用人工的方法，利用制冷剂和制冷机制取冷源。

（1）制冷机按工作原理的不同可分为以下两种。

1）压缩式：根据压缩机类型的不同，压缩制冷机可分为活塞式、螺杆式、离心式三种。当前压缩式制冷机的应用最为广泛，表5.2为压缩水冷式冷水机组选型范围。

2）吸收式：吸收式制冷机根据热源的不同，可分为蒸汽热水式和直燃式两种。表5.3为吸收式制冷机型的加热源参数。

**表5.2 水冷式冷水机组选型范围**

| 单机名义工况制冷量/kW | 冷水机组机型 |
|---|---|
| ≤116 | 往复式、涡旋式 |
| 115～700 | 螺杆式 |
| | 螺杆式 |
| 700～1054 | 螺杆式 |
| 1054～1758 | 螺杆式 |
| | 离心式 |
| ≥1758 | 离心式 |

注 名义工况指出水温度7℃，冷却水温度30℃。

**表5.3 各类吸收式制冷机型的加热源参数**

| 机 型 | 加热源种类及参数 |
|---|---|
| 直燃机组 | 天然气、人工煤气、轻柴油、液化石油气 |
| 蒸汽双效机组 | 蒸汽额定压力（表）0.25MPa、0.4MPa、0.6MPa、0.8MPa |
| 热水双效机组 | ＞140℃热水 |
| 蒸汽单效机组 | 废汽（0.1MPa） |
| 热水单效机组 | 废热（85～140℃热水） |

（2）制冷剂：制冷循环内的工作物质即工质，称为"制冷剂"。目前，常用的制冷剂有氨和卤代烃（又名氟利昂）及 HFC、HCFC 类替代制冷剂。

1）氨：单位容积制冷能力强，蒸发压力和冷凝适中，吸水性好，不溶于油，且价格低廉，来源广泛。但氨的毒性较大，且有强烈的刺激气味和爆炸的危险，所以使用受到限制。氨作为制冷剂仅用于工业生产中，不宜在空调系统中应用。

2）氟利昂：饱和碳氢化合物的卤族衍生物的总称，种类很多，可以满足各种制冷要求，目前国内常用的是 $R_{12}$（$CF_2Cl_2$）和 $R_{22}$（$CHF_2Cl$）。与氨相比，氟利昂无毒无味，不燃烧，使用安全，对金属无腐蚀作用，所以一直广泛应用于空调制冷系统中。缺点是价格较高，渗透性强并且不易被发现。但是，由于某些氟利昂类制冷剂对大气臭氧层有破坏作用，根据 1990 年 6 月在伦敦召开的《蒙特利尔议定书》第二次缔约国会议的要求，对多种氟利昂制冷剂要逐渐被取代，进而禁止使用。

3）水和溴化锂组合的溶液：吸收式制冷机的制冷剂。

应注意的是为了保护大气臭氧层，避免产生温室效应，暖通设计规范规定应积极采用 HFC 以及 HCFC 类替代制冷剂。表5.4 为几种主要制冷剂的应用范围。

**表5.4 当前几种主要制冷剂的应用范围**

| 制冷剂 | 使用温度（压力）范围 | 制冷机类型 | 用 途 | 备 注 |
|---|---|---|---|---|
| R717（氨） | 中、低温 | 活塞式、离心式 | 冷藏、制冰 | |
| R11 | 高温（低压） | 离心式 | 空调 | 高温：0～10℃ |
| R12 | 高、中、低温（中压） | 活塞式、回转式、离心式 | 冷藏、空调 | 中温：0～21℃ |
| R123、R113 | 高温（低压） | 离心式 | 空调 | 低温：−60～−20℃ |
| R404a、R134a | 高、中温（中压） | 离心式 | 空调 | 超低温：−120～−60℃ |
| R22 | 高、中、低温（高压） | 离心式、活塞式、回转式 | 空调、冷藏 | 低压：≤0.3MPa |
| R717 | 中、低温（高、中压） | 离心式、回转式 | 冷藏 | 中压：0.3～2MPa |
| R718 | 高温（中、低压） | 溴化锂吸收式 | 空调 | 高压：2～4MPa |
| R500 | 高、中温（中压） | 活塞式、回转式、离心式 | 空调、冷藏 | |
| R502 | 高、中、低温（高压） | 活塞式、回转式 | 空调、冷藏、低温 | |

### 5.2.2　空调冷源的选择

（1）空气调节人工冷热源宜采用集中设置的冷（热）水机组和供热、换热设备。其机型和设备的选择，应根据建筑物空气调节规模、用途、冷热负荷、所在地区气象条件、能源结构、政策、价格及环保规定等情况，按下列要求通过综合论证确定：

1）热源应优先采用城市、区域供热或工厂余热。

2）具有城市燃气供应的地区，可采用燃气锅炉、燃气热水机供热或燃气吸收式冷（温）水机组供冷、供热。

3）无上述热源和气源供应的地区，可采用燃煤锅炉、燃油锅炉供热，电动压缩式冷水机组供冷或燃油吸收式冷（温）水机组供冷、供热。

4）具有多种能源的地区的大型建筑，可采用复合式能源供冷、供热。

5）夏热冬冷地区、干旱缺水地区的中、小型建筑可采用空气源热泵或地下埋管式地源热泵冷（热）水机组供冷、供热。

6）有天然水等资源可供利用时，可采用水源热泵冷（热）水机组供冷、供热。

7）全年进行空气调节，且各房间或区域负荷特性相差较大，需要长时间向建筑物同时供热和供冷时，经技术经济比较后，可采用水环热泵空气调节系统供冷、供热。

8）在执行分时电价、峰谷电价差较大的地区，空气调节系统采用低谷电价时段蓄冷（热）能明显节电及节省投资时，可采用蓄冷（热）系统供冷（热）。

（2）在电力充足、供电政策和价格优惠的地区，符合下列情况之一时，可采用电力为供热能源：

1）以供冷为主，供热负荷较小的建筑。

2）无城市、区域热源及气源，采用燃油、燃煤设备受环保、消防严格限制的建筑。

3）夜间可利用低谷电价进行蓄热的系统。

4）需设空气调节的商业或公共建筑群，有条件时宜采用热、电、冷联产系统或设置集中供冷、供热站。

（3）符合下列情况之一时，宜采用分散设置的风冷、水冷式或蒸发冷却式空气调节机组。

1）空气调节面积较小，采用集中供冷、供热系统不经济的建筑。

2）需设空气调节的房间布置过于分散的建筑。

3）设有集中供冷、供热系统的建筑中，使用时间和要求不同的少数房间。

4）需增设空气调节，而机房和管道难以设置的原有建筑。

5）居住建筑。

（4）电动压缩式机组的总装机容量，应按各项逐时冷负荷的综合最大值选定，不另作附加。

（5）电动压缩式机组台数及单机制冷量的选择，应满足空气调节负荷变化规律及部分负荷运行的调节要求，一般不宜少于两台；当小型工程仅设一台时，应选调节性能优良的机型。

（6）选择电动压缩式机组时，其制冷剂必须符合有关环保要求，采用过渡制冷剂时，其使用年限不得超过我国禁用时间表的规定。

### 5.2.3 制冷设备

压缩式制冷机是利用"液体气化时要吸收热量"的物理特性，通过制冷剂的热力循环，以消耗一定量的机械能作为补偿条件来达到制冷的目的。

由制冷压缩机、冷凝器、膨胀阀和蒸发器4个主要部件所组成，并用管道连接，构成一个封闭的循环系统，如图5.6所示。

制冷剂在压缩式制冷机中历经蒸发、压缩、冷凝和节流4个热力过程。

在蒸发器中，低压低温的制冷剂液体吸取其中被冷却介质（如冷水）的热量，蒸发成为低压低温的制冷剂蒸汽；低压低温的制冷剂蒸汽被压缩机吸入，并压缩成为高压高温气体；接着进入冷凝器中被冷却水冷却，成为高压液体；再经膨胀阀减压后，成为低温低压的液体；最终在蒸发器中吸收冷却介质（冷冻水）的热量而气化。如

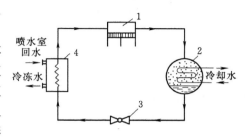

图 5.6　压缩式制冷原理图

1—压缩机；2—冷凝器；3—膨胀阀；4—蒸发器

此不断地经过压缩、冷凝、膨胀、蒸发4个过程，液态制冷剂不断从蒸发器中吸热而获得冷冻水，作为空调系统的冷源。

由于冷凝器中所使用的冷却介质（水或空气）的温度比被冷却介质（水或空气）的温度高得多，因此上述制冷过程实际上就是从低温物质夺取热量而传递给高温物质的过程。由于热量不可能自发地从低温物体转移到高温物体，故必须消耗一定量的机械能作为补偿条件，正如要使水从低处流向高处时，需要通过水泵消耗电能才能实现一样。

吸收式制冷和压缩式制冷的机理相同，都是利用液态制冷剂在一定压力下和低温状态下，吸热气化而制冷。但在吸收式制冷机组中促使制冷剂循环的方法与前者有所不同，压缩式制冷是以消耗机械能（即电能）作为补偿；吸收式制冷是以消耗热能作为补偿，它是利用二元溶液在不同压力和温度下能够释放和吸收制冷剂的原理来进行循环的。

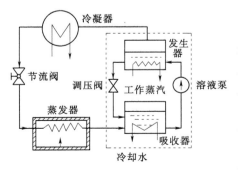

图 5.7　吸收式制冷机工作原理

图5.7所示为吸收式制冷系统工作原理示意图。在该系统中需要有两种工质：制冷剂和吸收剂。工质之间应具备两个基本条件：①在相同压力下，制冷剂的沸点应低于吸收剂；②在相同温度条件下，吸收剂应能强烈吸收制冷剂。

目前，实际应用的工质主要有两种：氨（制冷剂）—水（吸收剂）和水（制冷剂）—溴化锂（吸收剂）。氨吸收式制冷机组，由于其构造复杂、热力系数较低和自身难以克服的物理、化学性质的因素，在空调制冷系统中很少使用，仅适用于

合成橡胶、化纤、塑料等有机化学工业中。溴化锂吸收式制冷机组，由于系统简单，热力

系数高，且溴化锂无毒无味、性质稳定，在大气中不会变质、分解和挥发，近年来较广泛地应用于我国的高层旅馆、饭店、办公等建筑的空调制冷系统中。

### 5.2.4 制冷机房

设置制冷设备的房间称为制冷机房或制冷站。小型制冷机房一般附设在主体建筑内，氟利昂制冷设备也可设在空调机房内。规模较大的制冷机房，特别是氨制冷机房，则应单独修建。

1. 对制冷机房的要求

单独修建的制冷机房，宜布置在厂区夏季主要风向的下风侧，如在动力站区域内，一般应布置在乙炔站、锅炉房、煤气站、堆煤厂等的上风侧，以保持制冷机房的清洁。

氨制冷机房不应靠近人员密集的房间或场所，以及有精密贵重设备的房间等，以免发生事故时造成重大损失。

制冷机房应尽可能设在冷负荷的中心处，力求缩短冷水和冷却水管路。当制冷机房是全厂的主要用电负荷时，还应尽量靠近变电站。

规模较小的，制冷机房可不分隔间，规模较大的，按不同情况可分为：机器间（布置制冷压缩机和调节站）、设备间（布置冷凝器、蒸发器、贮液器等设备）、水泵间（布置水泵和水箱）、变电间（耗电量大时应有专用变压器）以及值班室、维修室和生活室等。

房间净高：氨压缩机室不低于 4m，氟利昂压缩机室不低于 3.2m，设备间一般不低于 2.5～3.0m。

对制冷机房的防火要求应按现行的《建筑设计防火规范》（GB 50016—2014）执行。

制冷机房应不少于 3 次/h 换气的自然通风措施，氨制冷机房还应不少于 7 次/h 换气的事故通风设备。

制冷机房的机器间和设备间应充分利用天然采光，窗孔投光面积与地板面积的比例不小于 1：6。采用人工照明时的照度，建议按表 5.5 选用。

**表 5.5**                             制冷机房的照度标准

| 房间名称 | 照度标准<br>/lx | 房间名称 | 照度标准<br>/lx |
|---|---|---|---|
| 机器间 | 30～50 | 储存间 | 10～20 |
| 设备间 | 30～40 | 值班室 | 20～30 |
| 控制间 | 30～50 | 配电间 | 10～20 |
| 水泵间 | 10～20 | 走廊 | 5～10 |
| 维修间 | 20～30 | | |

注　对于测量仪表比较集中的地方或者室内照明对个别设备的测量仪表照度不足时，应增设局部照明。

2. 设备布置的原则

机房内的设备布置应保证操作、检修方便，同时应尽可能使设备布置紧凑，以节省建筑面积。压缩机必须设在室内，立式冷凝器一般都设在室外，其他设备可酌情设在室外或开敞式的建筑中。

# 5.3 空调系统的设计指标

## 5.3.1 空气调节参数

空气调节是为满足生产、生活需求，改善劳动卫生条件，用人工的方法使室内空气温度、相对湿度、洁净度和气流速度等参数达到一定要求的技术。对这些参数产生干扰的来源主要有两个：一是室外气温变化、太阳辐射通过建筑围护结构对室温的影响与外部空气带入室内的有害物；二是内部空间的人员、设备与工艺过程产生的热、湿与有害物。大多数空调房间，主要是控制空气的温度和相对湿度。对温度和相对湿度的要求，常用"空调基数"和"允许波动范围"来表示。前者是要求保持的室内温度和相对湿度的基准值，后者是允许工作区内控制点的实际参数偏离基准参数的差值。例如温度 $t_n =$（$20\pm0.5$）℃和相对湿度 $\varphi_n =$（$50\pm5$）%，其中 $t_n = 20$℃和 $\varphi_n = 50$% 是空调基数，$\Delta t_k = \pm0.5$℃和 $\Delta\varphi_k = \pm5$% 是允许波动范围。

对于现代化生产来说，工艺性空调更是必不可少的。工艺性空调一般来说对温湿度、洁净度的要求比舒适性空调高，而对新鲜空气量没有特殊的要求。如精密机械加工业与精密仪器制造业要求空气温度的变化范围不超过 $\pm0.1\sim0.5$℃，相对湿度变化范围不超过 $\pm5$%；在电子工业中，不仅要保证一定的温湿度，还要保证空气的洁净度；纺织工业对空气湿度环境的要求较高；药品工业、食品工业以及医院的病房、手术室则不仅要求一定的空气温湿度，还需要控制空气清洁度与含菌数。

## 5.3.2 空调负荷计算与送风量的确定

空调系统的作用就是平衡室内、外干扰因素的影响，使室内温度、湿度维持在设定的数值上。在空调技术中将这些干扰因素对室内的影响称为负荷。空调负荷计算的目的就在于确定空调系统的送风量并作为选择空调设备容量的依据。空调负荷包括冷负荷、热负荷和湿负荷。

冷负荷：指为了维持室内设定的温度，在某一时刻必须由空调系统从房间带走的热量，或者某一时刻需要向房间供应的冷量。

热负荷：指为补偿房间失热在单位时间内需要向房间供应的热量。

湿负荷：指湿源向室内的散湿量，即为维持室内的含湿量恒定需要从房间除去的湿量。

### 5.3.2.1 室内外空气计算参数

空调的实质就是通过一定的技术手段对特定的空间内空气的品质进行调节，维持室内空气具有一定的状态参数，人们根据这些状态参数对空调设备进行运行管理，开停制冷机、空调机或开大、关小风阀、水阀等。对筹建中的空调系统进行设计计算时，也要按规定的室内空气状态进行设计计算，这一规定的状态参数就称为室内空气计算参数或设计参数。

室外空气参数对空调设备的工作也有影响。比如，在最炎热的季节，空调的供冷系统要满负荷工作，而在不太热的季节，或许供冷系统只要部分负荷工作就能满足要求。在进行空调系统设计时，就要按照规定的室外空气状态进行设计计算，这一规定的参数称为室外空气计算参数或设计参数。

1. 室内空气计算参数

根据空调的目的和空调系统所服务的对象不同，可分为舒适性空调和工艺性空调。前者主要从人体舒适感出发确定室内温、湿度设计标准，一般不提空调精度要求；后者主要满足工艺过程对室内温、湿度基数和空调精度的特殊要求，同时兼顾人体的卫生要求。

其次，室内空气的湿度对人体的感觉也有重大影响。即使空气的温度是合适的，但是空气的湿度过高或过低，人也会觉得不舒服。湿度过高，身上出的汗不易蒸发，人会觉得闷，这时即使气温不高，但是人会觉得热。

另外，冬季在气温不是很低的南方地区，由于湿度较高，使人感到"湿冷"。湿度过低，则皮肤表面汗分蒸发过快，人体会缺水，甚至导致嘴唇开裂。因此，在规定室内温度的同时还必须规定合适的室内空气的湿度（通常规定适宜的相对湿度）。

此外，空气流动速度也影响人体的舒适感觉。在静止的或流速非常小的空气环境中，人体产生的热量和湿量都得不到正常的散发，结果也会使人觉得"沉闷"；流速过大，则会促使人体散热散湿过多，从而产生"冷风"即"冷飕飕"的感觉。因此，室内空气的流速也应作为室内空气设计参数予以规定。

除了以上三者以外，空气的新鲜程度，衣着情况，室内各表面（墙体、家具表面等）的温度高低等对人的感觉也有影响。为了保持室内空气新鲜，空调系统一定要向室内输送一定量的室外空气（新风）。

在工程设计中，有一种倾向：建筑物的档次越高，室内设计温度在冬季就应该越高，在夏季就应该越低。目前，业主、设计人员往往在取用室内设计参数时选用过高的标准，要知道，室内温、湿度取值的高低，与能耗多少有密切关系，在加热工况下，室内计算温度每下降 1℃，能耗可减少 5%～10%；在冷却工况下，室内计算温度每升高 1℃，能耗可减少 8%～10%。所以为了节能，应避免冬季采用过高室内温度，夏季采用过低室内温度。

2005 年 7 月 6 日，国务院发布了关于做好建设节约型社会近期重点工作的通知，通知中指出在全社会倡导夏季用电高峰期间室内空调温度提高 1～2℃。夏季空调温度不低于 26℃。

在舒适性空调中，涉及热舒适标准与卫生要求的室内设计计算参数有 6 项：温度、湿度、新风量、风速、噪声声级、室内空气含尘浓度。这 6 项参数设计标准的高低，不但从使用功能上体现了该工程的等级，而且是空调区冷热负荷计算和空调设备选择的根据，是估算全年能耗，考核与评价建筑物能量管理的基础。同时又是空调管理人员进行节能运行和设备维修的依据。因此需要一个科学合理的统一标准，表 5.6 为《室内空气质量国家标准》（GB/T 18883—2002）规定的室内空气质量标准。

《民用建筑供暖通风与空气调节设计规范》（GB 50736—2012）规定的舒适性空调室内计算参数见表 5.7。《公共建筑节能设计标准》（GB 50189—2015）规定的公共建筑空调系统室内计算参数见表 5.8。

表 5.6                                                     室 内 空 气 质 量 标 准

| 序号 | 参数类别 | 参 数 | 单 位 | 标准值 | 备 注 |
|------|----------|-------|-------|--------|------|
| 1 | 物理性 | 温度 | ℃ | 22~28 | 夏季空调 |
| | | | | 16~24 | 冬季采暖 |
| 2 | | 相对湿度 | % | 40~80 | 夏季空调 |
| | | | | 30~60 | 冬季采暖 |
| 3 | | 空气流速 | m/s | 0.3 | 夏季空调 |
| | | | | 0.2 | 冬季采暖 |
| 4 | | 新风量 | m³/(h·人) | 30 | |
| 5 | 化学性 | 二氧化硫 $SO_2$ | mg/m³ | 0.50 | 1h均值 |
| 6 | | 二氧化氮 $NO_2$ | mg/m³ | 0.24 | 1h均值 |
| 7 | | 一氧化碳 CO | mg/m³ | 10 | 1h均值 |
| 8 | | 二氧化碳 $CO_2$ | % | 0.10 | 日平均值 |
| 9 | | 氨 $NH_3$ | mg/m³ | 0.20 | 1h均值 |
| 10 | | 臭氧 $O_3$ | mg/m³ | 0.16 | 1h均值 |
| 11 | | 甲醛 HCHO | mg/m³ | 0.10 | 1h均值 |
| 12 | | 苯 $C_6H_6$ | mg/m³ | 0.11 | 1h均值 |
| 13 | | 甲苯 $C_2H_8$ | mg/m³ | 0.20 | 1h均值 |
| 14 | | 二甲苯 $C_8H_{10}$ | mg/m³ | 0.20 | 1h均值 |
| 15 | | 苯并[a]芘 B(a)P | ng/m³ | 1.0 | 日平均值 |
| 16 | 化学性 | 可吸入颗粒 PM10 | mg/m³ | 0.15 | 日平均值 |
| 17 | | 总挥发性有机物 TVOC | mg/m³ | 0.60 | 8h均值 |
| 18 | 生物性 | 菌落总数 | Cfu/m³ | 2500 | 依据仪器定 |
| 19 | 放射性 | 氡²²²Ra | Bq/m³ | 400 | 年平均值（行动水平 b） |

表 5.7   人员长期逗留区域空调室内设计参数

| 类别 | 热舒适度等级 | 温度/℃ | 相对湿度/% | 风速/(m/s) |
|------|------------|--------|-----------|-----------|
| 供热工况 | Ⅰ级 | 22~24 | ≥30 | ≤0.2 |
| | Ⅱ级 | 18~22 | — | ≤0.2 |
| 供冷工况 | Ⅰ级 | 24~26 | 40~60 | ≤0.25 |
| | Ⅱ级 | 26~28 | ≤70 | ≤0.3 |

表 5.8 公共建筑空调系统室内计算参数

| 参 数 | | 冬季 | 夏季 |
|-------|-----|------|------|
| 温度/℃ | 一般房间 | 20 | 25 |
| | 大堂、过厅 | 18 | 室内外温差不大于10 |
| 风速 $v$/(m/s) | | 0.10≤$v$≤0.20 | 0.15≤$v$≤0.30 |
| 相对湿度/% | | 30~60 | 40~65 |

注  1. Ⅰ级热舒适度较高，Ⅱ级热舒适度一般。
    2. 热舒适度等级划分按本规范确定。

2. 室外空气计算参数

室外空气计算参数对空调设计而言，主要会从两个方面影响系统的设计容量：一是由于室内外存在温差，通过建筑围护结构的传热量；二是空调系统采用的新鲜空气量在其状态不同于室内空气状态时，需要花费一定的能量将其处理到室内空气状态。因此，确定室外空气的设计计算参数时，既不应选择多年不遇的极端值，也不应任意降低空调系统对服务对象的保证率。

我国《民用建筑供暖通风与空气调节设计规范》（GB 50736—2012）中规定选择下列

统计值作为室外空气设计参数:

(1) 历年平均不保证 5 天的日平均温度作为冬季空调室外空气计算温度。用该参数计算冬季新风和围护结构的传热量。由于这个参数对整个空调系统的建设投资和经常运行费用影响不大,因此,没有必要将新风和围护结构传热的计算温度分开。

(2) 用累年最冷月平均相对湿度作为冬季空调室外计算相对湿度。规定本条的目的是为了在不影响空调系统经济性的前提下,尽量简化参数的统计方法,同时,采用这一参数计算冬季的热湿负荷也是比较安全的。

(3) 用历年平均不保证 50h 的干球温度作为夏季空调室外计算干球温度。即每年中存在一个干球温度,超出这一温度的时间有 50h,然后取近 20 年或 30 年中每年的这一温度值的平均值。另外注意,统计干球温度时,宜采用当地气象台站每天 4 次的定时温度记录,并以每次记录值代表 6h 的温度值核算。

(4) 用历年平均不保证 50h 的湿球温度作为夏季空调室外计算湿球温度。实践证明,在室外干、湿球温度不保证 50h 的综合作用下,室内不保证时间不会超过 50h。统计湿球温度时,同样宜采用当地气象台站每天 4 次的定时温度记录,并以每次记录值代表 6h 的温度值核算。

(5) 用历年平均不保证 5 天的日平均温度作为夏季空调室外计算日平均温度。取不保证 5 天的日平均温度,大致与室外计算湿球温度不保证 50h 是相对应的。夏季计算经围护结构传入室内的热量时,应按不稳定传热过程计算,因此必须已知设计的室外日平均温度和逐时温度。

所谓"不保证",是针对室外温度状况而言的;所谓"历年不保证",是针对累年不保证总天数(或小时数)的历年平均值而言的,以免造成概念上的混淆和因理解上的不同而导致统计方法的错误。

### 5.3.2.2 空调的冷负荷和送风量的确定

空调系统计算冷负荷是由空调建筑冷负荷、新风冷负荷及其他热量形成的冷负荷叠加组成,图 5.8 给出了空调系统计算冷负荷的形成过程及组成。

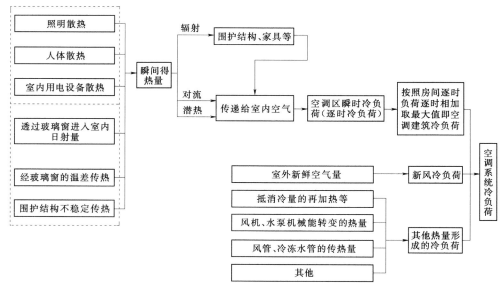

图 5.8 空调系统计算冷负荷的形成过程及组成

从图 5.8 可以看出用计算法来确定空调系统的制冷（或供暖）负荷是比较准确的，但太繁杂。设计人员根据设计要求查阅大量的资料、表格，运用公式进行计算。在空调传热负荷中仅建筑维护结构传热就要进行许多计算，而且相当麻烦，稍不注意就会出现差错。用计算法来确定空调的传热量（建筑维护结构、人员、照明、设备散热、散湿等）请参阅有关设计手册，也可采用相关的计算软件来计算。工程实践中也可用快速估算法确定空调系统的制冷（或供暖）负荷。快速估算法是通过查阅一些表格进行快速估算，一般已知建筑物面积或容积、室内人数等，即可查表算出。下面列出一些快速估算表供参考（表5.9、表 5.10）。

表 5.9　　　　　　　　　　　　　空调冷负荷及送风量

| 场　　所 | 空调冷量负荷 $q_0$ /[kcal/(h·m²)] | 每平方米风量 /(m³/h) | 场　　所 | 空调冷量负荷 $q_0$ /[kcal/(h·m²)] | 每平方米风量 /(m³/h) |
|---|---|---|---|---|---|
| 办公楼<br>外部区 { 25%玻璃窗<br>50%玻璃窗<br>100%玻璃窗 | 81<br>114<br>129 | 18.4～32 | 小酒店 | 120～163 | 36 |
| | | | 百货大楼<br>地下室和一层 | 114～163<br>81～114 | 27.3～36<br>27.3～36 |
| 办公楼内部区 | 74 | 15～18.4 | 商店 | 129 | 27.3～36 |
| 会议室 | 126～163 | 32～36 | 银行大厅 | 114～151 | 36 |
| 计算机房 | 163～327 | 36～72 | 公寓和套间 | 65～81 | — |
| 旅馆卧室<br>单人<br>双人 | 每室 1462<br>每室 2236 | 14～18.4 | 剧院和会堂 | 每座 155 | 每人 0.34 |
| 公用室 | 98～163 | 27.3～46 | 单层、轻型、平屋顶、<br>小玻璃面积的工业<br>建筑 | 81 | — |
| 餐厅 | 129～228<br>（每人 602） | 46～64 | | | |

**注**　对于空气—水系统（风机盘管）：办公楼每平方米风量 4.68～7.20m³/h；旅馆卧室单人房 0.80～1.20m³/h，旅馆卧室双人房 1.20～2.00m³/h。

表 5.10　　　　　　　　　　　　不同建筑物空调负荷速查表

| 空调器冷量/W | 2000～3500 | 4800～6500 | 7300 | 8300 | 9300 |
|---|---|---|---|---|---|
| 居室面积/m² | 15～25 | 0～45 | 40～55 | 60～70 | 65～85 |
| 电子计算机 | | | | | |
| 机房面积/m² | 15～20 | 30～40 | 35～45 | 45～50 | 50～60 |
| 饭店客房/m² | 15～25 | 25～30 | 30～45 | 45～50 | 50～60 |
| 餐厅/m² | 10～15 | 20～25 | 25～30 | 30～35 | 35～40 |
| 商场/m² | 20～25 | 25～30 | 30～40 | 40～45 | 45～50 |
| 办公室/m² | 15～20 | 30～40 | 35～45 | 45～50 | 50～60 |

表 5.11 介绍了香港中国银行等数座现代大型豪华建筑物中央空调系统的建筑面积、层次、总制冷量（RT 冷吨）及每平方米冷量（RT/m²）等指标，供参考。

**表 5.11** 部分现代建筑中央空调系统冷量指标

| 序号 | 建筑物 | 建筑面积/m² | 层数 | 制冷量/(冷吨) | 冷吨/m² | 序号 | 建筑物 | 建筑面积/m² | 层数 | 制冷量/(冷吨) | 冷吨/m² |
|---|---|---|---|---|---|---|---|---|---|---|---|
| 1 | 香港中国银行 | 130000 | 70 | 3520 | 0.0271 | 8 | 天伦饭店 | 52700 | 9 | 1600 | 0.0304 |
| 2 | 新世界中心 | 360000 | 19 | 12500 | 0.0374 | 9 | 昆仑饭店 | 80000 | 30 | 2025 | 0.0253 |
| 3 | 奔达中心 | 110000 | 46 | 3300 | 0.0300 | 10 | 香山饭店 | 36000 | 4 | 1200 | 0.0333 |
| 4 | 信德中心 | 245000 | 38 | 10600 | 0.0433 | 11 | 南洋大厦 | 56000 | 21 | 1500 | 0.0268 |
| 5 | 夏懿大厦 | 47000 | 28 | 1050 | 0.0223 | 12 | 天坛饭店 | 35200 | 10 | 900 | 0.0256 |
| 6 | 交易广场 | 170000 | 52 | 9850 | 0.0579 | 13 | 天桥饭店 | 32400 | 13 | 1200 | 0.0370 |
| 7 | 置地广场 | 185000 | 47 | 8000 | 0.0432 | 14 | 金朗饭店 | 36000 | 13 | 1200 | 0.0333 |

### 5.3.2.3 空调送风量的确定

空调房间送风量的大小一般需要由已知的室外、室内空气状态、室内空调负荷（即余热余湿），送风温差等确定送风方案，然后进行一系列的计算而求出。

除进行计算外，工程上还有一种查表的方法比较方便地估算出建筑内的空调送风量。利用查表法和已知的建筑面积可求出送风量，请查阅前述的表 5.9。一般空调系统送风量以夏季制冷为主、冬季送风量可以与夏季相同，也可以少于夏季送风量。

### 5.3.2.4 空调系统新风量的确定

空调房间的新风（由室外引入的新鲜空气）是为了改善室内环境而输入的。增加一定量新风对空调房间内生活和工作人员的身体健康是有益的。

在空调送风方案中有一种全新风（直流式）方式，即全部采用室外新风而无室内的回风（一次回风或二次回风，或称循环风）。这种情况下空调系统的送风量即为新风量，亦即新风量占百分之百（100％新风）。使用全新风的空调场所有：卫生间、厨房、地下车库、医院手术室、有毒有害房间等。全新风系统的风量全部都由排风风机排走。

在一次回风系统空调中，新风量只占全部送风量的 10％～20％（一般占 15％），新风量占全部送风量的百分比简称为新风百分比。在全年运行过程中新风量是可调的、变化的。一般在夏季新风量为 15％上下，而在春秋过渡季节（此时室外空气的状态与空调房间的要求相近）都为 100％的新风。这种运行方式对系统节能有利。新风必须经过过滤器过滤后方可，在夏季或冬季新风必须要预冷或预热。为保证每个空调房间有满足卫生要求的新鲜空气，应按下面标准确定新风量。

国家卫生部门规定：

（1）在工作人员停留时间较长的房间内，每人每小时需供给的新风量为 30～40m³。

（2）在人员密集的公共场所和人员停留时间短但人员比较拥挤的空调房间内新风标准应为 10～15m³/h。

（3）在空调房间有局部排风的场合应适量补充新风，以维持房间的正压。空调房间的正压新风量应能保证房间内的正压值在 0.5～1.0mmH₂O，最大正压值约为 5mmH₂O。

（4）电子计算机房及超净化空调系统的正压值比一般房间要大些。

# 5.4 空 气 处 理 设 备

## 5.4.1 空气处理的基本手段

空气调节的含义就是对空调空间的空气参数进行调节，因此对空气进行处理是空调必不可少的过程。对空气的主要处理过程包括热湿处理与净化处理两大类，其中热湿处理是最基本的处理方式。

最简单的空气热湿处理过程可分为四种：加热、冷却、加湿、除湿。

所有实际的空气处理过程都是上述各种单一过程的组合，如夏季最常用的冷却除湿过程就是降温与除湿过程的组合；喷水室内的等焓加湿过程就是加湿与降温过程的组合。在实际空气处理过程中有些过程往往不能单独实现，例如降温有时伴随着除湿或加湿。

## 5.4.2 空气处理的基本设备

空气处理设备包括对空气进行加热、冷却、加湿、减湿及过滤净化等设备，下面分别作简要的介绍。

### 1. 喷水室

喷水室在集中式空调系统中，空气与水直接接触的喷水室得到普遍应用。喷水室是一种多功能的空气调节设备，可对空气进行加热、冷却、加湿及减湿等多种处理。喷水室由喷嘴、喷水管路、挡水板、集水池和外壳等组成。空气进入喷水室内，喷嘴向空气喷淋大量的雾状水滴，空气与水滴接触，两者产生热、湿交换，达到所要求的温、湿度。喷水室的优点是可以实现空气处理的各种过程；主要缺点是耗水量大，占地面积大，水系统复杂，水易受污染，目前在舒适性空调中应用不多。工程中选用的喷水室除卧式、单级外，还有立式、双级喷水室。它的优点是能够实现多种空气处理，且有一定的净化空气能力，图 5.9 所示为喷水室构造示意图。

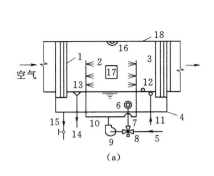
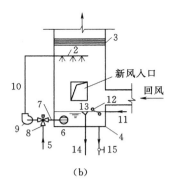

（a）　　　　　　　　　　　　　　（b）

图 5.9　喷水室的结构示意图

（a）卧式；（b）立式

1—前挡水板；2—喷嘴与排管；3—后挡水板；4—底池；5—冷水管；6—滤水器；
7—循环水管；8—三通阀；9—水泵；10—供水管；11—补水管；12—浮球阀；
13—溢水器；14—溢水管；15—泄水管；16—防水灯；17—检查门；18—外壳

由图 5.9 可见，在喷水室横断面上均匀地分布着许多喷嘴，而冷冻水经喷嘴成水珠喷出，充满整个喷水室间。当被处理的空气经前挡水板进入喷水室后，全面与水珠接触，它们之间进行热、湿交换，从而改变了空气状态。经水处理后的空气由后挡水板析出所夹带的水珠，再进行其他处理，最后在通风机的作用下送入空调房间。

喷水室是由外壳、底池、喷嘴与排管、前后挡水板和其他管道及其配件组成。

### 2. 表面式换热器

在集中式空调系统中，除了用喷水室对空气进行热、湿处理外，还可用表面式换热器对空气进行加热、冷却、减湿处理。表面式换热器包括空气加热设备和空气冷却设备。它的原理是让热媒或冷媒或制冷工质流过金属管道内腔，而要处理的空气流过金属管道外壁进行热交换来达到加热或冷却空气的目的。风机盘管是典型的表面式换热器，可以在冬天送暖气，也可在夏天送冷气。

如果冷却器表面温度低于空气露点温度，则空气不但被冷却，而且有部分水凝结析出，需要在表冷器下部设集水盘，以接收和排除凝结水。

在某些场合，有时不用冷媒，直接让制冷工质流过表面式换热器，对空气进行冷却。此时换热器就是制冷剂循环系统中蒸发器的一部分，制冷剂在换热器管内汽化吸热，空气在管外流过被直接冷却，这种方式称为直接蒸发式空气冷却。窗式空调、分体式空调等小型空调机组多为这种方式。

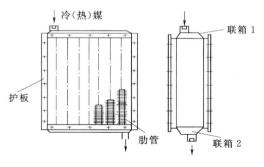

图 5.10 肋片管冷却器

表面式换热器，具有设备紧凑、机房占地面积小、冷源热源可密闭循环不受污染及操作管理方便等优点。其主要缺点是不便于严格控制和调节被处理空气的湿度。常用的表面式换热器有空气加热器和表面冷却器两类：空气加热器是用热水或蒸汽做热媒，而表面冷却器则以冷水或制冷剂做冷媒。又按采用冷媒的不同，表面冷却器分为水冷式和直接蒸发式两种，即水冷式采用冷冻水为冷媒，直接蒸发式直接采用制冷剂的汽化来冷却空气。图 5.10 所示为肋片管冷却器，肋片能改善换热效果，增大换热面积。

### 3. 电加热器

为了满足空调房间对温、湿度的要求，送入房间的空气不仅在冬季需要加热，有时在夏季也需要有少量加热。除了用表面式换热器对空气加热外，通常还采用电加热器来加热空气。

电加热器是让电流通过电阻丝发热来加热空气的设备。它具有加热均匀、热量稳定、效率高、结构紧凑和控制方便等优点，它用于小型的空调系统对恒温要求较高的空调系统作为精调节。

### 4. 空气除湿处理

对空气进行除湿处理，是空调工程的任务之一，常用的空气除湿方法如下：

（1）冷冻除湿的原理是：当空气温度降低到它的露点温度以下时，空气中的水分被冷凝出来，含湿量从而降低。冷冻除湿机就是根据上述原理制造的，它的优点是除湿性能稳定、可连续使用、管理方便。图5.11为冷却降湿机工作原理图。

（2）固体除湿就是利用固体吸湿剂来吸收空气中的水蒸气以达到除湿的目的。

固体吸湿剂有两种类型：一种是具有吸附性能的多孔性材料，如硅胶（$SiO_2$）、铝胶（$Al_2O_3$）等，吸湿后材料的固体形态并不改变；另一种是具有吸收能力的固体材料，如氯化钙（$CaCl_2$）等，这种材料在吸湿之后，由固态逐渐变为液态，最后失去吸湿能力。图5.12为固体干燥剂减湿系统原理图。固体吸湿剂的吸湿能力不是固定不变的，在使用一段时间后失去了吸湿能力时，需进行"再生"处理，即用高温空气将吸附的水分带走（如对硅胶），或用加热蒸煮法使吸收的水分蒸发掉（如对氯化钙）。

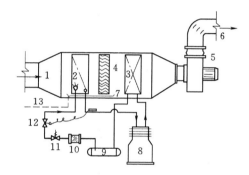

图5.11　冷却降湿机工作原理

1—外界空气进口；2—空气冷却器（蒸发器）；3—冷凝器；
4—挡水板；5—风机；6—干燥空气出口；7—盛水盘；
8—压缩机；9—储液器；10—过滤干燥器；
11—电磁阀；12—膨胀阀；13—泄水管

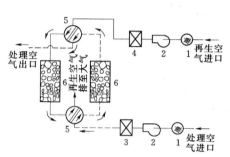

图5.12　固体干燥剂减湿系统

1—空气滤网；2—风机；3—空气冷却器；
4—空气加热器；5—转换阀；
6—固体干燥剂筒

**5. 空气的加湿方法**

（1）蒸汽加湿，常用的蒸汽加湿设备有蒸汽加湿喷管（图5.13）、"干式"蒸汽加湿器和电加湿器。

（2）水蒸发加湿，常用的水蒸发加湿设备有压缩空气喷水装置、电动喷雾器和超声波加湿器等。

（3）电热加湿器，有电热式和电极式（图5.14）。

**6. 空气的净化处理设备**

空调的任务之一是保证被处理的空气有一定的洁净度。因此在空调系统中，必须设置各种形式的空气净化处理设备。

空气净化包括除尘、消毒、除臭以及离子化等，其中除尘是经常遇到的。对送风的除尘处理，通常使用空气过滤器。金属网格浸油空气过滤器常用，它是由数层波浪形的金属网格叠配而成，每层网格的孔径不同，靠进气面孔径最大，靠近出风面孔径最小。每个过滤器都浸上黏性油，当含尘气流以一定速度通过波浪式网格时，由于多次曲折运动，灰尘被捕获且被油黏牢，从而达到除尘过滤目的。

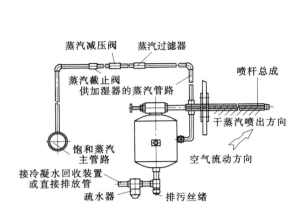

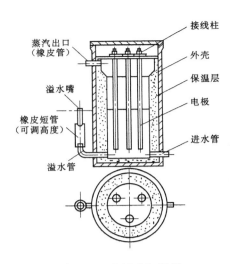

图 5.13 设保温套管的蒸汽加湿喷管

图 5.14 电极式加湿器

浸油过滤器的清洗和浸油较麻烦，因此在工程上常采用自动清洗浸油过滤器和以聚酯泡沫塑料做过滤层的过滤器。

### 5.4.3 空气输送与分配设备

按空气的来源情况来划分，空调系统可分为直流、闭式和再循环式系统等三种形式。

空气调节系统中空气的输送与分配是利用通风机，送、回风管及空气分配器（布风器）和空气诱导器来实现的。

1. 风管

风管使用的材料应是表面光洁，质量轻，方便加工和安装，并有足够的强度、刚度、且抗腐蚀。常用的风管材料有薄钢板、铝合金板或镀锌薄钢板等，主要有矩形和圆形两种截面。

为调节风管的空气流量，实现空气的合理分配，在风道和支管中常设有调风门。

2. 风机

空调系统的风机主要采用离心式风机、轴流式风机。

3. 空气分配器

空气分配器用于低速空调系统，一般有辐射型空气分配器、轴向送风空气分配器、线型送风空气分配器、面型送风空气分配器及多用型送风空气分配器等形式。

4. 空气诱导器

空气诱导器（图5.15）为高速空调系统的主要送风设备。

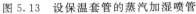

图 5.15 空气诱导器

1—诱导器箱体；2—一次风管；3—调风门；
4—静压箱；5—喷嘴；6—二次风进风栅；
7—空气混合室；8—混合风出风栅；
9—换热器

# 5.5　空调水系统

空调水系统的作用就是以水作为介质在空调建筑物之间和建筑物内部传递冷量或热量。正确合理地设计空调水系统是整个空调系统正常运行的重要保证，同时也能有效地节省电能消耗。

## 5.5.1　空调水系统的构成

就空调工程的整体而言，空调水系统包括冷热水系统、冷却水系统和冷凝水系统。

1. 冷热水系统

冷热水系统是指由冷水机组（或换热器）制备出的冷水（或热水）的供水，由冷水（或热水）循环泵，通过供水管路输送至空调末端设备，释放出冷量（或热量）后的冷水（或热水）的回水，经回水管路返回冷水机组（或换热器）。对于高层建筑，该系统通常为闭式循环环路，除循环泵外，还设有膨胀水箱、分水器和集水器、自动排气阀、除污器和水过滤器、水量调节阀及控制仪表等。对于冷水水质要求较高的冷水机组，还应设软化水制备装置、补水水箱和补水泵等。

2. 冷却水系统

冷却水系统是指利用冷却塔向冷水机组的冷凝器供给循环冷却水的系统。

3. 冷凝水系统

冷凝水系统是指空调末端装置在夏季工况时用来排出冷凝水的管路系统。

## 5.5.2　空调冷热水系统的形式

空调冷热水系统，可按以下方式进行分类：①按循环方式，可分为开式循环和闭式循环；②按供、回水制式（管数），可分为两管制水系统、四管制水系统和分区两管制水系统；③按供、回水管路的布置方式，可分为同程式系统和异程式系统；④按运行调节的方法，可分为定流量系统和变流量系统；⑤按系统中循环泵的配置方式，可分为一次泵系统和二次泵系统。

1. 开式循环系统和闭式循环系统

（1）开式循环系统（图 5.16）。开式循环系统的下部设有水箱（或蓄冷水池），它的末端管路是与大气相通的。空调冷水流经末端设备（例如风机盘管等）释放出冷量后，回水靠重力作用集中进入回水箱或蓄冷水池，再由循环泵将回水打入冷水机组的蒸发器，经重新冷却后的冷水被重新输送。例如采用蓄冷水池方案，或空气处理机组采用喷水室处理空气的，其水系统是开式的。

开式循环系统的特点是：①水泵扬程高，输送耗电量大；②循环水易受污染，水中总含氧量高，管路和设备易受腐蚀；③管路容易引起水锤现象；④该系统与蓄冷水池连接比较简单（当然蓄冷水池本身存在无效耗冷量）。

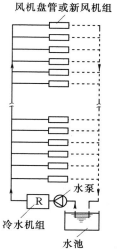

图 5.16　开式循环系统

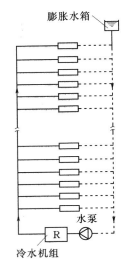

图 5.17　闭式循环系统

（2）闭式循环系统（图 5.17）。闭式循环系统的冷水在系统内进行闭式循环，在系统的最高点设膨胀水箱（其功能是接纳水体积膨胀量，对系统进行定压和补水）。

闭式循环系统的特点是：①水泵扬程低，仅需克服环路阻力，与建筑物总高度无关，故输送耗电量小；②循环水不易受污染，管路腐蚀程度轻；③不用设回水池，制冷机房占地面积减小，但需设膨胀水箱；④系统本身几乎不具备蓄冷能力，若与蓄冷水池连接，则系统比较复杂。

2. 两管制、四管制及分区两管制水系统

（1）两管制水系统。《民用建筑供暖通风与空气调节设计规范》（GB 50736—2012）指出："全年运行的空气调节系统，仅要求按季节进行供冷与供热转换时，应采用两管制水系统"。我国高层建筑特别是高层旅馆建筑大量建设的实践表明，从我国的国情出发，两管制系统能满足绝大部分旅馆的空调要求，同时也是多层或高层民用建筑广泛采用的空调水系统方式 [图 5.18（a）]。

（2）四管制水系统。四管制系统的优点是：①各末端设备可随时自由选择供热或供冷的运行模式，相互没有干扰，所服务的空调区域均能独立控制温度等参数；②节省能量，系统中所有能耗均可按末端的要求提供，不像三管制系统那样存在冷、热抵的问题。

四管制系统的缺点是：①投资较大，运行管理相对复杂；②由于管路较多，系统设计变得较为复杂，管道占用空间较大。由于这些缺点，使该系统的使用受到一些限制。

《公共建筑节能设计标准》（GB 50189—2015）规定：全年运行过程中，供冷和供热工况频繁交替转换或需同时使用的空气调节系统，宜采用四管制水系统。因此，它较适合于内区较大，或建筑空调使用标准较高且投资允许的建筑中 [图 5.18（c）]。

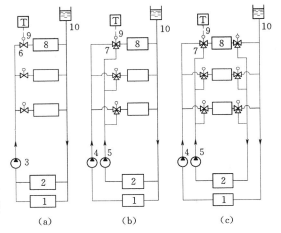

图 5.18　风机盘管式空调的供水系统
（a）双水管系统；（b）三水管系统；（c）四水管系统

（3）分区两管制水系统。《公共建筑节能设计标准》（GB 50189—2015）规定：当建筑物内有些空气调节区需全年供冷水，有些空气调节区则冷、热水定期交替供应时，宜采用分区两管制水系统（图 5.19）。这种系统具有两管制和四管制的一些特点，其调节性能介于四管制和两管制之间。因为从调节范围来看，四管制系统是每台末端设备独立调节，两管制系统只能整个系统一起进行冷、热转换，而分区两管制系统则可实现不同区域的独立控制。分区两管制系统设计的关键在于合理分区：如分区得当，可较好地满足不同区域的空气要求，其调节性能可接近四管制系统。关于分区数量，分区越多，可实现独立控制的区域的数量就越多，但管路系统也就越复杂，不仅投资相应增多，管理起来也复杂了，因此设计时要认真分析负荷变化特点，一般情况下分两个区就可以满足需要了。如果在一个建筑里，因内、外区和朝向引起的负荷差异都比较明显，也可以考虑分三个区。

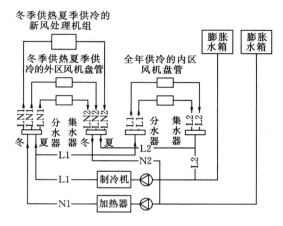

图 5.19　分区两管制水系统

分区两管制系统与现行两管制系统相比，其初投资和占用建筑空间与两管制系统相近，在分区合理的情况下调节性能与四管制系统相近，是一种既能有效提高空调标准，又不明显增加投资的方案，其设计与相关空调新技术相结合，可以使空调系统更加经济合理。

3. 定流量与变流量系统

（1）定流量系统。所谓定流量水系统是指系统中循环水量保持不变，当空调负荷变化时，通过改变供、回水的温差来适应。

（2）变流量系统。所谓变流量系统是指系统中供、回水温差保持不变，当空调负荷变化时，通过改变供水量来适应。

《民用建筑供暖通风与空气调节设计规范》（GB 50736—2012）指出，"设置 2 台或 2 台以上冷水机组和循环泵的空气调节水系统，应能适应负荷变化改变系统流量"。也就是说，负荷侧环路应按照变流量运行，该系统必须设置相应的自控设施。

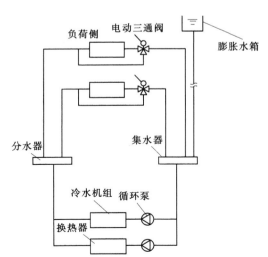

图 5.20　一次泵定流量系统

4. 一次泵系统与二次泵系统

在冷源侧和负荷侧合用一组循环泵的称为一次泵或称单式泵系统；在冷源侧和负荷侧分别配置循环泵的称为二次泵（或称复式泵）系统。

（1）一次泵系统：一次泵系统分为一次泵定流量系统和一次泵变流量系统。

一次泵定流量系统（图 5.20）：该系统中通常每台机组配有一台水泵，水泵保持定流量运行，水泵与机组联动，当加载一台冷水机组时，其对应的水泵先启动，当减载一台机组时，先关闭机组，然后关闭水泵；系统末端安装电动二通调节阀，中间的旁通管上设有压差旁通阀，用来平衡一次水和二次水的流量。机组的加减机控制分别是通过控制供水温度和旁通水量来实现的。当供水温度高于设定温度运行一段时间（通常为 10～15min），就会启动另一台冷水机组，当旁通水量达到单台机组设计流量的 110％～120％，并持续运行一段时间（通常为 10～15min），系统会减载一台机组。只要建筑高度不太高（＜100m），这样布置是可行的，也是目前用得较多的一种方式。如果建筑高度高（＞100m），系统静压大，则将循环泵设在冷水机组蒸发器出口，以降低蒸发器的工作压力。

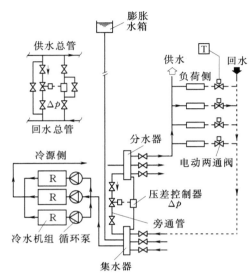

图 5.21 一次泵变流量系统

一次泵变流量系统（图 5.21）：该系统采用变频调节，不设定泵速，旁通管上设有压差控制阀。当系统水量降低到单台冷水机组的最小允许流量时，旁通一部分水量，使冷水机组维持定流量运行。最小流量由流量计或压差传感器测得。系统末端仍然安装二通调节阀，水泵的转速由系统最远端压差的变化来控制。冷水机组和水泵不必一一对应，它们的启停也分别独立控制。该系统的加机控制原理仍是控制机组的出水温度，而减机控制原理是以负荷为依据，通过运行电流比来控制。

一次泵变流量系统的特点是简单、自控装置少、初投资较低、管理方便，因而目前广泛应用。但是它不能调节泵的流量，难以节省系统输送能耗。特别是当各供水分区彼此间的压力损失相差较为悬殊时，这种系统就无法适应。因此，对于系统较小或各环路负荷特性或压力损失相差不大的中小型工程，宜采用一次泵系统。

（2）二次泵变流量系统（图 5.22）。该系统用旁通管 AB 将冷水系统划分为冷水制备和冷水输送两个部分，形成一次环路和二次环路。一次环路由冷水机组、一次泵，供回水管路和旁通管组成，负责冷水制备，按定流量运行。二次环路由二次泵、空调末端设备、供回水管路和旁通管组成，负责冷水输送，按变流量运行。设置旁通管的作用是使一次环路保持定流量运行。旁通管上应设流量开关和流量计，前者用来检查水流方向和控制冷水机组、一次泵的启停；后者用来检测管内的流量。旁通管将一次环路与二次环路两者连接在一起。

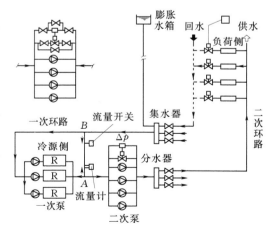

图 5.22 二次泵变流量系统

### 5.5.3　空调冷却水系统

#### 1. 冷却水系统分类

空调冷却水系统供应空调制冷机组冷凝器、压缩机的冷却用水。在正常工作时，用后仅水温升高，水质不受污染。按水的重复利用情况，可分为直流供水系统和循环供水系统。直流供水系统简单，冷却水经过冷凝器等用水设备后，直接就地排出，耗水量大。循环水系统一般由冷却塔、冷却水泵、补水系统和循环管道组成。

（1）直流供水系统。冷却水经过冷凝器等用水设备后，直接排入河道或下水道，或流入厂区综合用水管道。

（2）循环冷却水系统。循环冷却水系统是将通过冷凝器后的温度较高的冷却水经过降温处理后，再送入冷凝器循环使用的冷却系统。按通风方式可分为：

1）自然通风冷却循环系统，是用冷却塔或冷却喷水池等构筑物使冷却水降温后再送入冷凝器的循环冷却系统。

2）机械通风冷却循环系统是采用机械通风冷却塔或喷射式冷却塔使冷却水降温后再送入冷凝器的循环冷却系统。

（3）适用范围。

1）当地面水源水量充足，如江、河、湖泊的水温、水质适合，且大型冷冻站用水量较大，采用循环冷却水耗资较大时，可采用河水直排冷却系统。

2）当地下水资源丰富，地下水水温较低（一般在 13～20℃），可考虑水的综合利用，采用直流供水系统利用水的冷量后，送入全厂管网，作为生产、生活用水。

3）自然通风冷却循环系统适用于当地气候条件适宜的小型冷冻机组。

4）机械通风冷却循环系统适用于气温高、湿度大，自然通风塔不能达到冷却效果的情况。

由于冷却水流量、温度、压力等参数直接影响到制冷机组的运行工况，尤其在当前空调工程中大量采用自控程度较高的各种冷水机组，因此，运行稳定可控的机械通风冷却循环系统被广泛地采用。

#### 2. 冷却塔的设置

（1）冷却塔的类型。工程上常见的冷却塔有逆流式、横流式、喷射式和蒸发式等 4 种类型。

（2）冷却塔的特点及适用范围（表 5.12）。

（3）制冷站设在多层建筑或高层建筑的底层或地下室时，冷却塔设在高层建筑裙房的屋顶上。如果没有条件这样设置时，只好将冷却塔设在高层建筑主（塔）楼的屋顶上，应考虑冷水机组冷凝器的承压在允许范围内。

#### 3. 冷却水系统的型式

冷却水系统的型式主要有上水箱式冷却水系统（图 5.23）、下水箱（池）式冷却水系统（图 5.24）、冷却塔供冷系统（图 5.25）和多台冷却塔并联运行的冷却水系统（图 5.26）4 种类型。

表 5.12　　　　　　　　　　　　　　　　冷却塔的特点及适用范围

| 分类 | | 型式 | 结构特点 | 性能特点 | 适用范围 |
|---|---|---|---|---|---|
| 湿式机械通风型 | 逆流式（圆形、方形）（抽风式、彭风式） | 普通型 | （1）空气与水逆向流动，进出风口高差较大；<br>（2）圆形塔比方形塔气流组织好，适合单独布置、整体吊装，大塔可现场拆装；塔稍高，湿热空间回流影响小；<br>（3）方形塔占地较小，适合多台组合，可现场组装；<br>（4）当循环水对风机的侵蚀性较强时，可采用鼓风式 | （1）逆流式冷效优于其他形式；<br>（2）噪声较大；<br>（3）空气阻力较大；<br>（4）检修空间小，维护困难；<br>（5）造价较低 | 工矿企业和对环境口噪声要求不太高的场所 |
| | | 低噪声型阻燃型 | （1）冷却塔采用降低噪声的结构措施；<br>（2）阻燃型系在玻璃钢中掺加阻燃剂 | （1）噪声值比普通型低 4—8dB（A）；<br>（2）空气阻力较大；<br>（3）检修空间小，维护困难；<br>（4）喷嘴阻力大，水泵扬程大；<br>（5）阻燃型有自熄作用，氧指数不低于 28，造价比普通型贵 10% 左右 | （1）对环境噪声有一定要求的场所；<br>（2）阻燃型对防火有一定要求的建筑 |
| | | 超低噪声型阻燃型 | （1）在低噪声型基础上增强减噪措施；<br>（2）阻燃型系在玻璃中掺加阻燃剂 | （1）噪声比低噪声型低 3—5dB（A）；<br>（2）空气阻力较大；<br>（3）检修空间小，维护困难；<br>（4）喷嘴阻力大，水泵扬程大；<br>（5）阻燃型自熄作用氧指数不低于 28，造价比低噪声型贵 30% 左右 | （1）对环境噪声有较严格要求的场所；<br>（2）阻燃型对防火有一定要求的建筑 |
| | 横流式（抽风式） | 普通型低噪声型 | （1）空气沿水平方向流动，冷却水流垂直于空气流向；<br>（2）与逆流式相比，进出风口高差小，塔稍矮；<br>（3）维修方便；<br>（4）长方形，可多台组装，运输方便；<br>（5）占地面积较大 | （1）冷效比逆流式差，回流空气影响稍大；<br>（2）有检修通道，日常检查、清理、维修更便利；<br>（3）布水阻力小，水泵所需扬程小，能耗小；<br>（4）进风风速低、阻力小、塔高小、噪声低 | 建筑立面和布置有要求的场所 |
| 引射式 | 横流式 | 无风机型 | （1）高速喷水引射空气进行换热；<br>（2）取消风机，设备尺寸较大 | （1）噪声、振动较低，省水，故障少；<br>（2）水泵扬程高，能耗大；<br>（3）喷嘴易堵，对水质要求高；<br>（4）造价高 | 对环境噪声要求较严的场所 |
| 干式机械通风型 | 密闭式 | 蒸发型 | 冷却水在密闭盘管中进行冷却，循环水蒸发冷却对盘管间接换热 | （1）冷却水全封闭，不易被污染；<br>（2）盘管水阻大，冷却水泵扬程高，电耗大，为逆流塔的 4.5～5.5 倍；<br>（3）重量重，占地大 | 要求冷却水很干净的场所，如小型水环热泵 |

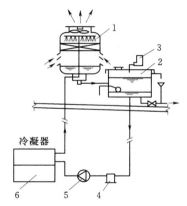

图 5.23　上水箱式冷却水系统
1—冷却塔；2—水箱；3—压力调节器；
4—过滤器；5—水泵；6—冷凝器

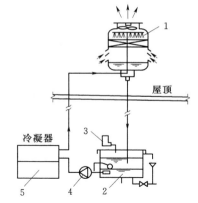

图 5.24　下水箱（池）式冷却水系统
1—冷却塔；2—水箱；3—压力调节器；
4—水泵；5—冷凝器

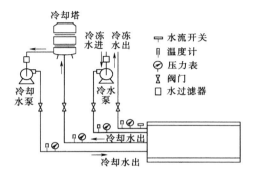

图 5.25　冷却塔供冷系统

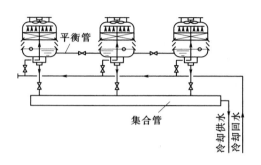

图 5.26　多台冷却塔并联运行时的冷却水系统

# 5.6　空调房间的气流组织

　　气流组织设计的任务是合理地组织室内空气的流动，使室内工作区空气的温度、湿度、速度和洁净度能更好地满足工艺要求及人们的舒适感要求。空调房间气流组织是否合理，不仅直接影响房间的空调效果，而且也影响空调系统的能耗。

　　影响气流组织的因素很多，如送风口位置及型式，回风口位置，房间几何形状及室内的各种扰动等。

## 5.6.1　气流组织设计的原则

　　（1）保证室内温度、送风气流分布的均匀性。

　　（2）防止送、回风在射程中相互干扰，甚至短路。

　　（3）使人体最好处于回流区内，避免温差较大的送风直接吹向人体。

## 5.6.2　常用气流组织形式及其特点

　　1. 侧送侧回

　　特点：侧送风口布置在房间的侧墙上部，空气横向送风，气流吹到对面墙上转折下落到工作区以较低速度流过工作区，再由布置在同侧或异侧的回风口排出，如图 5.27 所示。根据房间跨度大小，可以布置成单侧送单侧回和双侧回。在实行分区控制时，单独房间可不设回风口，利用门缝回风，走廊统一回风，适用于房间层高较低的房间。

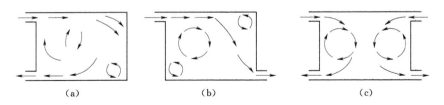

图 5.27　侧送侧回示意图
(a) 同侧送、同侧回；(b) 同侧送；异侧回；(c) 双侧送、双侧回

优点：使工作区处于回流区，速度场与温度场趋于均匀和稳定。射流射程比较长，射流来得及充分衰减，故可加大送风温差。

缺点：设计考虑不当，易形成送、回干扰或短流。

2. 侧送顶回

风机盘管一般在室内形成，即是典型的侧送顶回式。这种方式适用于房间较低或进深较大的房间，如图 5.28 所示。

优点：工作区域基本处于回流区，舒适性较高。占用吊顶角一侧，占用面积较少，风盘风口上下、左右可调。

缺点：由风盘尺寸所限，吊顶高度得分为两层，高度不一。

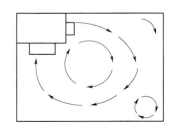　　　　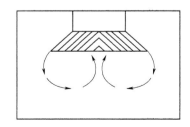

图 5.28　侧送顶回示意图　　　　图 5.29　上送上回示意图

3. 上送上回

送吸式散流器送回风气流基本属于此类，如图 5.29 所示。

这种气流组织形式是将送风口和回风口叠在一起，布置在房间上部，对于那些因各种原因不能在房间下部布置回风口的场合是适当的。

优点：设备隐藏在吊顶内，吊顶高度统一，易于装修配合。

缺点：占用层高较多，设计不当，易引起送回风干扰及短流。

4. 上送下回

上送下回是将送风口设在房间的上部（如顶棚或侧墙）、回风口设在下部（如地板或侧墙），气流从上部送出，由下部排出的一种方式，如图 5.30 所示。有四种气流分布方式：图 5.30(a)、(b) 分别为百叶风口单侧或双侧送风，送风口和回风口处在同一侧；图 5.30(c)

为顶棚散流器送风、下部双侧回风；图 5.30(d) 为顶棚孔板送风、下部单侧回风。

这种气流分布形式，适合于有恒温要求和洁净度要求的工艺性空调及冬季以送热风为主且空调房间层高较高的舒适性空调系统。

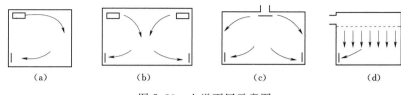

图 5.30 上送下回示意图

5. 中送风

对于某些高大空间，实际的空调区处在房间的下部，没有必要将整个空间作为控制调节的对象，因此可采用中送风的方式，如图 5.31 所示。图 5.31(a) 为中部送风下部回风；图 5.31(b) 为中部送风、下部回风加顶部排风的方式。

这种送风方式在满足室内温、湿度要求的前提下，有明显的节能效果，但就竖向空间而言，存在着温度"分层"现象，主要适用于高大的空间，如需设空调的工业厂房等，通常称为"分层空调"。

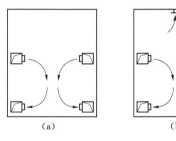

图 5.31 中送风示意图

6. 地板下送风系统（图 5.32）

早在 20 世纪 50 年代在余热量较高的空间（例如计算机房、控制中心和实验室）曾采用过，已经证明它是将调节好的空气输送到建筑物人员活动区特定位置的送风口处的最有效方法。在 20 世纪 70 年代，下部送风在西德被引进办公建筑中作为一种解决方案，解决了在整个办公楼内由于电子设备增多而引起的电缆管理和除去余热量的问题，如图 5.32 所示。

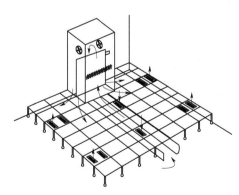

图 5.32 地板下送风系统（下送下回）

在这些建筑中，考虑到办公室工作人员的舒适性，把由室内人员控制的特定布置的送风散流器改进为工位空调。在欧洲有些系统，曾采用供个人舒适控制的桌面送风口与供周围空间控制的地面散流器（UFAD）相结合的系统。到目前为止，UFAD系统在欧洲、南非和日本已经获得极大的认可。然而，由于各种原因，直到 20 世纪 90 年代后期 UFAD 系统在北美的进展仍然相当缓慢，近年来的发展步伐已经在加快。

### 5.6.3 风口与散流器的选择

空调风管机的末端设备主要是风口与散流器，风口只是一种空气分配设备，而风机盘管则是一种空气处理设备和空气输送设备。当然，水管机中的风机盘管也必须配备送、回风口。所以风口与散流器的选择也很重要。

**1. 选择的原则**

（1）根据房型和装饰要求。

（2）根据气流组织的需要。

（3）根据风机盘管与风管尺寸选择与送风量的需要。

（4）水管机中，与风机盘管接口尺寸对应，表 5.13 与风机盘管匹配的送回风口尺寸。

表 5.13　　　　　　　　　　与风机盘管匹配的送回风口尺寸

| 风机盘管型号 | | FP200 | FP300 | FP400 | FP500 | FP600 | FP800 | FP1000 | FP1200 |
|---|---|---|---|---|---|---|---|---|---|
| 送风口 /mm | 双层百叶 | 510×130 | 610×130 | 710×130 | 810×130 | 1010×130 | 1310×130 | 1710×130 | 1910×130 |
| | 方形散流器 | 160×160 | 200×200 | 200×200 | 250×250 | 250×250 | 320×320 | 400×400 | 400×400 |
| | 圆形散流器 | $\phi180$ | $\phi220$ | $\phi250$ | $\phi280$ | $\phi320$ | $\phi360$ | $\phi450$ | $\phi500$ |
| 回风口 /mm | 格栅回风口 | 510×170 | 610×170 | 710×170 | 810×170 | 1010×170 | 1310×170 | 1710×170 | 1910×170 |

**2. 送风口的形式与特点**

送风口形式根据空调精度、气流形式、送风口安装位置以及建筑装饰等方面的要求，可选用不同形式的送风口，常用的送风口有下列几种：

（1）侧送风口。在房间内横向送出气流的风口叫侧送风口。

这类风口中，用得最多的是百叶风口，有的百叶风口中的百叶做成活动可调，既能调节风量，又能调节方向。为了满足不同的调节性能的要求，可将百叶做成多层，每层有各自的调节功能。除了百叶送风口外，还有格栅送风口和条缝送风口；这两种风口可以与建筑装饰很好地配合。表 5.14 为常用送风口射流特性与应用范围。

表 5.14　　　　　　　　　　常用送风口射流特性与应用范围

| 风　口　形　式 | 射流特性及应用范围 |
|---|---|
| | 格栅送风口：<br>　叶片或空花图案的格栅，用于一般空调工程 |
| | 单层百叶送风口：<br>　叶片可活动，可根据冷、热射流调节送风的上下倾向，用于一般的空调工程 |
| | 双层百叶送风口：<br>　叶片可活动（单片动或联动、手动或电动）。可调节冷、热射流送风的上、下、左、右倾角，用于较高精度的空调工程 |
| | 三层百叶送风口：<br>　叶片可活动（手动或电动），有对开叶片用以调节风量，又有水平、垂直叶片可调上、下倾角和射流扩散角，用于高精度空调工程 |
| | 条缝形送风口：<br>　带配合静压管（兼作吸音箱）使用，可作为风机盘管的出风口，适用于一般精度的民用建筑空调工程 |

（2）散流器。散流器是安装在顶棚上的送风口，自上而下送出气流。散流器的形式很多，有盘式散流器，气流辐射处送出，且为天花板的贴附射流；有片式散流器，设有多层可调散流片，使送风或呈辐射状或呈锥形扩散；也有将送、回风口结合在一起的送、吸式散流器。表 5.15 为常用散流器的形式。

**表 5.15** **常用散流器形式**

| 风 口 形 式 | 风口名称及气流流形 |
| --- | --- |
| | 盘式散流器：<br>　属平送流型，用于层高较低的房间，挡板上可贴吸声材料，能起消声作用 |
| 调节板　风管<br>均流器<br>扩散图 | 直片式散流器：<br>　平送流型或下送流型（降低扩散圈在散流器中相对位置时，可得到平送流型，反之可得到下送流型） |
| | 流线形散流器：<br>　属下送流型，适用于净化空调工程 |
| | 送、吸式散流器：<br>　属平送流型，可将送、回风口结合在一起 |

（3）孔板送风口。空气通过开有若干小孔的孔板而进入房间，这种送风口形式叫孔板送风口（图 5.33）。根据孔板面积占顶棚面积的比例，可分为局部孔板送风和全面孔板送风。根据供风方式的不同又有直接管道供风和静压室供风之分。该送风口的特点是送风均匀，速度衰减快。它常用于洁净室或恒温室等空调精度要求较高的空调系统中。

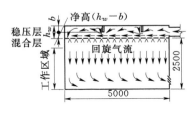

图 5.33　孔板送风（单位：mm）

（4）喷射式送风口。大型体育馆、礼堂、剧院及高大厂房等建筑常采用喷射式送风口。喷射式送风口有圆形喷口、矩形喷口和球形旋转风口等形式。气流由喷口高速喷出，带动室内气流进行强烈混合，射程较远。图 5.34 是喷射送风口的两种典型形式。

（5）旋流式送风口。旋流式送风口构造如图 5.34 所示。空调送风送入夹层，通过旋流叶片切向进入集尘箱，形成旋流后，由与地面平齐的格栅送入室内。旋流式送风口的特点是送风气流与室内空气混合好，速度衰减快。它适

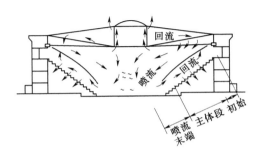

图 5.34　喷射送风口

用于计算机房等有夹层地板的房间。

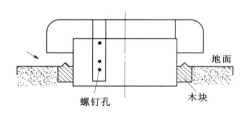

图 5.35 蘑菇形风口

**3. 回风口型式**

由于回风口的汇流场对房间气流组织的影响比较小，因此其型式也比较简单，但要求有风量调节装置。

就回风口的型式而言，有的只在孔口加一金属网格作为回风口，也有装格栅和百叶的。装在墙上或顶棚上的回风口，以固定百叶的型式应用最广。此外，在顶棚还有用 T 条缝做回风口的做法。在地面上除可用固定百叶式的地板回风口外，也可使用专门的蘑菇形风口，如图 5.35 所示。

**4. 回风口的布置和风速的确定**

虽然回风口对气流流型和区域温差影响较小，但却对局部区域有影响。通常回风口宜临近热源，不宜设在射流区和人员经常停留的地点。侧送时，回风口宜设在送风口的同侧；采用流器和孔板下送时，回风口宜设在下部。对于室温允许波动范围不小于 1℃，且室内参数相同或相近的多房间空调系统，可采用走廊回风（图 5.36、图 5.37）。此时，各房间与走廊的隔墙或门的下部应设百叶式风口，走廊断面风速应小于 0.25m/s，走廊通向室外的门应设套门或门斗，且应保持密闭。

回风口的风速应根据风口的位置不同选择不同的风速。回风口在房间上部时，回风速度为 5m/s；在房间下部时，靠近操作位置回风速度为 1.5～2.0m/s，不靠近操作位置回风速度 3.0～4.0m/s；用于走廊回风时为 1.0～1.5m/s。

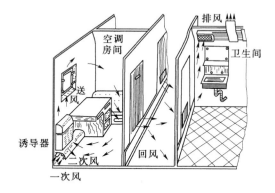

图 5.36 空调室内、送回、排风系统示意图

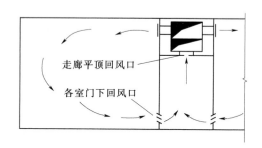

图 5.37 走廊回风示意图

# 5.7 空调系统的布置与节能

## 5.7.1 空调房间的建筑布置和建筑热工要求

合理的建筑措施，对于保证空调效果和提高空调系统的经济性具有重要意义。在布置空调房间和确定房间围护结构的热工性能时，一般应满足下列要求。

1. 空调房间的建筑布置

室内冷负荷和湿负荷是较大空调系统设备容量的重要组成部分，而负荷量的大小与建筑布置和围护结构的热工性能有很大的关系。因此，在设计时，首先要使建筑布置与围护结构的热工性能合理。

空调房间不要靠近产生大量污染物或高温高湿的房间，要求振动与噪声小的空调房间不要靠近振动与噪声大的房间。

空调房间应尽量集中布置。室内温湿度基数、使用班次和消声要求相近的空调房间，宜相邻或上下层对应布置。

应尽量做成空调房间被非空调房间所包围，但空调房间不宜与高温或高湿房间相毗邻。

对洁净度或美观要求高的空调房间，可设计阁楼或技术夹层。

空调房间的高度，除应满足生产、建筑要求外，尚需满足气流组织和管道布置等方面的要求。

2. 空调房间热工要求

在夏季由于室内外温差的影响，空调房间的围护结构成为传递热量的通道，为了保持空调室内温度的恒定，需要维持空调房间的热平衡。因此，围护结构传递热量的多少直接影响空调系统的能耗，所以需要围护结构具有良好的保温性能。根据围护结构的类别和空调房间的类型，国家有关规范对此作了规定。工艺性空调房间的外墙、外墙朝向和所在楼层，可按表 5.16 确定。

表 5.16　　　　　　　　　　对外墙、外墙朝向和层次的要求

| 室温允许波动范围/℃ | 外墙 | 外墙朝向 | 楼　层　层　次 |
|---|---|---|---|
| ≥±1 | 宜减少 | 宜北向 | 避免顶层 |
| ±0.5 | 不宜有 | 如有外墙时，宜北向 | 宜底层 |
| ±0.1~0.2 | 不应有 | | 宜底层 |

表 5.17 中的北向，适用于北纬 23.5°以北的地区，对于北纬 23.5°以南的地区应改为南向。当有东西向外窗时，应采取遮阳或内遮阳措施。

表 5.17　　　　　　　　　　　　窗 户 的 要 求

| 室温允许波动范围/℃ | 外　窗 | 外窗朝向 | 外窗层数 | 内窗层数 窗两侧温差/℃ | |
|---|---|---|---|---|---|
| | | | | ≥5 | <5 |
| ±1 | 尽量减少外窗 | 不小于±1℃时尽量朝北 | 双 | 双 | 单 |
| | | ±1℃时不应有东西向 | 双 | 双 | 单 |
| ±0.5 | 不宜有外窗 | 如有外窗，应向北 | | 双 | 单 |
| ±0.1~0.2 | 不应有外窗 | | | 双 | 双 |

门两侧温差不小于 7℃，门应保湿。外门应向内开启，内门应朝向要求高的房间开

启，见表 5.18。

**表 5.18** 　　　　　　　　　　门和门斗的设置要求

| 室温允许波动范围 /℃ | 外门和门斗 | 内门和门斗 |
|---|---|---|
| ≥±1 | 不宜有外门，如有经常开启的外门，应设门斗 | 门两侧温差不小于 7℃时，宜设门斗 |
| ±0.5 | 不应有外门，如有外门时，必须设门斗 | 门两侧温差大于 3℃，宜设门斗 |
| ±0.1～0.2 | 严禁有外门 | 内门不宜通向室温基数不同或室温允许波动范围大于±1℃的邻室 |

　　建筑及布置在顶层的空调房间应设吊顶，并应将保温层设置在吊顶上。吊顶上部的空间，应设置可启闭的通风窗，以便夏季开启，冬季关闭。空调房间的地面及楼面，宜按以下原则处理：

　　（1）符合下列情况者，应作保温处理。

　　1）与相邻非空调房间之间的楼板。

　　2）与相邻不经常使用的空调房间之间的楼板。

　　3）温差不小于 7℃的相邻空调房间之间的楼板。

　　（2）符合下列情况者，距外墙 1m 以内的地面应做局部保温。

　　1）室温允许波动范围不大于±0.5℃、有外墙的空调房间。

　　2）室温允许波动范围为±1℃、面积小于 30m²、有两面外墙的空调房间。

　　3）夏季炎热或冬季严寒地区、工艺对地面温度有严格要求的空调房间。

　　（3）空调房间围护结构的传热系数，应通过技术经济比较确定。通常，可参照表 5.19 确定。

　　（4）工艺性空调房间围护结构的热惰性指标 $D$ 值，不宜小于表 5.20 的数值。

　　（5）空调系统新风进口的位置，应符合下列要求：

　　1）风口处于室外空气较洁净的地点。

　　2）位于排风口的上风侧且低于排风口。

　　3）进风口的底部距室外地坪不小于 2m（位于绿化地带时，可减至 1m）。

　　4）位于建筑物背阴处。

**表 5.19** 　　　　　　　　　　空调房间围护结构的传热系数

| 围护结构名称 | 工艺性空调/[W/(m²·℃)] | | | 舒适性空调 |
|---|---|---|---|---|
| | ±0.1～0.2℃ | ±0.5℃ | ≥±1.0℃ | |
| 屋顶 | | | 0.8 | 1.0 |
| 顶棚 | 0.5 | 0.8 | 0.9 | 1.2 |
| 外墙 | | 0.8 | 1.0 | 1.5 |
| 内墙、楼板 | 0.7 | 0.9 | 1.2 | 2.0 |

### 5.7.2 空气调节系统的节能设计

空调制冷制热方式的选取，受到各国能源政策、能源结构及环保政策的制约和影响。因此，要合理选择空调制冷制热方式，应从国家的能源情况，能源政策和环境保护方面多加考虑。据统计，空调能耗占整个建筑物能耗的 60%～70%，而我国建筑能耗占全社会商品能源消费的 30%，已接近发达国家的标准。随着经济的发展，人民生活水平的提高，空调的普及率会进一步提高，建筑能耗也会进一步增大。所以，空调是一个能耗大户，在进行空调设计时，应从高效节能，环境保护等方面加以考虑。根据《公共建筑节能设计标准》（GB 50189—2015）空气调节系统的节能设计主要有以下要求：

表 5.20　围护结构的最小热惰性指标 $D$ 值

| 围护结构名称 | 室温允许波动范围/℃ | |
|---|---|---|
| | ±0.1～0.2 | ±0.5 |
| 外墙 | — | 4 |
| 屋顶 | | 3 |
| 顶棚 | 4 | 3 |

（1）使用时间、温度、湿度等要求条件不同的空气调节区，不应划分在同一个空气调节风系统中。

（2）房间面积或空间较大、人员较多或有必要集中进行温、湿度控制的空气调节区，其空气调节风系统宜采用全空气空气调节系统，不宜采用风机盘管系统。

（3）设计全空气空气调节系统并当功能上无特殊要求时，应采用单风管送风方式。

（4）下列全空气空气调节系统宜采用变风量空气调节系统：①同一个空气调节风系统中，各空调区的冷、热负荷差异和变化大、低负荷运行时间较长，且需要分别控制各空调区温度；②建筑内区全年需要送冷风。

（5）设计变风量全空气空气调节系统时，宜采用变频自动调节风机转速的方式，并应在设计文件中标明每个变风量末端装置的最小送风量。

（6）设计定风量全空气空气调节系统时，宜采取实现全新风运行或可调新风比的措施，同时设计相应的排风系统。新风量的控制与工况的转换，宜采用新风和回风的焓值控制方法。

（7）在人员密度相对较大且变化较大的房间，宜采用新风需求控制。即根据室内 $CO_2$ 浓度检测值增加或减少新风量，使 $CO_2$ 浓度始终维持在卫生标准规定的限值内。

（8）当采用人工冷、热源对空气调节系统进行预热或预冷运行时，新风系统应能关闭；当采用室外空气进行预冷时，应尽量利用新风系统。

（9）建筑物空气调节内、外区应根据室内进深、分隔、朝向、楼层以及围护结构特点等因素划分。内、外区宜分别设置空气调节系统并注意防止冬季室内冷热风的混合损失。

（10）对有较大内区且常年有稳定的大量余热的办公、商业等建筑，宜采用水环热泵空气调节系统。

### 5.7.3 空调系统的节能运行

空调系统的空气处理方案和处理设备的容量是在室外空气处于冬夏设计参数以及室内负荷为最不利的时候确定的。然而，从全年看，室外空气参数处于设计计算条件的情况只占一小部分，绝大多数时间随着春、夏、秋、冬作季节性的变化；其次空调房间内的余热、余湿负荷也在不断变化。此时，空调系统若不作相应的调节，将会使室内空气参数发生相应的变化或波动，不能满足设计的要求，而且还浪费空调设备的冷量和热量。因此在空调系统的设计和运行时，必须考虑在室外气象条件和室内负荷变化时如何对系统进行调节。

此外，空调系统运行耗能很大。在某些工业发达国家，供暖和空调系统的能源消耗约占国家总能源消耗的 1/3。因此，提高空调系统的能源利用效率已成为空调工程技术的一项重要课题。为了降低空调系统的能耗，必须：①改善建筑物的保温性能；②修订空调房间的室内温湿度标准；③严格控制新风量；④选择节能的空调系统并及时清洗空调上积聚的灰尘；⑤从空调系统的排风中回收能量；⑥改善空调系统的运行控制等。但应当指出的是，在采用某种节能的途径时，往往伴随有某些设备、仪器仪表和材料等的投入，因此在选择使用时，应根据我国的技术经济情况合理选用。这里主要介绍室内温、湿度设定和新风量等方面的节能问题。

1. 合理地降低空调房间的温、湿度标准

从空调的空气处理过程可知，在系统运行中，夏季要求的室内温、湿度值越低，冬季要求的温、湿度越高，处理空气所耗费的能量越多。所以，对于室内温、湿度设定值并不需要全年固定不变的大多数空调对象，可以采用变设定值控制或按设定区（温度浮动）控制。例如：一空调房间内的温、湿度设计指标为 $t_N = (22\pm2)℃$、$\Phi_N = (50\pm10)\%$，即 $t_N = (20\sim24)℃$、$\Phi_N = 40\%\sim60\%$。在夏季运行中则采用 $t_N = 24℃$，$\Phi_N = 60\%$ 的设定值；在冬季运行中则采用 $t_N = 20℃$，$\Phi_N = 40\%$ 的设定值。据国外文献报道，夏季室温设定值从 26℃ 提高到 28℃，冷负荷可减少 21%～23%；露点温度设定值从 10℃ 提高到 12℃（相当于改变室内相对湿度），除湿负荷可减少 17%；冬季室温从 22℃ 降到 20℃，热负荷可减少 26%～31%；露点温度从 10℃ 降低到 8℃，加湿负荷可减少 5%。

由此可见，在满足生产要求和人体舒适的情况下，夏季尽可能提高室内的温、湿度基数，冬季尽可能降低温、湿度基数，即可使空调系统在运行中降低能量的消耗，达到节能的目的。

2. 合理利用新风

合理地利用室外新风是空调系统在运行过程中最有效的节能措施之一。

（1）冬、夏季节空调系统在运行中应采取最小新风的运行方式。空调系统在运行中，对空气的处理过程中新风的处理要消耗大量的能量。对于夏季需供冷、冬季需供热的空调房间，在空调系统的运行中所采用的室外新风量越大，系统的能耗也越大。

空调系统在运行中所采用的最小新风量是根据空调房间内的卫生条件来决定的。工艺性空调中新风量是由工业卫生标准和工艺条件所决定。生产厂房中按补偿排风、漏风、保证室内正压风量之和与保证室内每人不少于 $30m^3/(h\cdot 人)$ 的新风量两项中的大值。对于舒适性空调，在室内无吸烟的情况下，如影剧院、博物馆、体育馆、商店所采用的最小新风量为 $8m^3/(h\cdot 人)$；办公室、图书馆、会议室、餐厅、舞厅、医院门诊和普通病房所采用的最小新风量为 $17m^3/(h\cdot 人)$；旅馆客房在有少量吸烟时，采用的最小新风量为 $30m^3/(h\cdot 人)$。

但是，在空调房间内，由于工艺进行的情况不同，室内的排风量可能也是变化的，工作人员的减少，室内正压的最低维持都可以使系统在运行中降低新风量。因此，在空调系统的运行中，冬、夏季节根据空调房间的情况，在条件允许时尽可能减少新风的使用量，即可达到节能降耗的目的。

日本近来规定最小新风量取 $20m^3/(h·人)$。美国和英国标准推荐的新风量为 $18m^3/(h·人)$ 的新风，美国政府机关事务管理员的报告提出，从人对氧气需要量的角度去考虑，每人的新鲜空气量只需 $3.6\sim7.2m^3/h$。如果通风系统能够利用过滤和吸附作用除去循环空气的烟尘和气味的话，那么，新风量就可朝着这个最小值进一步减少。

如前所述室内每人必须保证有一定的新风量，但是，办公楼室内人数常常在变化，而百货商店室内人数的变化就更大，为了适应室内人员变动，控制一定的新风量，有些国家采用 $CO_2$ 浓度控制装置，根据室内人数变动（$CO_2$ 浓度变动）自动控制新风量，并控制回风、排风阀门的动作（保持风平衡）。这样，可避免人员减少时造成的能量浪费。

在像百货商店等能预测顾客多少的地方，用手动调节新风阀门，可达到一定的节能目的，例如，星期日可用手动全开新风阀门，而其他日子可半开新风阀门。

（2）在过渡季节新风温度（或焓值）较低的情况下，应充分利用室外新风作冷源，尤其是那些对于室内周边负荷较小，而内区发热量较大的建筑，如大的商店、会堂、剧场等，冬季和过渡季室内需供冷风，这时更要充分利用室外新风具有的冷量，可全部引入室外新风，以推迟人工冷源使用时间，节约人工冷源的能耗。

（3）如果室外空气状态点等于或接近系统的送风状态点参数时，则可使用全新风运行方式。这样既保证了室内空气的新鲜，又达到了节能降耗的目的。

（4）改变空调设备启动、停止时间，在预冷和预热时停止使用新风。对于间歇运行的空调系统，应根据房屋的结构情况、气候变化、房间的使用功能及房间换气次数的多少等确定最合适的启动和停机时间，在保证工艺生产和人体舒适的条件下节约空调运行的能耗。如房屋保温性能较差，密封性能不好，室内外温差较大，以及换气次数较少的空调系统，为了达到室内要求的温、湿度标准，则提前启动空调系统投入运行的时间需长一些；反之，则短一些。

（5）运行管理的自动控制。要较好实现上述节能措施，就需用自动控制。空调系统调节的自动化，不仅可以提高调节质量，降低冷、热量的消耗，减少能量，减轻劳动强度，减少运行人员，同时还可以提高劳动生产和技术管理水平。空调系统自动化程度也是反映空调技术先进性的一个重要方面。因此，随着自动化技术和电子技术的发展，空调系统自动调节已经得到广泛的应用。

自动控制就是根据被调参数（例如室温、相对湿度等）的实际值与给定值（例如设计要求的室内基准参数）的偏差，用由专用的仪表和装置组成的自动控制系统调节参数的差值，使参数保持在允许的波动范围内。

## 5.8 空调系统的消声减振

空调设备在运行时会产生噪声与振动，并通过风管及建筑结构传入空调房间。噪声与振动源主要是风机、水泵、制冷压缩机、风管、送风末端装置等。对于对噪声控制和防止振动有要求的空调工程，应采取适当的措施来降低噪声与振动。

### 5.8.1 通风空调系统的噪声及控制

**1. 通风空调系统的噪声来源**

（1）通风机的噪声。通风机的噪声包括空气动力噪声和机械噪声，主要是空气动力噪声。

空气动力噪声包括有涡流噪声和旋转噪声。涡流噪声是指叶片在空气中旋转，沿着叶片厚度方向形成压力梯度变化，引起涡流及气流紊流，产生宽频带噪声。旋转噪声是指旋转叶片经过某点时，对空气产生周期性压力，引起空气压力和速度的脉动变化，向周围气体辐射噪声。通风机的机械噪声是由轴噪声和旋转部件不平衡产生的。

（2）电机噪声。电机噪声主要有电磁噪声，机械性噪声和空气动力性噪声，以空气动力性噪声为最强。

（3）空调设备噪声。空调系统的设备如组合式空调器、分体式空调机、风机盘管、空气幕等均有噪声。空调设备噪声包括风机噪声、压缩机运转噪声、电机轴承噪声和电磁噪声等。其中，以风机、压缩机运转噪声为主。

（4）空调系统气流噪声。通风空调系统的气流通过管道直管段和弯头、三通、变径管等部件时，都会产生气流噪声。

**2. 通风空调系统的噪声控制**

消声措施包括两个方面：一是设法减少噪声的产生；二是必要时在系统中设置消声器。

在所有降低噪声的措施中，最有效的是削弱噪声源。因此，在设计机房时就必须考虑合理安排机房位置，机房墙体采取吸声、隔声措施，选择风机时尽量选择低噪声风机，并控制风道的气流流速。

为减小风机的噪声，可采取下列措施：

（1）选用高效率、低噪声形式的风机，并尽量使其运行工作点接近最高效率点。

（2）风机与电动机的传动方式最好采用直接连接，如不可能，则采用联轴器连接或带轮传动。

（3）适当降低风管中的空气流速，有一般消声要求的系统，主风管中的流速不宜超过 8m/s，以减少因管中流速过大而产生的噪声；有严格消声要求的系统，不宜超过 5m/s。

（4）将风机安装在减振基础上，并且风机的进、出风口与风管之间采用软管连接。

（5）在空调机房内和风管中粘贴吸声材料，以及将风机设在有局部隔声措施的小室内等。

消声器的构造形式很多，按消声原理可分为如下几类：

（1）阻性消声器。阻性消声器是用多孔松散的吸声材料制成的，当声波传播时，将激发材料孔隙中的分子振动，由于摩擦阻力的作用，使声能转化为热能而消失，起到消减噪声的作用。

（2）共振性消声器。小孔处的空气柱和共振腔内的空气构成一个弹性振动系统。当外界噪声的振动频率与该弹性振动系统的振动频率相同时，引起小孔处的空气柱强烈共振，空气柱与孔壁发生剧烈摩擦，声能就因克服摩擦阻力而消耗。

（3）抗性消声器。当气流通过风管截面积突然改变之处时，将使沿风管传播的声波向声源方向反射回去而起到消声作用，这种消声器对消除低频噪声有一定效果。

（4）宽频带复合式消声器。它是上述几种消声器的综合体，以便集中它们各自的性能特点和弥补单独使用时的不足，如阻、抗复合式消声器和阻、共振式消声器等。这些消声器对于高、中、低频噪声均有较良好的消声性能。

### 5.8.2　通风空调系统的隔振

通风空调系统中的通风机，水泵，制冷压缩机都是产生振动的振源，机器振动传至支撑结构或管道，会引起楼板或基础及管道的振动。

振源的强烈振动使精密设备加工产品达不到质量要求，因此，必须减少通风空调系统振源对附近的精密仪器、设备、仪表的影响，控制在其允许的范围内，以保证生产的正常进行。

机器设备的振动会影响人体的舒适，影响健康，减低工作效率。因此，在人们休息和工作的场所，必须使振动控制在人体允许的标准。

为了减少机器设备的振动，机器设备与基础之间需设置金属弹簧或弹性减振材料以减弱设备传给基础的振动，达到隔振的目的。

为了减少管道振动对周围的影响，应在管道与隔振设备的连接处采用软接头，并每隔一定的距离设置管道隔振吊架或隔振支承。在管道穿越楼板时，一般采用预留洞方式，风管采用软接头，待风管安装完毕后，在风管孔洞的四周处用纤维材料填充密实。

为减弱风机运行时产生的振动，可将风机固定在型钢支架上或钢筋混凝土板上。前者风机本身的振幅较大，机身不够稳定。后者可以克服这个缺点，但施工较为麻烦。

在通风空调系统中，隔振材料常金属弹簧（图5.38）和橡胶（图5.39），有较好的隔振效果。

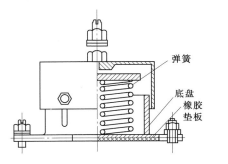

弹簧

底盘
橡胶
垫板

图5.38　弹簧隔振器

### 5.8.3　消声与隔振的技术要求

1. 一般规定

（1）采暖、通风与空气调节系统的消声与隔振设计计算，应根据工艺和使用的要求、噪声和振动的大小、频率特性及其传播方式确定。

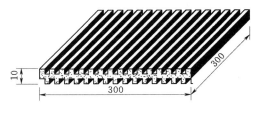

图5.39　橡胶隔振垫

（2）采暖、通风与空气调节系统的噪声传播至使用房间和周围环境的噪声级，应符合国家现行有关标准的规定。

（3）采暖、通风与空气调节系统的振动传播至使用房间和周围环境的振动级，应符合国家现行有关标准的规定。

（4）设置风系统管道时，消声处理后的风管不宜穿过高噪声的房间。噪声高的风管，不宜穿过噪声要求低的房间，当必须穿过时，应采取隔声处理。

（5）有消声要求的通风与空气调节系统，其风管内的风速，宜按表 5.21 选用。

（6）通风、空气调节与制冷机房等的位置，不宜靠近声环境要求较高的房间；当必须靠近时，应采取隔声和隔振措施。

（7）暴露在室外的设备，当其噪声达不到环境噪声标准要求时，应采取降噪措施。

表 5.21　　　风管内的风速

| 室内允许噪声级 dB/A | 主管风速 /（m/s） | 支管风速 /（m/s） |
| --- | --- | --- |
| 25～35 | 3～4 | ≤2 |
| 35～50 | 4～7 | 2～3 |
| 50～65 | 6～9 | 3～5 |
| 65～85 | 8～12 | 5～8 |

注　通风机与消声装置之间的风管，其风速可采用 8～10m/s。

2. 消声规定

（1）采暖、通风和空气调节设备噪声源的声功率级，应依据产品资料的实测数值。

（2）气流通过直风管、弯头、三通、变径管、阀门和送风口等部件产生的再生噪声声功率级与噪声自然衰减量，应分别按各倍频带中心频率计算确定。

（3）通风与空气调节系统产生的噪声，当自然衰减不能达到允许噪声标准时，应设置消声设备或采取其他消声措施，系统所需的消声量，应通过计算确定。

（4）选择消声设备时，应根据系统所需消声量、噪声源频率特性和消声设备的声学性能和空气动力特性等因素，经技术经济比较确定。

（5）消声设备的布置应考虑风管内气流对消声能力的影响。消声设备与机房隔墙间的风管应具有隔声能力。管道穿过机房围护结构处四周的缝隙，应使用具备隔声能力的弹性材料填充密实。

3. 隔振规定

（1）风机、水泵、冷热源设备、空调末端装置以及风管水管的支吊架均应考虑隔振减振措施。

（2）当设备转速小于 1500r/mm 时，宜选用弹簧减振器，设备转速大于 1500r/mm 时宜采用橡胶减振器或隔振垫。

（3）选用隔振器时，应按隔振器厂家规定，经计算后确定，隔振器与基础之间宜加一层弹性隔振垫。

（4）有振动的设备与系统连接的风管、水管，宜采用软管连接，并注意防火。

（5）管道的支吊架宜采用弹性支吊架。

？ 复习思考题

1. 空调系统的任务是什么？

2. 试述空调系统的分类及分类原则，并说明其系统特性及适用性。

3. 简述压缩式和吸收式空调制冷的原理。

4. 影响空调冷热源选择的因素是哪些？选择的基本原则有哪些？

5. 在确定室内空调计算参数时，应注意什么？

6. 空调冷负荷计算主要包括哪些内容？

7. 简要叙述空调系统的主要组成部分。

8. 喷水室有哪些主要类型？组成喷水室的主要部件有哪些？它们的作用是什么？

9. 空调水系统的构成及作用是什么？

10. 两管制、四管制及分区两管制水系统的特点各是什么？

11. 空调房间常见的送风、回风方式有哪几种？他们适合于什么场合？

12. 空调系统的运行调节措施有哪些？空调系统的减振和降噪措施有哪些？

# 第6章

# 低压配电设备及导线的选择

本章要点

了解建筑电气的基本作用与分类；了解发电、变电、输电、配电的过程；掌握电力负荷的分级和相应的设置要求；掌握低压配电系统常用的配电形式；掌握导线的选择、布置和敷设；掌握低压配电线路中常用的设备。

## 6.1 建筑电气的基本作用与分类

建筑电气设备是建筑设备工程中的重要组成部分之一。建筑电气的基本含义是：建筑物及其附属建筑的各类电气系统的设计与施工以及所用产品、材料与技术的生产和开发的总称。建筑电气工程的主要功能是输送和分配电能、应用电能和传递信息，为人们提供舒适、便利、安全的建筑环境。

电能可以方便地转换为机械能、热能、光能、声能等，也可方便地改变电压等级、交直流转换等。作为信息载体，电的传输速度快、容量大、控制方便，广泛地应用于电话、电视、广播音响、计算机等领域。建筑电气是以电能、电气设备和电气技术为手段，创造、维持并改善建筑物内空间环境的一门学科。利用电工学、电子学及计算机等科学的理论和技术，在建筑物内部人为地创造并合理保持理想的环境，以充分发挥建筑物功能的一切电工、电子、计算机等设备和系统，统称为建筑电气系统。

建筑物中不仅原有的配电系统如照明、供电等方面技术不断更新，而且电子技术、自动控制技术与计算机技术也迅速进入到建筑电气设计与施工的范畴，与之相适应的新技术与新产品也正以极快的速度被开发和应用，并且在不断地更新。近年来，由于建筑物向着高层和现代化的方向不断发展，智能建筑的不断涌现，使得在建筑物内部电能应用的种类和范围日益增加和扩大。因此，不管是目前还是今后，建筑电气对于整个建筑物建筑功能的发挥、建筑布置和构造的选择、建筑艺术的体现、建筑管理的灵活性以及建筑安全的保证等方面，都起着重要的作用。

## 6.2 电能的产生、输送和分配

### 6.2.1 电能的产生、输送

电能属于二次能源，它是在发电厂中将一次能源经转化而形成的。按所利用能源的不同，有火力发电厂、水力发电厂、原子能发电厂等。为了充分而合理地利用自然资源，大、中型发电厂一般都建在能源蕴藏地，而电能用户可能距离发电厂很远，所以需要将产生的电能进行远距离输送。由电工基本知识知道，当输送一定的电能时，电源的电压越高，则输电线路中的电流就会越小，需要的有色金属就会减少，因而采用较高电压等级输电比较经济。但是发电机由于制造原因不可能产生高电压，所以发电机产生的电能经过升压变压器先将电压升高，然后输送出去。一般输送距离越远、输送功率越大，则输电电压就需要越高。

为了满足用电设备对工作电压的要求，在用电地区需设置降压变电所，将电压降低供用户使用。通常，在用电地区设置降压变电所将输电电压降低到 6～10kV，然后分配到居住区等负荷中心，由变电所或配电变压器将电压降低到 380/220V，给低压用电设备供电，这样就可以在房间内使用电气设备了。电源、电力网以及电能用户等组成的整体称为电力系统，如图 6.1 所示。

图 6.1　电力系统示意图

各种类型的发电厂通过电力网将电能输送和分配给用户。将同一等级电压的电力网做成环网，当个别发电机因检修或某一回路发生故障时，可以由环网中的另一电力供电回路供电，从而提高电网供电的可靠性。此外，还可以根据季节的不同，以及电网的总负荷，来调配水力发电厂和火力发电厂的负荷，以达到总供电与总负荷基本平衡，节省能源，提高效率，保证电网运行的安全性和经济性。

### 6.2.2　标准额定电压

标准电压等级是根据国民经济发展需要，考虑技术经济上的合理性以及电机、电器的制造水平等因素，经全面分析研究而确定的。城市电网标准电压等级包括 500kV、330kV、220kV、110kV、66kV、35kV、10kV 和 380/220V。目前执行的交流单相、三相标准额定电压见表 6.1。

### 6.2.3　电能质量

1. 电压偏移

电压偏移指供电电压偏离（高于或低于）用电设备额定电压的数值占用电设备额定电压值的百分数。为了减少电压偏离，供配电系统的设计应符合下列要求：正确选择变压器的变压比和电压分接头；合理减少系统阻抗；尽量使三相负荷平衡；合理补偿无功功率。正常运行情况下，用电设备受电端的电压允许偏离值（以额定电压的百分数表示）见表 6.2；电子计算机供电电源的电能质量应满足表 6.3 中所列数值；医用 X

光诊断机的允许电压波动范围为额定电压的$-10\%\sim +10\%$。

表 6.1 三相交流电网和电力设备的额定电压 单位：kV

| 分类 | 电网和用电设备额定电压 | 发电机额定电压 | 电力变压器额定电压 | |
|---|---|---|---|---|
| | | | 一次绕组 | 二次绕组 |
| 低压 | 0.22 | 0.23 | 0.22 | 0.23 |
| | 0.38 | 0.40 | 0.38 | 0.40 |
| | 0.66 | 0.69 | 0.66 | 0.69 |
| 高压 | 3 | 3.15 | 3 及 3.15 | 3.15 及 3.3 |
| | 6 | 6.3 | 6 及 6.3 | 6.3 及 6.6 |
| | 10 | 10.5 | 10 及 10.5 | 10.5 及 11 |
| | — | 13.8，15.75，18.20 | 13.8，15.75，18.20 | — |
| | 35 | — | 35 | 38.5 |
| | 63 | — | 63 | 69 |
| | 110 | — | 110 | 121 |
| | 220 | — | 220 | 242 |
| | 330 | — | 330 | 363 |
| | 500 | — | 500 | 550 |

表 6.2 三相交流电网和电力设备的额定电压

| 用电设备名称 | 电压偏差允许值/% | | 用电设备名称 | 电压偏差允许值/% | |
|---|---|---|---|---|---|
| 电动机 | 正常情况下 | ±5 | 照明灯 | 一般工作场所 | ±5 |
| | 特殊情况下 | +5 | | 远离变电所的小面积 | +5 |
| | | −10 | | 一般场所 | −10 |
| | 频繁启动时 | −10 | | 应急照明、安全特低 | +5 |
| | 不频繁启动时 | ±5 | | 电压 | −10 |
| | 配电母线上未接照明等对电压波动较敏感的负荷，且不频繁启动时 | −20 | | 其他用电设备无特殊要求时 | ±5 |

表 6.3 各级计算机性能允许的电能参数变动范围表

| 项目 要求 分级 | A 级 | B 级 | C 级 |
|---|---|---|---|
| 稳态电压偏移范围/% | ±2 | ±5 | +7 −13 |
| 稳态频率偏移范围/Hz | ±0.2 | ±0.5 | ±1 |
| 电压波形畸变率/% | 3～5 | 5～8 | 8～10 |
| 允许断电持续时间/ms | 0～4 | 4～200 | 200～1500 |

### 2. 频率

我国电力工业的标准频率为 50Hz，由电力系统保证。当偏离了规定值，将影响用电设备的正常工作。电能生产的特点是产、供、销同时发生和同时完成，即不能中断也不能储存，电力系统的发电、供电之间始终保持平衡。如果发电厂发出的有功功率不足，就使得电力系统的频率降低，不能保持额定 50Hz 的频率，使供电质量下降。如果电力系统中发出的无功功率不足，会使电网的电压降低，不能保持额定电压。如果电网的电压和频率继续降低，反过来又会使发电厂的出力降低，严重时会造成整个电力系统崩溃。

### 3. 波形

通常，要求电力系统给用户供电的电压及电流的波形应为标准的正弦波。为此，首先要求发电机发出符合标准的正弦波形电压。其次，在电能输送和分配过程中不应使波形产生畸变。此外，还应注意消除电力系统中可能出现的其他谐波源。

# 6.3 负荷的分类及配电系统的基本形式

## 6.3.1 负荷的分类及供电措施

在电力系统中，负荷是指用电设备所消耗的功率或线路中通过的电流。电力负荷应根据对供电可靠性的要求及中断供电在政治、经济上所造成损失或影响的程度进行分级。

### 1. 一级负荷

中断供电将造成人身伤亡、重大政治影响、重大经济损失的用电单位的重要负荷。例如重大设备损坏、重大产品报废、国民经济中重点企业的连续生产过程被打乱需要长时间才能恢复等。

中断供电将影响有重大政治、经济意义的用电单位的正常工作及秩序。例如重要的交通枢纽、经常用于重要国际活动的大量人员集中的公共场所。中断供电将影响实时处理计算机及计算机网络正常工作或中断供电将发生爆炸、火灾以及严重中毒的一级负荷应视为特别重要负荷。

一级负荷应由两个电源独立供电，当一个电源发生故障时，另一个电源应不致同时受到损坏。一级负荷中的特别重要负荷，除上述两个电源外，还应增设应急电源，可采用蓄电池组、自备柴油发电机组等。

### 2. 二级负荷

指中断供电将造成较大政治影响、较大经济损失、公共场所秩序混乱的用电单位的重要负荷。例如：主要设备损坏、大量产品报废、连续生产过程被打乱需较长时间才能恢复等。二级负荷的供电系统，宜由两回路供电。

### 3. 三级负荷

不属于一级和二级的负荷。三级负荷对供电无特殊要求。

具体建筑物的负荷分级应参阅现行设计规范、规程。按照负荷要求的供电可靠性等级采取相应的供电方式，区别对待，可达到提高投资的经济效益、社会效益、环境效益的目的。表 6.4 为部分民用建筑用电设备及部位的负荷级别。

表 6.4　部分民用建筑用电设备及部位的负荷级别

| 建筑类别 | 建筑物名称 | 用电设备及部位名称 | 负荷级别 |
|---|---|---|---|
| 住宅建筑 | 高层普通住宅 | 客梯电力、楼梯照明 | 二级 |
| 旅馆建筑 | 一、二级旅游旅馆 | 经营管理用电子计算机及其外部设备电源、宴会厅、餐厅、高级客房、厨房、主要通道照明、部分客梯电力、厨房部分电力等 | 一级 |
| | 高层普通旅馆 | 其余客梯电力、一般客房照明 | 二级 |
| | | 客梯电力、主要通道照明 | 二级 |
| 办公建筑 | 省、市、自治区及部级办公楼 | 客梯电力、主要办公室、会议室、总值班室、档案室及主要通道照明 | 一级 |
| | 银行 | 主要业务用电子计算机及其外部设备电源、防盗信号电源 | 一级 |
| | | 客梯电力 | 二级 |
| 教学建筑 | 高等学校教学楼 | 客梯电力、主要通道照明 | 二级 |
| | 高等学校重要实验室 | | 一级 |
| 科研建筑 | 科研院所重要实验室 | | 一级 |
| | 市级（地区）及以上气象台 | 主要业务用电子计算机及其外部设备电源、气象雷达、电报及传真收发设备、卫星云图接受机、语言广播电源、天气绘图及预报说明 | 一级 |
| | | 客梯电力 | 二级 |
| | 计算中心 | 主要业务用电子计算机及其外部设备电源 | 一级 |
| | | 客梯电力 | 二级 |
| 一类高层建筑 | 高层建筑的消防设施 | 消防控制室、消防水泵、消防电梯、防烟排烟设施、火灾自动报警、自动灭火装置、火灾事故照明、疏散指示标志和电动防火门窗、卷帘、阀门等消防用电 | 一级 |
| 二类高层建筑 | | | 二级 |

4. 负荷计算

计算负荷是通过统计计算得出。若计算负荷确定过大，将使设备和导线选的过大，造成投资和有色金属的浪费；若计算负荷确定过小，将使设备和导线选的过小，影响和限制了建筑物发挥应有的功能，甚至使设备和导线烧坏，造成事故。

因此，正确确定计算负荷具有很重要的意义。在方案设计阶段为便于确定供电方案和选择变压器的容量及台数，常采用单位指标法。根据目前用电水平和装备标准，其指标见表 6.5。

**表 6.5** 各类建筑物的用电指标

| 建筑类别 | 用电指标/(W/m²) | 建筑类别 | 用电指标/(W/m²) |
|---|---|---|---|
| 公寓 | 30～50 | 医院 | 40～70 |
| 旅馆 | 40～70 | 高等学校 | 20～40 |
| 办公 | 30～70 | 中小学 | 12～20 |
| 商业 | 一般：40～80 | 展览馆 | 50～80 |
|  | 大中型：60～120 |  |  |
| 体育 | 40～70 | 演播室 | 250～500 |
| 剧场 | 50～80 | 汽车库 | 8～15 |

单位指标的计算公式为

$$S_{30} = \frac{KF}{1000} \tag{6.1}$$

式中　　$S_{30}$——计算的视在功率，kVA；

　　　　$K$——单位指标，VA/m²；

　　　　$F$——建筑面积，m²。

### 6.3.2　照明配电系统的一般要求

照明供电电压一般采用单项 220V。若电流超过 30A 时，应采用 220V/380V 电源。事故照明应有独立供电电源，并与正常照明电源分开。在触电危险较大的场所，所采用的局部照明，应采用 36V 及以下的安全电压。正常照明的最远一只照明灯具的电压，一般不得低于额定电压的 97.5%。照明系统的每一单行回路线路长度不宜超过 30m，电流不宜超过 16A，灯具为单独回路时数量不宜超过 25 个。当灯具与插座混为一回路时，其中插座数量不宜超过 5 个；当插座为单独回路时，数量不宜超过 10 个。为改善气体放电光源的频闪效应，可将同一或不同灯具的相邻灯管分别接在不同的线路上。

### 6.3.3　配电系统的基本形式

配电系统的设计应满足供电可靠性、安全性、电压质量的要求。贯彻"适用、先进、安全、经济、环保、美观"的设计原则。配电系统的形式有多种，应根据具体情况选择使用。

#### 6.3.3.1　变配电所

变配电所担负着从电力系统受电，经过变压，然后分配电能的任务，是供电系统的中枢，占有特别重要的地位。变电所的类型很多，工业与民用建筑设施的变电所大都采用 10kV 进线，将 10kV 高压降为 400/230V 的低压，供用户使用。

1. 变配电所选址

变配电所位置的选择，应根据下列要求综合考虑确定：接近负荷中心；接近电源侧；进出线方便；运输设备方便；不应设在有剧烈振动或高温的场所；不宜设在多尘、雾或有腐蚀性气体的场所，当无法远离时，不应设在污染源盛行风向的下风侧；不应设在厕所、浴室或其他经常积水场所的正下方，且不宜与上述场所相贴邻；不应设在有爆炸危险环境的正上方或正下方，且不宜设在有火灾危险环境的正上方或正下方。当与有爆炸或火灾危险环境的建筑物相毗连时，应符合现行国家关于爆炸和火灾危险环境电力装置设计规范的规定。

当建筑物的高度超过 100m 时，也可在高层区的避难层或技术层内设置变配电所。一般情况下，低压供电半径不宜超过 250m。

2. 变配电所的结构

变配电所的形式主要分为独立式、杆上、附设式和箱式等。

图 6.2　独立式变配电所　　　　　　图 6.3　杆上变配电所

（1）独立式变配电所。有自己独立的建筑物，有一套完整的变配电设施。其变压器、高低压配电装置和保护装置等电器设备均装在地面基础上，主要用于负荷较大和负荷分散的用电区域（图 6.2）。

图 6.4　箱式变配电所

（2）杆上变配电所。其变压器、高低压配电装置和保护装置装设在电杆的台架上，主要用于负荷较小和负荷分散的用电区域（图 6.3）。

（3）附设式变配电所。变配电所依附于车间厂房的内外墙或建筑物内，主要用于负荷较大和负荷集中的车间厂房和建筑物。

（4）箱式变配电所。又称预装式变配电所。其变压器、高低压配电装置和保护装置等电器设备均预装在金属制成的箱体内，占地面积小、运行安全、结构紧凑、安装迅速、检修方便。近年已在许多用电场所广泛应用（图 6.4）。

### 6.3.3.2　低压配电系统的一般要求

（1）配电系统应满足生产与生活所需的可靠性和电能质量要求。

（2）接线简单，操作方便，具有灵活性，适应今后发展，符合安全要求。

（3）尽量减少有色金属消耗量，减少开关设备使用量，减少投资。

（4）电能损耗少，便于维修，降低运行成本。

### 6.3.3.3 低压配电系统的配电方式

**1. 树干式系统**

树干式系统如图 6.5(a) 所示，特点是从供电点引出的每条配电线路可连接几个用电设备或配电箱。树干式配电系统比放射式系统线路的总长度短，可以节约有色金属，比较经济；供电点的回路数量较少，配电设备也相应减少。缺点是干线发生故障时，影响的范围大，供电可靠性较差，导线的截面面积较大。

**2. 放射式系统**

放射式系统如图 6.5(b) 所示，特点是配电线路故障互不影响，供电可靠性高，配电设备集中，检修比较方便，缺点是系统灵活性差，导线消耗量较多。

**3. 混合式系统**

混合式系统如图 6.5(c) 所示，它具有放射式与树干式系统的共同特点。这种供电方式适用于用电设备多或配电箱多，容量又比较小，用电设备分布比较均匀的场合。

**4. 链式系统**

链式系统如图 6.5(d) 所示，它是树干式的一种特殊形式，具有树干式同样的特点。这种供电形式适用于设备距配电柜较远而彼此相距又较近的不重要的容量较小的用电设备，保持干线线径不变，这种方式总容量不超过 10kW。连接照明配电箱宜为 3~4 个。

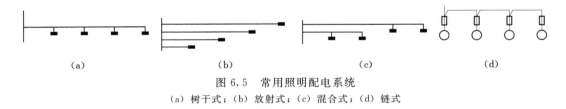

图 6.5 常用照明配电系统
(a) 树干式；(b) 放射式；(c) 混合式；(d) 链式

# 6.4 电线、电缆的选择与敷设

## 6.4.1 导电材料

用作电线电缆的导电材料，通常有铜和铝两种。铜材的导电率高，载流量相同时，铝线芯截面约为铜的 1.5 倍。采用铜线芯损耗比较低，铜材的机械性能优于铝材，延展性好，便于加工和安装。抗疲劳强度约为铝材的 1.7 倍。但铝材比重小，在电阻值相同时，铝线芯的质量仅为铜的一半，铝线、缆明显较轻。

固定敷设用的布电线一般采用铜线芯。导体材料应根据负荷性质、环境条件、市场货源等实际情况选择铜芯或铝芯。

下列场合不应采用铝芯线缆：①需要确保长期运行中连接可靠的回路，如重要电源、重要的操作回路及二次回路等；②移动设备的线路及振动场所的线路；③对铝有腐蚀的环境；④高温环境、潮湿环境、爆炸及火灾危险环境；⑤应急系统及消防设施的线路；⑥工业及市政工程、户外工程的布电线（分支配电线）。

下列场合不宜采用铝芯线缆：①非熟练人员容易接触的线路，如公共建筑与居住建筑；②线芯截面 62 及以下的电缆。

绝缘导线主要有塑料绝缘导线和橡胶皮绝缘导线两大类，其型号和特点见表 6.6。

**表 6.6　　常见导线的型号及特点**

| 名称 | 类　型 | | 型　号 | | 主　要　特　点 |
|---|---|---|---|---|---|
| | | | 铝芯 | 铜芯 | |
| 塑料绝缘导线 | 聚氯乙烯绝缘导线 | 普通型 | BLV，BLVV，BLVVB | BV，BVV，BVVB | 这类电线的绝缘性能良好，制造工艺简单，价格较便宜；但是对于气候适应性能差，低温时变硬发脆，高温和日光照射下使绝缘材料老化加快。因此，在未具备有效隔热措施的高温环境、日光经常照射或寒冷的地方，应选择相对应的特殊类型塑料电线 |
| | | 绝缘软线 | | BVR，RV，RVB，RVS | |
| | | 阻燃型 | | ZR－RV，ZR－RVB－ZR，RVSZRRVV | |
| | | 耐热型 | BLV105 | BV105，RV－105 | |
| | 丁聚氯乙烯复合绝缘软线 | 双绞复合物软线 | | RFS | 这类电线具有良好的绝缘性能，并具有耐寒、耐油、耐腐蚀、不延燃、不易老化等特点，在低温下仍然柔软，使用寿命长 |
| | | 平型复合物软线 | | RFB | |
| 橡胶绝缘导线 | 棉纱编制橡皮绝缘线 | | BLX | BX | 这种电线绝缘性能良好，耐油、不易发霉、不延燃、气候适应性好、光老化过程缓慢，因而适宜在室外敷设 |
| | 玻璃丝编制橡皮绝缘线 | | BBLX | BBX | |
| | 氯丁编制橡皮绝缘线 | | BLXF | BXF | |

## 6.4.2　电线、电缆截面选择的条件

在配电线路中，使用的导线主要是电线和电缆。电线、电缆截面的选择应满足允许温升、电压损失、机械强度等要求，电线、电缆的绝缘额定电压要大于线路的工作电压，并应符合线路安装方式和敷设环境的要求。

1. 按温升选择截面

电线、电缆本身是一个阻抗，当负荷电流通过时，就会发热，使温度升高，就会破坏导线的绝缘性能，影响供电线路的安全性与可靠性。为了保证电线、电缆的实际工作温度不超过允许值，电线、电缆按发热条件的允许长期工作电流 $I_{js}$ 不小于线路的计算电流 $I$，即 $I_{js} \geqslant I$。电缆的允许温度与电压等级有关，见表 6.7。

**表 6.7　　不同电压等级电缆的允许温度　　　　单位：℃**

| 绝缘电缆 | 电　压 | | | | | |
|---|---|---|---|---|---|---|
| | 1 | 2 | 3 | 4 | 5 | 6 |
| 铅包铝壳 | 80 | 80 | 65 | 50 | 50 | 50 |
| 聚氯乙烯 | 60 | — | — | — | — | — |

如果多根导线并排直接埋于土中，由于电缆之间相互作用，使散热条件变坏，其允许载流量应作相应修正，乘以并排修正系数和土壤的热阻系数不同引起的修正系数 $Kp$，具体数值见表 6.8。

表 6.8 并排敷设的多根电缆允许电流的修正系数

| 电缆之间距离 /mm | 并排电缆根数/根 | | | | | | | |
|---|---|---|---|---|---|---|---|---|
| | 1 | 2 | 3 | 4 | 5 | 6 | 7 | 8 |
| 100 | 1 | 0.9 | 0.85 | 0.8 | 0.78 | 0.75 | 0.73 | 0.72 |
| 200 | 1 | 0.92 | 0.87 | 0.84 | 0.82 | 0.81 | 0.80 | 0.79 |
| 300 | 1 | 0.93 | 0.9 | 0.87 | 0.86 | 0.85 | 0.85 | 0.84 |

**2. 按使用环境及敷设方式选择**

（1）电缆的选择要求。

1）电力电缆一般应采用铝芯电缆，但输送电流大或振动剧烈、防火要求高的重要建筑宜用铜芯电缆。

2）埋地敷设的电缆，一般采用有外保护层的电缆。当沿同一路径敷设电缆根数在 8 根或以下且场地有条件时，宜采用直接埋地敷设，埋地深度一般不小于 0.7m。

3）在可能发生位移的土壤中埋地敷设电缆时，应采用钢丝铠装电缆或采取措施（如预留电缆长度等）消除因电缆位移时作用在电缆上的应力。

4）在有化学腐蚀或杂散电流腐蚀的土壤中，不宜采用埋地敷设电缆。

5）敷设在管内或排管内的电缆，宜采用塑料护套保护电缆。

6）在电缆沟或电缆隧道内敷设的电缆，不应采用有易燃和延燃的外护层，宜采用阻燃护套电缆。

7）架空电缆宜采用全塑电缆。

8）三相四线电路中使用的电力电缆，应选用四芯电缆。

（2）导线型号选择与要求。

1）低压配电线路应采用绝缘电线。

2）下列情况的配电线路中应采用铜芯线缆。①属于一、二级负荷以及三级负荷中的特别重要负荷的配电线路；②居住建筑、幼儿园、福利院等用电设备的配电线路；③连接移动设备和特别潮湿以及有强烈振动的场所；④易燃易爆场所和强地震区。

**3. 按短路热稳定选择截面**

通过短路电流时，应考虑短路可能产生的机械力不超过所允许的短路强度。

**4. 按电压损失选择**

电流通过导体时，由于线路上有电阻和电抗存在，除产生电能损耗外，还产生电压损失。当电压损失超过一定的数值后，将使用电设备端子上的电压不足，严重地影响用电设备的正常运行。为了保证电气设备的正常运行，必须根据线路的允许电压损失来选择导线的截面。一般线路的电压损失不允许超过 5%。

按电压损失要求选择导线截面，一般可采用经验公式进行，即

$$S = \frac{\sum(P_j l)}{C\varepsilon} \quad \text{或} \quad S = \frac{P_j l_1 + P_j l_2 + \cdots}{C\varepsilon} \tag{6.2}$$

式中　$S$——导线截面，$\text{mm}^2$；

$P_j$——线路或负荷的计算功率，kW；

$l$——线路长度，m；

ε——允许的电压损失，一般取 2.5%～5%；

C——配电系数，由导线材料、线路电压和配电方式决定（表 6.9）。

表 6.9 电压损失计算的 C 值（cosφ＝1）

| 线路电压/V | 线路系统类别 | C 值计算公式 | 导线材料与 C 值 | |
|---|---|---|---|---|
| | | | 铜 | 铝 |
| 380/220 | 三相四线 | $10\lambda U_l^2$ | 72.0 | 44.5 |
| 380/220 | 两相三线 | $\dfrac{10\lambda U_l^2}{2.25}$ | 32.0 | 19.8 |
| 220 | 单相直流 | $5\lambda U_P^2$ | 12.1 | 7.45 |
| 110 | | | 3.02 | 1.86 |
| 36 | | | 0.323 | 0.200 |
| 24 | | | 0.144 | 0.0887 |
| 12 | | | 0.036 | 0.0220 |
| 6 | | | 0.009 | 0.0055 |

**5. 按机械强度要求选择**

导线截面的选择必须满足机械强度的要求，因为导线本身的重量，以及自然界的风、雨、冰、雪现象，会使导线承受一定的应力，只有导线选择足够大，才能保证供电线路的安全运行。

为此，我国规定了各类配线方式和配线方法的导线线芯的最小允许截面（即机械强度要求，见表 6.10），在选用导线截面时，应遵照执行。

表 6.10 绝缘导线最小允许截面

| 序号 | 用途及敷设方式 | 线芯的最小截面/mm² | | |
|---|---|---|---|---|
| | | 铜芯软线 | 铜线 | 铝线 |
| 1 | 照明用灯头线<br>（1）屋内<br>（2）屋外 | 0.4<br>1.0 | 1.0<br>1.0 | 2.5<br>2.5 |
| 2 | 移动式用电设备<br>（1）生活用<br>（2）生产用 | 0.75<br>1.0 | | |
| 3 | 架设在绝缘支持件上的绝缘导线其支持点间距：<br>（1）2m 及以下，屋内<br>（2）2m 及以下，屋外<br>（3）6m 及以下<br>（4）15m 及以下<br>（5）25m 及以下 | | 1.0<br>1.5<br>2.5<br>4<br>6 | 2.5<br>2.5<br>4<br>6<br>10 |
| 4 | 穿管敷设的绝缘导线 | 1.0 | 1.0 | 2.5 |
| 5 | 塑料护套线沿墙明敷设 | | 1.0 | 2.5 |
| 6 | 孔板穿线敷设的导线 | | 1.5 | 2.5 |

**6. 按经济电流选择截面**

在经济寿命期内的总费用最少，即初始投资和经济寿命期内线路损耗费用之和最少。

在具体选择导线截面时，必须综合考虑电压损耗、发热条件和机械强度等要求。

### 6.4.3 线路的敷设

电线、电缆的敷设应根据建筑的功能、室内装饰的要求和使用环境等因素，经技术、经济比较后确定。

#### 6.4.3.1 电缆线路的敷设

室外电缆架空敷设造价低，施工容易，检修方便，但美观性较差。电缆可在排管、电缆沟、电缆隧道内敷设。室内电缆通常采用金属托架或金属托盘明设。

架空明设的电缆与热力管道的净距不应小于1m，否则应采取隔热措施。电缆与非热力管道的净距不应小于0.5m。电缆在室内埋地敷设、穿墙或楼板时，应穿管或采取其他保护措施，其管内径应不小于电缆外径的1.5倍。

#### 6.4.3.2 绝缘导线的敷设

1. 分类

绝缘导线的敷设方式可分为明敷和暗敷。明敷时，导线直接或者在管子、线槽等保护体内，敷设于墙壁、顶棚的表面等可以被肉眼直接看到的地方；暗敷是指导线在管子、线槽等保护体内，敷设在墙壁、顶棚、地坪及楼板等内部，或者在混凝土板孔内。

2. 明敷方式

（1）电线架设于绝缘支柱（绝缘子、瓷珠或线夹）上，如图6.6(a)、（b）、（c）所示。这种配线方法除了在一些工业厂房的电力线路配线中仍有使用外，在其他民用建筑中已基本不用。

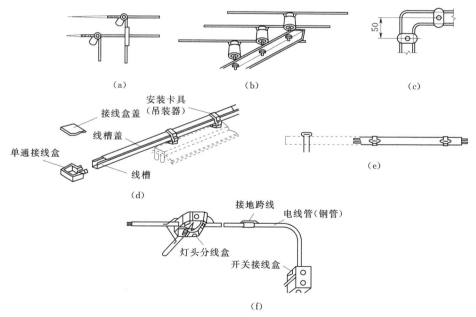

图6.6　照明线路各种敷设方式

（a）瓷珠布线；（b）瓷瓶布线；（c）瓷夹布线；（d）线槽布线；

（e）铅卡片布线；（f）电线管布线

（2）电线直接沿墙、天棚等建筑物结构敷设（用线卡固定），如图 6.6(e) 所示。

（3）导线穿金属（塑料）管或金属（塑料）线槽用支持码直接敷设在墙、天棚表面，如图 6.6(d)、(f) 所示。

绝缘电线水平敷设时，室外离地面高度不小于 2.7m；室内离地面高度不小于 2.5m。垂直敷设时，室外离地面高度不小于 2.7m；室内离地面高度不小于 1.8m。绝缘导线经过建筑物的伸缩缝及沉降缝时，应在跨越处的两侧将导线固定，并应留有适当余量。导线穿墙或楼板时应穿管保护。

3. 绝缘导线穿管敷设

绝缘导线穿管敷设既可以明敷又可暗敷。金属管布线一般适用于室内、外场所。建筑物顶棚内，宜采用金属管布线。明敷和暗敷于干燥场所的金属管可采用电线管。三根及以上绝缘导线穿于同一根金属管、塑料管时，其总截面（包括外护层）不应超过管内截面积的 40％。塑料管布线一般适用于室内和有酸碱腐蚀性介质的场所，但在宜受机械损伤的场所不宜明敷。

金属管布线、塑料管布线时，不同回路的线路不应穿在同一根管内。但下列情况可以除外。

（1）电压为 50V 及以下的回路。

（2）同一设备或同一联动系统设备的电力回路和无妨干扰要求的控制回路。

（3）同一照明花灯的几个回路。

（4）同类照明的几个回路，但管内的绝缘导线的根数不应多于 8 根。

金属管、塑料管布线的管路较长或有弯时，宜适当加装接线盒，两个接线点之间的距离应符合以下要求：

（1）无弯的管路，不超过 30m。

（2）两个接线点之间有 1 个弯时，不超过 20m。

（3）两个接线点之间有 2 个弯时，不超过 15m。

（4）两个接线点之间有 3 个弯时，不超过 8m。

穿金属管的交流线路，应将同一回路的所有相线和中性线穿在同一个管内。

塑料管布线一般适用于室内和有酸碱腐蚀的场所，但在易受机械损伤的场所不宜明敷。建筑物顶棚内，可采用难燃性硬质塑料管布线。塑料管暗敷或埋地敷设时，引出地面不低于 0.50m 的一段管路，应采用防止机械损伤的措施。

4. 线槽布线

金属线槽布线一般适用于正常环境的室内场所明敷。塑料线槽布线一般适用于正常环境的室内场所，在高温和易受机械损伤的场所不宜采用。

同一路径无妨干扰要求的线路，可敷设于同一线槽内。线槽内电线或电缆的总截面（包括外护层）不应超过线槽内截面积的 20％，载流导线不宜超过 30 根。同一回路的所有相线和中性线（如果有中性线），应敷设在同一金属线槽内。金属线槽布线，不得在穿过楼板或墙壁等处进行连接。强、弱电线路不应敷设在同一塑料线槽内。塑料线槽内不得有接头，分支接头应在接线盒内进行。

# 6.5 供配电系统常用设备

## 6.5.1 变压器

变压器就是用来改变电压的设备。改变后的电压如果高于改变前的电压，则称为升压变压器，反之称为降压变压器。

变压器工作时都会发热，根据冷却方式的不同，可以分为油浸式变压器、干式变压器和充气式变压器。

## 6.5.2 高压设备

1. 高压断路器

高压断路器是一种开关电器，不仅能够接通和断开正常负荷的电流，还能在保护装置的作用下自动跳闸，切除故障电流。由于电路中电流较大，在断开电路的时候，会有电弧产生，所以高压断路器里会安装灭弧装置。

2. 高压隔离开关

在设备和线路进行检修时，为了保护人员和设备的安全，需要电路中有一个明显的断开点，高压隔离开关就起这样一个作用。隔离开关没有设置灭弧装置，所以不能在线路中带负荷操作（图6.7）。

3. 高压负荷开关

高压负荷开关是一个开关器件，主要用于高压线路中，负责接通和断开正常工作的负荷电路（图6.8）。

图 6.7 高压隔离开关

图 6.8 高压负荷开关

4. 高压开关柜

高压开关柜是按照一定方案将有关设备组装而成的一种高压成套配电装置，高压开关柜里面的设备可以进行不同的组合。

### 6.5.3　低压保护装置

1. 刀开关

刀开关因为有明显可见的断路点，起隔离电源作用，可供通断电路用，亦可作为不频繁地接通和分断照明设备和小型电动机的电路。刀开关是最简单的手动控制电器。负荷开关是由刀开关和熔断器串联而成，汉语拼音"H"为刀开关和转换开关产品的编码，HD为刀型开关，HH为封闭式负荷开关，HK为开启式负荷开关；HR为熔断式刀开关；HS为刀型转换开关；HZ为组合开关。

图 6.9　开启式负荷开关

图 6.9 所示为低压电路中常用的开启式负荷开关，由刀开关、熔体（保险丝）、接线座、胶盖和瓷质板等组合而成（又叫胶盖开关）。开启式负荷开关的额定电流有 15A、30A、60A 等。这种开关用于一般照明、电热等回路的控制开关或分支线路的配电开关。

图 6.10 所示为铁壳封闭式开关。铁壳开关是由刀开关、熔断器、钢板外壳组成的一种低压电器，它能快速地接通或分断电路，并装有联锁装置以保证箱盖打开时不能合闸，在刀开关闭合时箱盖又不能打开。

2. 熔断器

熔断器是一种保护电器（图 6.11）。当电流超过规定值并经过足够时间后，使熔体熔化，把其所接入的电路断开，对电路和设备起短路和过负荷保护作用。

汉语拼音"R"为熔断器的型号编码，RC 为插入式熔断器，RH 为汇流排式；RL 为螺旋式，RM 为封闭管式；RS 为快速式；RT 为填料管式；RX 为限流式熔断器。

3. 低压断路器

低压断路器也称空气开关或自动空气开关，它是一种用于低压线路的开关设备，具有良好的灭弧装置，能够在电流或电压超过额定值时自动切断线路，起到保护线路和设备的作用（图 6.12）。由于其可以作为开关，又能够保护线路，而且在断开线路时没有其他损耗，因此渐渐地取代了刀开关和熔断器的组合，广泛地应用在现代的建筑电器中。

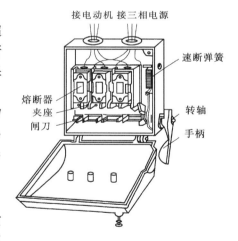

图 6.10　铁壳封闭式开关

低压断路器在使用时要垂直安装，不要倾斜，以避免其内部机械部件运动不够灵活。接线时，要上端接电源线，下端接负载线。有些空气开关自动跳闸后，须将手柄向下扳，然后再向上推才能合闸，若直接向上推则不能合闸。

图 6.11　熔断器　　　　图 6.12　低压断路器　　　　图 6.13　漏电保护器

4. 漏电保护器

漏电保护器装有检漏元件联动执行元件自动分断发生故障的线路（图 6.13）。漏电保护器能迅速断开发生人身触电、漏电和单相接地故障的低压线路。

在民用建筑中下列配电线路或设备终端线路宜装设漏电保护器：①民用建筑的低压进线处应设有漏电保护器，以防因电气故障引起的火灾；②客房的照明和插座以及住宅、办公、学校、实验室、幼儿园、敬老院、医院病房、福利院、美容院、游泳池、浴室、厨房、卧室等插座回路；③室外照明、广告照明等室外电气设施；④医疗用浴缸、按摩理疗等康复设施；⑤夜间用电设备的工作电压超过 150V 的配电线路；⑥装有隔离变压器的二次侧电压超过 30V 的配电线路；⑦TT 系统供电的用电设备。

下列场所不应装设漏电保护电器，但可以装设漏电报警信号：①室内一般照明、应急照明、警卫照明、障碍标志灯；②通信设备、安全防范设备、消防报警设备等；③消防泵类、送风排烟风机、排污泵等；④厨房的电冰箱及消防电梯等；⑤医院手术室插座等。

### 6.5.4　其他设备

1. 互感器

在高压线路中直接测量电压或电流值是非常危险的。实际测量时，是通过一种设备将较大的电压和电流转换成较小的电压和电流后测量的。这种设备就称为互感器，分为电压互感器和电流互感器。

2. 接触器

要断开高压线路，如果人员亲手断开，高压电产生的电弧足以致命，这样就需要借助一种设备，就是接触器。接触器中的线圈在通电时可以改变其配套开关的状态，这样就可以控制开关的闭合，实现用低压设备控制高电压线路的功能。

3. 热继电器

热继电器是一种保护器件，当主线路中电流过大时，就会自动切断主线路，热继电器通常用在电机中。

## ❓ 复习思考题

1. 远距离输电为什么要采用高压？

2. 电能质量标准主要有哪几个指标？

3. 我国民用建筑将用电负荷分为几级，具体划分的原则是什么？各级负荷对供电有何要求？消防设施供电电源属于哪一级？

4. 配电系统的基本形式有哪几种，各有什么特点？

5. 导线的敷设方式有哪几种？

# 第 7 章

# 室内照明

本章要点

熟悉电气照明的基本概念、常用电光源特点和灯具种类；了解建筑的照明种类和照度标准、灯具的选择及布置；掌握照度常用计算方法和电气照明设计的一般过程。

## 7.1 照 明 基 本 知 识

### 7.1.1 光的基本特性

光是属于一定波长范围内的电磁辐射，即电磁波。波长范围在 380～780nm 的电磁波能使人眼产生光感，这部分电磁波称为可见光。而不同波长的可见光，在人眼中又产生不同的颜色感觉。自然光的可见光部分按波长的大小排序可分为红、橙、黄、绿、青、蓝、紫的色带。由于不透明体的散射和反射光的各个波长能量分布的不相同，所以能分辨物体有不同的颜色。

### 7.1.2 光的基本度量单位

1. 光通量

光源在单位时间内向周围空间辐射出去的，并使人眼产生光感的能量，称光通量，用 $\phi$ 表示，单位为流明（lm）。

2. 发光强度

光源在给定方向上的发光强度是该光源在该方向的单位立体角传输的光通量，如图 7.1 所示。用 $I$ 表示发光强度，单位为坎德拉（cd）。其计算公式为

$$I = \frac{\phi}{\Omega} \tag{7.1}$$

其中

$$\Omega = \frac{S}{r^2} \tag{7.2}$$

式中  $\phi$——光源在立体角 $\Omega$ 内发的光通量，lm；

  $\Omega$——光源发光范围的立体角；

  $S$——与立体角 $\Omega$ 对应的球表面积，$m^2$；

  $r$——与立体角 $\Omega$ 对应的半径，m。

对于各方向均匀发光的圆球体，包含 $4\pi$ 球面度，即 $\Omega = 4\pi$。

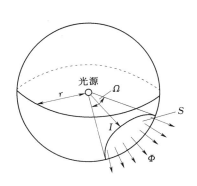

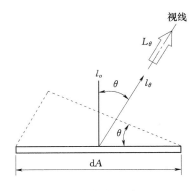

图 7.1 发光强度的定义        图 7.2 亮度的定义

**3. 亮度**

物体被照射后，当反射或透射的光在眼睛视网膜上产生一定照度时，形成人们对该物体的视觉。被视物体在视线方向单位投影面上所发出的发光强度称为亮度（图 7.2）。用符号 $L$ 表示，单位为坎德拉/米（$cd/m^2$）或尼特（nt）。

$$L_\alpha = \frac{I}{S} = \frac{I_\alpha}{S\cos\alpha} \tag{7.3}$$

式中    $I_\alpha$——视线方向上的光强，cd；

       $S$——被视物体表面积，$m^2$；

       $\alpha$——视线方向与被视表面法线的夹角。

**4. 照度**

照度是指被照射物体单位面积所接受的光通量，用 $E$ 表示，单位为勒克斯（lx）。1lx 相当于 $1m^2$ 被照面上接收到的光通量为 1lm 的照度，即

$$E = \frac{\phi}{s} \tag{7.4}$$

式中    $E$——照度，lx；

       $\phi$——光通量，lm；

       $s$——面积，$m^2$。

1lx 照度量是比较小的，在这样的照度下，人们仅能勉强地辨识周围的物体，要区分细小的物体是困难的。

为对照度有一些感性认识，现举例如下：

（1）晴天的阳光直射下为 10000lx，晴天室内为 100～500lx，多云白天的室外为 1000～10000lx。

（2）满月晴空的月光下约 0.2lx。

（3）在 40W 白炽灯下 1m 远处的照度为 30lx，加搪瓷罩后增加为 73lx。

（4）照度为 1lx，仅能辨识物体的轮廓。

（5）照度为 5～10lx，看一般书籍比较困难，阅览室和办公室的照度一般要求不低于 50lx。

### 7.1.3 照明的基本要求

照明可分为天然采光和人工照明两大类。由于天然采光受自然条件的限制，在夜晚或天然采光不足的地方，往往需要采用人工照明或补充人工照明。人工照明主要是用电光源来实现。

良好的工作环境需要高质量的照明来保证。影响照明质量的因素很多，并且受到技术上和经济上各种条件的限制。做照明设计方案时，应从以下 5 个方面考虑照明质量。

1. 照明的均匀性

在视野内，照度的不均匀很容易引起视觉疲劳。根据观察对象的不同，应该做到被照场所的照度均匀或比较均匀。即要求室内最大、最小照度分别与平均照度之差不大于或不小于平均照度的 1/6。要达到满意的照度给予度，灯具布置间距宜不大于所选灯具的最大允许距高比。当要求照明的均匀度很高时，可采用间接型、半间接型照明灯具或荧光灯发光带等照明方式。《建筑照明设计标准》（GB 50034—2013）规定：室内一般照明照度均匀度不应小于 0.7，而作业面邻近周围的照度均匀度不应小于 0.5。房间或场所内的通道和其他非作业区域的一般照明的照度值不宜低于作业区域一般照明照度值的 1/3。

2. 亮度与亮度分布

照明环境不但应使人能清楚地观察物体，而且应给人以舒适的感觉，所以在整个视场内（房间内）各个表面有合适的亮度分布。在视力工作比较紧张和持久的场合，更应该有一个舒适的照明环境。要创造一个良好的使人感到舒适的照明环境，就需要亮度分布合理和室内各个面的反射率选择适当，照度的分配也应与之相配合。

3. 光源的色温与显色性

光源的发光颜色与温度有关，当温度不同时，光源发出光的颜色是不同的。因此光源的发光颜色常用色温这一概念来表示，所谓色温是指光源发射光的颜色与黑体（能吸收全部光辐射而不反射、不透光的理想物体）在某一温度下发射的光的颜色相同时的温度，用绝对温标 K 表示。

光源的显色性是指光源呈现被照物体颜色的性能。评价光源显色性的方法，用显色指数表示。光源的显色指数越高，其显色性越好。一般取 80～100 为优，50～79 为一般，当小于 50 为较差。

光源的色温与显色性都取决于辐射的光谱组成。不同的光源可能具有相同的色温，但其显色性却有很大差异；同样，色温有明显区别的两个光源，但其显色性可能大体相同。因此不能从某一光源的色温作出有关显色性的任何判断。

光源的颜色宜与室内表面的配色互相协调，比如，在天然光和人工光同时使用时，可选用色温在 4000～4500K 之间的荧光灯和气体光源比较合适。

4. 照明的稳定性

为提高照明的稳定性，从照明供电方面考虑，可采取以下措施：

（1）照明供电线路与负荷经常变化大的电力线路分开，必要时可采用稳压措施。

（2）灯具安装注意避开工业气流或自然气流引起的摆动。吊挂长度超过 1.5m 的灯具宜采用管吊式。

（3）被照物体处于转动状态的场合，需避免频闪效应。

5. 限制眩光

眩光是由于视野中的亮度分布、亮度范围不合适或存在极端的对比，以致引起不舒适感觉或降低观察细部或目标的能力的视觉现象。眩光对视力的损害极大、会使人产生晕眩，甚至造成事故。眩光可分成直接眩光和反射眩光两种。直接眩光是指在观察方向上或附近存在亮的发光体所引起的眩光。反射眩光是指在观察方向上或附近由亮的发光体的镜面反射所引起的眩光。在建筑照明设计中，应注意限制各种眩光，通常采取下列措施：

（1）限制光源的亮度，降低灯具的表面亮度。如采用磨砂玻璃、漫射玻璃或格栅。

（2）局部照明的灯具应采用不透明的反射罩，且灯具的保护角（或遮光角）不小于 30°；若灯具的安装高度低于工作者的水平视线时，保护角应限制在 10°～30° 之间。

（3）选择合适的灯具悬挂高度。

（4）采用各种玻璃水晶灯，可以大大减小眩光，而且使整个环境显得富丽豪华。

（5）1000W 金属卤化物灯有紫外线防护措施时，悬挂高度可适当降低。灯具安装选用合理的距高比。

# 7.2　照 明 光 源 与 灯 具

## 7.2.1　照明光源

常用的照明光源有钨丝白炽灯、卤钨灯、荧光高压汞灯、高压钠灯等，按发光原理可以分为热辐射光源和气体放电光源两大类（图 7.3）。

### 7.2.1.1　热辐射光源

热辐射光源就是利用电流将物体加热到白炽程度所产生的可见光来照明的光源。属于热辐射光源的灯有白炽灯、卤钨灯等。

### 7.2.1.2　放电光源

放电是指在电场作用下，使电流通过气体（或蒸气）的过程。这个过程导致光的发射，称为放电光源。这种光源具有发光效率高、使用寿命长等特点。

图 7.3　电光源的分类

### 7.2.1.3　电光源的参数

1. 额定电压和额定电流

光源在预定要求下工作所需要的电压和电流分别叫做额定电压和额定电流。

2. 额定功率

电光源在额定条件下所消耗的功率叫额定功率。

3. 光通量输出

光源的灯泡（管）在工作时所发出的光通量叫做光通量输出。

4. 发光效率

发光效率是指电光源消耗 1W 电功率所发出的光通量。

5. 寿命

电光源平均使用的小时数。

6. 色温与显色指数

色表指光源发光的颜色，它以色温表示。即从外观上看到的光源的颜色。显色性是照明光源对物体色表的影响。人类长期在日光下生活，有意识或无意识地以日光为基准来分辨颜色。显色指数是在被测光源或标准光源照射下，在考虑色适应状态下，物体的心理物理色符合程度的度量。

## 7.2.2 常用电光源

### 1. 白炽灯

白炽灯一般俗称为"灯泡"，主要由玻璃泡管、灯丝、支架、引线和灯头组成，如图7.4所示，白炽灯的灯头有螺口、插口两种。白炽灯的发光是由于电流通过钨丝时，灯丝热至白炽化而发光。但输入白炽灯的电能只有20%以下被转化为光能，80%以上转化为热能，所以白炽灯的发光效率不高。40W以下的玻壳内抽成真空，40W以上的玻壳内则充以惰性气体氩、氮或氩氮混合物。白炽灯的特点是结构简单，价格低，启动快；显色性好；发光效率低，不节能；平均寿命不高。

图7.4 白炽灯

白炽灯有多种型号，其中 PZ 型为普通照明灯泡，交直流两用。

表7.1为白炽灯玻璃壳表面温度近似值表。表7.2是他们的主要技术数据。

**表7.1 白炽灯玻璃壳表面温度近似值表**

| 白炽灯额定功率/W | 15 | 25 | 40 | 60 | 100 | 150 | 200 | 300 | 500 |
|---|---|---|---|---|---|---|---|---|---|
| 玻壳表面温度/℃ | 42 | 64 | 94 | 111 | 120 | 151 | 147.5 | 131 | 178 |

**表7.2 普通白炽灯泡技术数据**

| 灯泡型号 | 额定值 | | | 灯头型号 | 平均寿命/h |
|---|---|---|---|---|---|
| | 电压/V | 功率/W | 光通量/lm | | |
| PZ2210-15 | | 15 | 110 | | |
| PZ220-25 | | 25 | 220 | E27/27-1 | |
| PZ220-40 | | 40 | 350 | 2C22/25-1 | |
| PZ220-60 | | 60 | 630 | | |
| PZ220-100 | 220 | 100 | 1250 | | 1000 |
| PZ220-150 | | 150 | 2090 | E27/27-1 | |
| PZ220-200 | | 200 | 2920 | E27/35-2 | |
| PZ220-300 | | 300 | 4610 | 2C22/25-2 | |
| PZ220-500 | | 500 | 8300 | | |
| PZ220-1000 | | 1000 | 18600 | E40/45-1 | |

白炽灯按其构造和工艺的不同可分为相应的类型：

（1）普通型。其灯泡为一般透明玻璃壳，亮度较强。

（2）磨砂型。对玻璃壳内表面进行了化学处理，降低了灯丝的亮度，使灯泡具有漫射发光的性能。这种灯泡适用于灯罩为透明玻璃或无灯罩的装饰性灯具。

（3）漫射型。在白玻璃壳内表面涂以扩散良好的白色无机粉末，使灯泡亮度降低，并具有良好的漫射光性能。

（4）反射型。在灯泡玻璃壳内上部涂以反射膜，形成抛物线状的反射面，使光通向一定方向投射。

（5）局部照明型。灯泡额定电压为6V、12V、36V，其发光效率比220V灯泡高20%～30%，适用于移动式局部照明及安装高度较低、易碰撞或潮湿的场所。

（6）水下照明型。该灯泡在水下能承受25个大气压，功率有1000W、1500W，玻璃壳用彩色玻璃制成，用于喷泉、瀑布等的水中装饰照明。

2. 卤钨灯

卤钨灯是白炽灯的一种（图7.5）。卤钨循环作用是从灯丝蒸发出来的钨在灯泡内与卤素反应形成挥发性的卤化钨，因为灯泡内壁温度很高而不能附着其上。通过扩散、对流，当到了高温灯丝附近又被分解成卤素和钨，钨被吸附在灯丝表面，而卤素又和蒸发出来的钨反应，如此反复使灯泡发光效率提高30%，寿命延长50%。为使卤钨灯泡内壁的卤化钨能处于气态，而不至于有钨附着在灯泡内壁上，灯泡壁的温度要比白炽灯高很多（约600℃），相应灯泡内气压也高，为此灯泡壳必须使用耐高温的石英玻璃。

卤钨灯的光谱能量分布与白炽灯相近似，也是连续的。卤钨灯具有体积小、功率大、能瞬间点燃、可调光、无频闪效应、显色性好、发光效率高等特点，故多用于较大空间和要求高照度的场所。如电视转播照明、摄影、绘图等场所。卤钨灯的缺点是抗震性差，在使用中应注意以下几点：

（1）为保持正常的卤钨循环，故对管形灯应水平放置，倾角范围±4°。

（2）不宜靠近易燃物，连接灯脚的导线宜用耐高温导线，且接触要良好。

（3）卤钨灯灯丝细长又脆，要避免受震动或撞击，也不宜作为移动式局部照明。

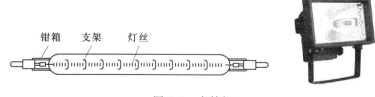

图7.5 卤钨灯

3. 荧光灯

荧光灯属于放电光源，主要由灯管、镇流器和启动器配套组成。其中荧光灯管由灯头电极、热阴极和荧光玻璃管构成，管内壁涂有荧光质。采用不同的荧光质，可以制造不同色彩的荧光灯。管内被抽出空气后，充入少量的惰性气体帮助灯管启动。

在荧光灯工作电路中常有一个称作启辉器配件，启辉器结构如图 7.6 所示，其作用是能将电路自动接通 1～2s 后又将电路自动断开。

荧光灯需要镇流器和启动器才能工作。它的工作电路如图 7.7 所示。当合上电源开关时，线路电压加在启动器的两个电极上。启动器在线路电压的作用下产生辉光放电。辉光放电发热使 U 形双金属电极膨胀从而接通电路。电路刚接通时，电流的大小决定于镇流器的阻抗，一般比荧光灯正常工作的工作电流大，称为启动电流。灯丝在启动电流下加热，温度迅速升高，同时产生大量

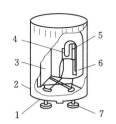

图 7.6 启辉器结构图
1—绝缘底座；2—外壳；3—电容器；
4—静触头；5—双金属片；6—玻璃
壳内充惰性气体；7—电极

的电子发射。启动器电极接通后，辉光放电消失，电极很快冷却，U 形双金属电极由于冷却而恢复原状。这样当启动器突然切断灯丝的加热回路时，镇流器产生一个高于线路电压的脉冲，因灯管电极已发射大量的电子，所以灯管迅速被击穿而形成放电。由于镇流器的限流作用，使电流稳定在某一数值上。

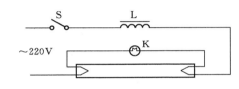

图 7.7 荧光灯的工作原理图
S—开关；L—镇流器；K—启辉器

20 世纪 70 年代以来，荧光灯朝细管径、紧凑型方向发展。普通直管荧光灯管径为 40.5mm 和 38mm 两种。目前我国已成功地开发 T8 型 36W（26mm）荧光灯，与普通直管荧光灯相比：其显色指数达到 85～95（T12 为 55～70），光效提高到 971m/W，使用寿命提高到 8000h。紧凑型节能荧光灯，包括单端荧光灯和普通照明自镇流荧光灯（简称节能灯），其结构有 H、U 等多种形式，使用三基色荧光粉，显色性好；其光效是白炽灯的 5～7 倍；寿命是白炽灯的 5 倍。

荧光灯具有发光效率高、显色性好、平均寿命长、光通量均匀、亮度低等特点。但荧光灯在低温下不能正常启动，只能用于室内照明。日光色直管荧光灯的技术数据见表 7.3。

表 7.3 直管形荧光灯型号及参数

| 灯管型号 | 功率 /W | 工作电压 /V | 工作电流 /A | 启动电流 /A | 灯管压降 /V | 光通量 /lm | 平均寿命 /h |
|---|---|---|---|---|---|---|---|
| YZ4RR | 4 | 35 | 0.11 | | | 70 | 700 |
| YZ6RR | 6 | 55 | 0.14 | | | 160 | |
| YZ8RR | 8 | 60 | 0.15 | | | 250 | 1500 |
| YZ10RR | 10 | 45 | 0.25 | | | 410 | |
| YZ15RR | 15 | 51 | 0.33 | 0.44 | 52 | 580 | 3000 |
| YZ20RR | 20 | 57 | 0.37 | 0.50 | 60 | 930 | |
| YZ30RR | 30 | 81 | 0.405 | 0.56 | 89 | 1550 | 5000 |
| YZ40RR | 40 | 103 | 0.45 | 0.65 | 108 | 2400 | |
| YZ85RR | 85 | 120±10 | 0.80 | | | 4250 | |
| YZ100RR | 100 | | 1.50 | 1.80 | 90 | 5000 | 2000 |
| YZ125RR | 125 | 149±15 | 0.94 | | | 6250 | |

荧光灯的额定寿命是指每开关一次点燃 3h 而言的。频繁开关会使涂在灯丝上的发射物质很快耗尽，缩短灯管的使用寿命。

荧光灯由 50Hz 交流电供电时，频闪效应比较明显。为了防止灯光闪烁，常将相邻的灯管接到电源的不同相上，或将两只荧光灯并列使用，但要求一只按正常方式接线，另一只接入电容器移相，使两相电流不同时为零，从而减弱频闪效应。

**4．高压钠灯**

高压钠灯的结构主要由灯丝、双金属片热继电器、放电管、玻璃外壳等组成（图 7.8）。灯丝由钨丝绕成螺旋形，或编织成能储存有一定数量碱金属氧化物的形状。当灯丝发热时，碱金属氧化物就成为电子发射材料，放电管是用与钠不起作用的耐高温半透明氧化铝或全透明刚玉做成，放电管内充有氙气、汞和钠。双金属片热继电器是用两种不同的热膨胀系数的金属片压接在一起做成的。

高压钠灯具有发光效率高、平均寿命长、亮度高、显色性差、启动时间较长等特点。其光色以黄、红光线为主，透雾性强。能在 $-40 \sim 100℃$ 的环境下工作，耐振性强，适合在道路、机场、广场等场所使用。

图 7.8　高压钠灯　　　图 7.9　高压汞灯　　　图 7.10　金属卤化物灯

**5．高压汞灯**

高压汞灯又叫高压水银灯，它是靠高压汞气放电而发光（图 7.9）。高压汞灯具有发光效率高、平均寿命长、亮度较高、显色性差等特点。但启动时间较长，不宜做室内照明光源。一般用于广场、道路、施工场所等大面积的照明。

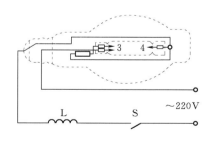

图 7.11　金属卤化物灯构造和工作线路图
1—加热线圈；2—双金属片；3、4—主电极
S—开关；L—镇流器

**6．金属卤化物灯**

金属卤化物灯是一种气体放电灯（图 7.10，图 7.11）。这种灯的优点是：发光体小，光色和日光相似，显色性好，光效也较高，是很有发展前途的光源，但平均寿命短，一般用于要求高照度、高显色性的场所。

这种灯在使用时需配用镇流器，1000W 钠、铊、铟灯尚须加触发器启动。电源电压变化不但影响光效、管压、光色，而且电压变化过大时，灯会有熄灭现象，为此，电源电压不宜超过±5％。

**7．氙灯**

氙灯也是一种弧光放电灯（图 7.12）。其光色很好。氙灯按电弧的长短又可分为长弧

氙灯和短弧氙灯，其功率较大，光色接近日光，因此有
"人造小太阳"之称。高压氙灯有耐低温、耐高温、耐
震、工作稳定、功率较大等特点。长弧氙灯特别适合于
广场、车站、港口、机场等大面积场所照明。短弧氙灯
是超高压氙气放电灯，其光谱要比长弧氙灯更加连续，
与太阳光谱很接近，称为标准白色高亮度光源，显色
性好。

图 7.12　氙灯

　　氙灯紫外线辐射强，在使用时不要用眼睛直接注视
灯管，用作一般照明时，要装设滤光玻璃，安装高度不宜低于 20m。氙灯一般不用镇流
器，但为提高电弧的稳定性和改善启动性能，目前小功率管形氙灯仍使用镇流器。氙灯需
采用触发器启动，每次触发时间不宜超过 10s，灯的工作温度高，因此，灯座及灯头引入
线应耐高温。

　　8. 节能灯
　　节能灯是利用气体放电的原理运作，它的术名叫自镇流荧光灯，除了白色（冷光）的
外，现在还有黄色（暖光）的。一般来说，在同一瓦数之下，一盏节能灯比白炽灯节能
80%，平均寿命延长 8 倍，热辐射仅 20%。非严格的情况下，一盏 5W 的节能灯光照可
视为等于 25W 的白炽灯，7W 的节能灯光照约等于 40W 的，9W 的约等于 60W 的。
　　节能灯主要是通过镇流器给灯管灯丝加热，大约在 1160K 温度时，灯丝就开始发射
电子（因为在灯丝上涂了一些电子粉），电子碰撞氩原子产生非弹性碰撞，氩原子碰撞后
获得了能量又撞击汞原子，汞原子在吸收能量后跃迁产生电离，发出 253.7nm 的紫外线，
紫外线激发荧光粉发光，由于荧光灯工作时灯丝的温度在 1160K 左右，比白炽灯工作的
温度 2200～2700K 低很多，所以它的寿命也大为提高，达到 5000h 以上，由于它不存在
白炽灯那样的电流热效应，荧光粉的能量转换效率也很高，达到 50lm/W 以上。
　　表 7.4 列出了常用照明电光源的主要特性比较。

表 7.4　　　　　　　　　　　　　　常用电光源的主要技术特性对照

| 光源名称 | 普通白炽灯泡 | 卤钨灯 | 荧光灯 | 高压钠灯 | 高压汞灯 | 金属卤化物灯 | 氙灯 |
|---|---|---|---|---|---|---|---|
| 额定功率范围/W | 10～1000 | 500～2000 | 6～125 | 250、400 | 50～1000 | 400～1000 | 150～100000 |
| 光效/（lm/W） | 6.5～19 | 19.5～21 | 25～67 | 90～100 | 30～50 | 60～80 | 20～37 |
| 平均寿命/h | 1000 | 1500 | 200～3000 | 3000 | 2500～5000 | 2000 | 500～1000 |
| 一般显色指数 | 95～99 | 95～99 | 70～80 | 20～25 | 30～40 | 65～85 | 90～94 |
| 启动稳定指数 | 瞬时 | 瞬时 | 1～3s | 4～8min | 4～8min | 4～8min | 1～2s |
| 再启动时间 | 瞬时 | 瞬时 | 瞬时 | 10～20min | 5～10min | 10～15min | 瞬时 |
| 频闪效应 | 不明显 | | 明显 | | | | |
| 表面亮度 | 大 | 大 | 小 | 较大 | 较大 | 大 | 大 |
| 电压变化对光通的影响 | 大 | 大 | 较大 | 大 | 较大 | 较大 | 较大 |
| 环境温度对光通的影响 | 小 | 小 | 大 | 较小 | 较小 | 较小 | 小 |
| 耐震性能 | 较差 | 差 | 较好 | 较好 | 好 | 好 | 好 |
| 所需附件 | 无 | 无 | 镇流器、启辉器 | 镇流器 | 镇流器 | 镇流器、触发器 | 镇流器、触发器 |

表 7.5 为常见光源的色调。

**表 7.5　　　　　　　　　　　　　常 见 光 源 的 色 调**

| 照 明 光 源 | 光 源 色 调 |
|---|---|
| 白炽灯、卤钨灯 | 偏红色，非常接近日光的白色光 |
| 日光色荧光灯 | 与太阳光相似的白光 |
| 高压钠灯 | 金黄色光，红色成分偏多，蓝色成分不足 |
| 金属卤化物灯 | 接近日光的白色 |
| 荧光高压汞灯 | 浅蓝—绿色光，缺乏红色成分 |

表 7.6 为不同光色的照明效果。

**表 7.6　　　　　　　　　　　　　不同光色的照明效果**

| 光源色调 | 照明效果 | 适宜照明场所 |
|---|---|---|
| 黄色光 | 热烈、活泼、愉快 | 舞厅、餐厅、宴会厅、舞台、会议室、食品商店 |
| 白色光 | 明亮、开朗、大方 | 教室、办公室、展览厅、百货商店 |
| 红色光 | 庄严、危险、禁止 | 障碍灯、警灯、庄严性布置 |
| 绿、蓝色光 | 宁静、优雅、安全 | 病房、休息室、客房、庭院、道路 |
| 粉红色光 | 镇静 | 精神病室 |

### 7.2.3　灯具的种类

灯具的分类通常以灯具的光通量在空间上、下两半球分配的比例、灯具的结构特点、灯具的用途和灯具的固定方式进行分类。

1. 按灯具结构分类

（1）开启式灯具。光源与外界环境直接接触。

（2）保护式灯具。具有闭合的透光罩，但内外仍能自由通气。

（3）密封式灯具。透光罩将灯具内外隔绝，内外空气不能流通。

（4）防爆式灯具。在任何条件下，不会因灯具引起爆炸的危险。

（5）防振式灯具。光源采取防振措施，安装在有振动的设施上。

2. 按灯具用途分类

（1）功能为主的灯具。指那些为了符合高效率和低眩光的要求，并以照明功能为主的灯具，如商店用荧光灯、路灯、室外用投光灯和陈列用聚光灯等。

（2）装饰为主的灯具。装饰用灯具一般由装饰性零部件围绕光源组合而成，作用主要是美化环境、烘托气氛。其型式从简单到豪华不一。

3. 按固定方式分类

灯具按固定方式可以分为吸顶灯、镶嵌灯、吊灯、壁灯、台灯、落地灯、轨道灯、庭院灯、道路广场灯、自动应急照明灯、地脚灯等。他们的特点和用途见表 7.7。

表 7.7                                   各种安装方式灯具的特点和用途

| 安装方式 | 特　点 |
|---|---|
| 吸顶灯 | 直接固定于顶棚上，主要用于没有吊顶的房间。吸顶灯多用于整体照明，办公室、会议室、走廊等处都经常使用 |
| 镶嵌灯 | 嵌入顶棚中。灯具本身有聚光型和散光型等，其最大特点是使顶棚简洁大方，而且可以减少较低顶棚产生的压抑感，没有眩光 |
| 吊灯 | 利用导线或钢管（链）将灯具从顶棚上吊下来，大部分都带有灯罩。一般用于整体照明，门厅、餐厅、会议厅等都可采用。 |
| 壁灯 | 装设在墙壁上，有很强的装饰性。壁灯的光线比较柔和，造型精巧别致，常用于大门、门厅、卧室、浴室、走廊等 |
| 台灯 | 主要用于局部照明，放在书桌上、床头柜上和茶几上 |
| 落地灯 | 是一种局部照明灯具。常摆设在茶几附近，作为待客、休息和阅览区域照明 |
| 轨道灯 | 由轨道和灯具组成，是一种局部照明用的灯具。主要用于通过集中投光以增强某些特别需要强调物体的场合。例如用于商店、展览馆等 |
| 庭院灯 | 灯头或灯罩多数向上装，多数安装在庭院地坪上，特别适用于公园、街心花园、宾馆以及机关学校的庭院内 |
| 道路广场灯 | 主要用于夜间的通行照明。用于车站广场、机场广场、港口、码头、立交桥、停车场、室外体育场等 |
| 自动应急照明灯 | 适用于宾馆、饭店、医院、影剧院、商场、银行、邮电、地下室、会议室、人防工程等公共场所，可做应急照明、紧急疏散照明等 |
| 地脚灯 | 主要用于照明走廊，便于人员行走，应用于医院病房、公共走廊、宾馆客房、卧室等 |

**4. 按光通量在空间上、下两半球的分配比例分类**

灯具按光通量在上下空间分布的比例可分为直接型、半直接型、漫射型、半间接型、间接型等。灯具按光通量在上下空间分布的比例分类见表 7.8。

表 7.8                             灯具按光通量在上下空间分布的比例分类

| 类　　型 | | 直接型 | 半直接型 | 漫射型 | 半间接型 | 间接型 |
|---|---|---|---|---|---|---|
| 光通量分布特性（占照明器总光通量） | 上半球 | 0%～10% | 10%～40% | 40%～60% | 60%～90% | 90%～100% |
| | 下半球 | 100%～90% | 90%～60% | 60%～40% | 40%～10% | 10%～0% |
| 特点 | | 光线集中，工作面上可获得充分照度 | 光线能集中在工作面上，空间也能得到适当照度，比直接型眩光小 | 空间各个方向光强基本一致，可达到无眩光 | 增加了反射光的作用，使光线比较均匀柔和 | 扩散性好，光线均匀柔和。避免了眩光，但光的利用率低 |
| 示意图 | | | | | | |

直射型灯具，由反光性能良好的不透明材料制成，如搪瓷、铝和镀银镜面等。这种灯具效率高，但灯的上部几乎没有光线，顶棚很暗，与明亮灯光容易形成对比眩光。又由于它的光线集中，方向性强，产生的阴影也较重。

半直射型灯具，它能将较多的光线照射到工作面上，又可使空间环境得到适当的亮度，改善房间内的亮度比。这种灯具常用半透明材料制成下面开口的式样，如玻璃菱形罩、玻璃碗型罩等。

漫射型灯具，典型的乳白玻璃球形灯属于这种灯具，它是采用漫射透光材料制成封闭式的灯罩，选型美观，光线均匀柔和，但是光的损失较多，光效较低。

半间接型灯具，这类灯具上半部用透明材料、下半部用漫射透光材料制成。由于上半球光通量的增加，增强了室内反射光的照明效果，使光线更加均匀柔和。在使用过程中，上部很容易积尘，会影响灯具的效率。

间接型灯具，这种灯具全部光线都由上半球发射出去，经顶棚反射到室内。因此能最大限度地减弱阴影和眩光，光线均匀柔和，但光损失较大不经济。这种灯具适用于剧场、美术馆和医院的一般照明。

### 7.2.4　光源与灯具的选择

#### 1. 光源的选择

照明光源的确定，应根据使用场所的环境条件和光源的光效、显色性、寿命等光电特性指标选用，优先采用绿色、节能光源。光源的选择原则为：

（1）要尽量减少初投资，选用高效率光源。

（2）尽量选用运行费用低的光源。为了节约电能，当灯具悬挂在 4m 及以下时，宜采用荧光灯；在 4m 及以上时，宜采用高强气体放电灯；当不宜采用气体放电灯时，也可采用白炽灯。

（3）应满足显色性和色温的要求。

（4）应符合控制特性的要求。

下列工作场所可采用白炽灯：①要求瞬时启动和连续调光的场所，使用其他光源技术经济不合理时；②对防止电磁干扰要求严格的场所；③开关灯频繁的场所；④照度要求不高，且照明时间较短的场所。因为荧光灯有一定的起动时间，其寿命受起动次数的影响很大，所以在开关比较频繁和使用时间较短的场所，不宜采用荧光灯。金属卤化物灯等高强度放电灯的功率大，发光效率高，寿命长，光色也较好，在经常使用照明的高大厅堂及露天场所，特别是维护比较困难的体育馆和其他体育竞赛场所等，可以广泛采用。高压钠灯的发光效率很高，但光色仍带有明显的黄色色调，故目前以用于露天场所为多。随着生产技术的改进，使光色得到改善，用于室内也会逐渐增多。

表 7.9 列出了几种电光源适用的场所，可供选择时参考。

#### 2. 灯具的选择

灯具类型的选择与使用环境、配光特性有关。在选用灯具时，一般要考虑以下几个因素：

（1）光源。选用的灯具必须与光源的种类和功率完全适用。

**表 7.9** 几种电光源适用的场所

| 光源名称 | 适 用 场 所 | 举 例 |
|---|---|---|
| 白炽灯 | 1. 照明开关频繁，要求瞬时启动或要避免频闪效应的场所；<br>2. 识别颜色要求高或艺术需要的场所；<br>3. 局部照明，事故照明；<br>4. 需要调光的场所；<br>5. 需要防止电磁波干扰的场所 | 住宅、旅馆、饭店、美术馆、博物馆、剧场、办公室、层高较低及照度要求也较低的厂房、仓库及小型建筑等 |
| 卤钨灯 | 1. 照度要求较高，显色性要求较好，且无振动的场所；<br>2. 要求频闪效应小；<br>3. 需要调光 | 剧场、展览馆、大礼堂、装配车间、精密加工车间 |
| 荧光灯 | 1. 悬挂高度较低（例如 6m 以下），要求照度又较高的场所；<br>2. 识别颜色要求较高的场所；<br>3. 在无自然采光和自然采光不足而人们需长期停留的场所 | 住宅、旅馆、饭店、商店、办公室、阅览室、学校、医院、层高较低及照度要求也较高的厂房、理化计量室、精密产品装配、控制室等 |
| 荧光高压汞灯 | 1. 照度要求较高，但对光色无特殊要求的场所；<br>2. 有振动的场所 | 大中型厂房、仓库、动力站房、露天堆场及作业场地、厂区道路或城市一般道路等 |
| 金属卤化物灯 | 高大厂房，要求照度较高且光色较好的场所 | 大型精密产品总装车间、体育馆或体育场等 |
| 高压钠灯 | 1. 高大厂房，要求照度较高但对光色无特别要求的场所；<br>2. 有振动的场所；<br>3. 多烟尘场所 | 铸钢车间、铸铁车间、冶金车间、机加工车间、露天工作场地、厂区道路或城市主要道路、广场或港口等 |

（2）环境条件。以保证安全耐用和有较高的照明效率。

1）一般正常环境，尽量选用直接配光型灯具，以提高照明器的效率。

2）对潮湿和特别潮湿的环境，应选用防潮性灯具灯座，灯具进出线处用绝缘套管严格密封。

3）多尘但非易燃易爆场所，选用防水、防潮灯。

4）灼热多尘的场所，易用投光灯远距离照明灯具。

5）有火灾、爆炸危险的场所，应按火灾和爆炸危险的介质分类选择灯具。

6）有腐蚀性气体的场所，应选用耐腐蚀材料制成的防水、防尘型灯具。

7）安装高度在 2.4m 以下及其他灯具可能受到撞击的场合，应采用带有较坚固玻璃罩或金属网罩的灯具。

8）对民用建筑应选择与建筑物装饰水平相协调的灯具。对高档次建筑物宜选用豪华型灯具或为满足环境气氛要求的特色照明灯具。

（3）光分布。要按照对光分布的要求来选择灯具，以达到合理利用光通量和减少电能消耗的目的。

（4）限制眩光。由于眩光作用与灯具的光强、亮度有关，当悬挂高度一定时，则可根据限制眩光的要求选用合适的灯具形式。

（5）经济性。主要考虑照明装置的基建费用和年运行维修费用。

（6）艺术效果。因为灯具还具有装饰空间和美化环境的作用，在可能条件下强调照明的艺术效果。

### 7.2.5 照明方式和种类

#### 7.2.5.1 照明方式

照明方式可分为：一般照明、分区一般照明、局部照明和混合照明。

1. 一般照明

一般照明是为照亮整个场所而设置的均匀照明。对于工作位置密度很大而对光照明方向无特殊要求或受条件限制不适宜装设局部照明的场所，可只单独装设一般照明，如办公室、教室等。

2. 分区一般照明

分区一般照明是对某一特定区域，如进行工作的地点来照亮该区域的一般照明。

3. 局部照明

局部照明是为特定视觉工作用的、为照亮某个局部而设置的照明。其优点是开、关方便，并能有效地突出对象。

4. 混合照明

由一般照明和局部照明组成的照明，称为混合照明。混合照明的优点是，可以在工作面（平面、垂直面或倾斜面表面）上获得较高的照度，并易于改善光色，减少照明装置功率和节约运行费用。

#### 7.2.5.2 照明种类

照明的种类按用途可分为：正常照明、应急照明、值班照明、警卫照明、景观照明和障碍照明。

1. 正常照明

在正常情况下使用的室内外照明。所有居住房间和工作、运输、人行车道以及室内外庭院和场地等，都应设置正常照明。

2. 应急照明

因正常照明的电源失效而启动的照明。它包括备用照明、安全照明和疏散照明。所有应急照明必须采用能瞬时可靠点燃的照明光源，一般采用白炽灯和卤钨灯。

（1）备用照明在正常照明因故障熄灭后，为供给事故下继续或暂时继续工作的照明。备用照明电源的切换时间不应超过 15s，对商业场所和银行不应超过 1.5s。需要设置的场所有：

1）正常照明因故障熄灭后，需要进行必要的操作，否则可能会引起火灾、爆炸、中毒等严重事故，或导致生产流程混乱、破坏，或使已加工、处理的产品报废的。

2）正常照明因故障熄灭后，可能造成较大的政治、经济损失的。

3）因正常照明断电，将影响消防工作进行的。

（2）安全照明是在正常照明因故障熄灭后，为确保处于潜在危险之中的人、财、物的安全而设置的照明。安全照明电源的切换时间不应超过 0.5s，其电源的连续供电时间由工作特点和实际需要确定。需要设置安全照明的场所有：

1）在黑暗中可能造成挫伤、灼伤、摔伤的。

2）使抢救工作无法进行而危及患者生命或延误时间而增加抢救困难的。

3）容易引起人们惊慌、混乱的。

4）地面不平的。

（3）疏散照明是在正常照明因故障熄灭后，为确保人员安全撤离而设置的照明。疏散照明电源切换时间不应超过 15s。其电源持续时间应保证人员疏散到建筑物外和安排救援工作所需的时间。需要设置疏散照明的场合有：

1）一、二类建筑的疏散通道和公共出口处，疏散楼梯、防烟楼梯间前室、消防电梯及其前室，疏散走道等。

2）人员密集的公共建筑，如商场、礼堂、会场、旅馆、大型图书馆等的疏散通道、楼梯的出口及通向室外的出口，较长的疏散通道。

3）地下室和无天然采光的厂房、建筑的主要通道、出入口等。

**3. 值班照明**

非工作时间为值班所设置的照明。值班照明宜利用正常照明中能单独控制的一部分或利用应急照明的一部分或全部。

**4. 警卫照明**

为改善对人员、财产、建筑物、材料和设备的保卫而采用的照明。例如用于警戒以及配合闭路电视监控而配备的照明。

**5. 障碍照明**

在建筑物上装设的作为障碍标志的照明，称为障碍照明。例如为保障航空飞行安全，在高大建筑物和构筑物上安装的障碍标志灯。

**6. 景观照明**

用于室内外特定建筑物、景观而设置的带艺术装饰性的照明。包括装饰建筑外观照明、喷泉水下照明、用彩灯勾画建筑物的轮廓、给室内景观投光以及广告照明灯等。

**7. 重点照明**

为突出特定目标或引起对视野中某一部分的注意力而设置的定向照明。

## 7.2.6 室外照明

在都市中的重要公共建筑物、古迹、商业大楼、广场雕塑，或是一些造型独特的标志性建筑，或交通设施，都可以在夜间利用灯光加以美化，使都市的夜景具有一番不同的景观。

**1. 照度要求**

照度一般根据室外照明的场地及照明区域提出平均照度，见表 7.10。

表 7.10　　　　　　　　　　　　　不同场地的平均照度

| 场地名称 | 规定照度区域 | 平均照度/lx | 场地名称 | 规定照度区域 | 平均照度/lx |
|---|---|---|---|---|---|
| 广场 | 地面、广场区域 | 5～15 | 步行道 | 地面、人行区域 | 1～3 |
| 停车场 | 地面、停车区域 | 5～10 | 住宅区主干道 | 地面、人行区域 | 1～3 |
| 隧道 | 隧道内区域 | 10 | 住宅区散步道 | 地面、人行区域 | 0.5～1 |
| 主干道行车侧 | 地面、行车区域 | 2～5 | 公园干道 | 地面、人行区域 | 1～3 |

2. 户外照明的几种形式

（1）广场照明。广场照明高度一般在 15～30m，位于广场的突出地位。设置时应创造中心感，并成为区域中心的象征。广场照明成本高、安装和维护难度大，要求具有很高的安全性。光源为高功率的高压钠灯或金属卤化物灯。

（2）中杆照明。中杆照明高度在 6～8m，着重于路面宽阔的城市干道，行车道两侧，主要为行车所用，要求确保路面明亮度。要求不能有强烈的眩光干扰行车视线；要求照度较为均匀，长距离连续配置，刻画出空间光的延续之美感，使用高压钠灯为主。

（3）庭院照明。庭院照明高度在 3～6m，广泛用于非主行车道的街道、步行街、商业街、景观道路、公园、广场、学校、医院、住宅小区等。要求保证路面明亮的同时，力求使"光与影"的组合配置富有旋律，因为它的高度较低，最能让人感觉到它的存在，所以必须根据环境的气氛精心设计外观造型，并具有良好的安全性和防范性，主要使用高压钠灯、金属卤化灯或荧光灯。

（4）低杆照明。低杆照明高度在 1m 以下，不是连续的照明方式，只是在树木或角落部分做突出点缀性照明。注重光产生的突出效果，主要使用节能灯或白炽灯。

# 7.3　照度计算与灯具布置

## 7.3.1　照度的计算

照度的计算即按照已规定的照度值及其他已知条件来计算灯具光源的功率以及灯具的盏数。

照度计算的方法通常有利用系数法、单位容量法和逐点计算法三种。均匀布置灯具的照明设计中，一般采用利用系数法计算，然后用逐点计算法校核。前两种用于计算工作面上的平均照度，后一种可计算任一倾斜工作面上的照度。本节只介绍应用较多的前两种计算法。任何一种计算方法，都只能做到基本准确，会有一定的误差。对照度要求高的场合，有必要用测量仪器实地测量，检验照明设计是否合理，然后根据实地测量结果修改照明设计，以达到符合建筑功能要求的照明标准。

### 7.3.1.1　照度标准

为了使建筑照明设计符合建筑功能，有利于生产、工作、学习、生活和身心健康，做到技术先进、经济合理、使用安全、维护管理方便，推动实施绿色照明。国家对各类建筑确定了照明标准，根据《建筑照明设计标准》（GB 50034—2013），具体部分数值摘录见表 7.11～表 7.16。

表 7.11　　　　　　　　　　　　　　图书馆建筑照明标准值

| 房间或场所 | 参考平面及其高度 | 照度标准值/lx | UGR | Ra |
|---|---|---|---|---|
| 一般阅览室 | 0.75m 水平面 | 300 | 19 | 80 |
| 国家、省市及其他重要图书馆的阅览室 | 0.75m 水平面 | 500 | 19 | 80 |
| 老年阅览室 | 0.75m 水平面 | 500 | 19 | 80 |
| 珍善本、舆图阅览室 | 0.75m 水平面 | 500 | 19 | 80 |
| 陈列室、目录厅（室）、出纳厅 | 0.75m 水平面 | 300 | 19 | 80 |
| 书库 | 0.25m 垂直面 | 50 | — | 80 |
| 工作间 | 0.75m 水平面 | 300 | 19 | 80 |

表 7.12　　　　　　　　　　　　　　办公建筑照明标准值

| 房间或场所 | 参考平面及其高度 | 照度标准值/lx | UGR | Ra |
|---|---|---|---|---|
| 普通办公室 | 0.75m 水平面 | 300 | 19 | 80 |
| 高档办公室 | 0.75m 水平面 | 500 | 19 | 80 |
| 会议室 | 0.75m 水平面 | 300 | 19 | 80 |
| 接待室、前台 | 0.75m 水平面 | 300 | — | 80 |
| 营业厅 | 0.75m 水平面 | 300 | 22 | 80 |
| 设计室 | 实际工作面 | 500 | 19 | 80 |
| 文件整理、复印、发行室 | 0.75m 水平面 | 300 | — | 80 |
| 资料、档案室 | 0.75m 水平面 | 200 | — | 80 |

表 7.13　　　　　　　　　　　　　　商业建筑照明标准值

| 房间或场所 | 参考平面及其高度 | 照度标准值/lx | UGR | Ra |
|---|---|---|---|---|
| 一般商店营业厅 | 0.75m 水平面 | 300 | 22 | 80 |
| 高档商店营业厅 | 0.75m 水平面 | 500 | 22 | 80 |
| 一般超市营业厅 | 0.75m 水平面 | 300 | 22 | 80 |
| 高档超市营业厅 | 0.75m 水平面 | 500 | 22 | 80 |
| 收款台 | 台面 | 500 | — | 80 |

表 7.14　　　　　　　　　　　　　　居住建筑照明标准值

| 房间或场所 | | 参考平面及其高度 | 照度标准值/lx | Ra |
|---|---|---|---|---|
| 起居室 | 一般活动 | 0.75m 水平面 | 100 | 80 |
| | 书写、阅读 | | 300 | |
| 卧室 | 一般活动 | 0.75m 水平面 | 75 | 80 |
| | 床头、阅读 | | 150 | |
| 餐厅 | | 0.75m 餐桌面 | 150 | 80 |
| 厨房 | 一般活动 | 0.75m 水平面 | 100 | 80 |
| | 操作台 | 台面 | 150 | |
| 卫生间 | | 0.75m 水平面 | 100 | 80 |

**表 7.15** 影剧院建筑照明标准值

| 房间或场所 | | 参考平面及其高度 | 照度标准值/lx | UGR | Ra |
|---|---|---|---|---|---|
| 门厅 | | 地 面 | 200 | | 80 |
| 观众厅 | 影院 | 0.75m 水平面 | 100 | 22 | 80 |
| | 剧场 | 0.75m 水平面 | 200 | 22 | 80 |
| 观众休息厅 | 影院 | 地 面 | 150 | 22 | 80 |
| | 剧场 | 地 面 | 200 | 22 | 80 |
| 排演厅 | | 地 面 | 300 | 22 | 80 |
| 化妆室 | 一般活动区 | 0.75m 水平面 | 150 | 22 | 80 |
| | 化妆台 | 1.1m 高处垂直面 | 500 | | 80 |

**表 7.16** 旅馆建筑照明标准值

| 房间或场所 | | 参考平面及其高度 | 照度标准值/lx | UGR | Ra |
|---|---|---|---|---|---|
| 客房 | 一般活动区 | 0.75m 水平面 | 75 | | 80 |
| | 床头 | 0.75m 水平面 | 150 | | 80 |
| | 写字台 | 台面 | 300 | | 80 |
| | 卫生间 | 0.75m 水平面 | 1 50 | | 80 |
| 中餐厅 | | 0.75m 水平面 | 200 | 22 | 80 |
| 西餐厅、酒吧间、咖啡厅 | | 0.75m 水平面 | 100 | | 80 |
| 多功能厅 | | 0.75m 水平面 | 300 | 22 | 80 |
| 门厅、总服务台 | | 地 面 | 300 | | 80 |
| 休息厅 | | 地 面 | 200 | 22 | 80 |
| 客房层走廊 | | 地 面 | 50 | | 80 |
| 厨房 | | 台 面 | 200 | | 80 |
| 洗衣房 | | 0.75m 水平面 | 200 | | 80 |

### 7.3.1.2 利用系数计算法

1. 光通利用系数的概念

照明光源的利用系数是表征照明光源的光通量有效利用程度的一个参数，用投射到工作面上的光通量（包括直射光通和多方反射到工作面上的光通）与全部光源发出的光通量之比来表示。利用系数是灯具的光强分布、灯具效率、房间形态、室内表面反射比的函数。一般来说：

（1）灯具的光效越高，光通越集中，利用系数也越高。

（2）与灯具悬挂高度有关。悬挂越高，发射光通越多，利用系数也越高。

（3）与房间的面积及形状有关。房间的面积越大，越接近正方形，则由于直射光通越多，因而利用系数也越高。

（4）与墙壁、顶棚及地板的颜色和清洁程度有关。颜色越浅，表面越洁净，反射的光通量越多，因而利用系数也越高。

2. 计算公式

当已知利用系数 $u$ 和灯具的数量 $N$，每盏灯的光通量 $\phi$，房间面积 $S$ 后，便可由以下公式计算被照面上的平均照度。平均照度计算适应于房间长度小于宽度的 4 倍，均匀布置以及使用对称或近似对称光强分布灯具，计算公式为

$$E_{av} = \frac{uN\phi K}{S} \tag{7.5}$$

当已知 $u$、$N$、$S$ 和 $E$ 求 $\phi$ 时，则

$$\phi = \frac{SE_{av}}{KuN} \tag{7.6}$$

式中　$E_{av}$——被照面上的平均照度，lx；

　　　$u$——利用系数；

　　　$N$——灯具的数量；

　　　$\phi$——每盏灯的光通量，lm；

　　　$S$——房间面积；

　　　$K$——维护系数。

其中 $K$ 是维护系数，见表 7.17。

**表 7.17　维　护　系　数**

| 环境污染特征 | | 房间或场所举例 | 灯具最少擦拭次数/（次/a） | 维护系数值 |
|---|---|---|---|---|
| 室内 | 清洁 | 卧室、办公室、餐厅、阅览室、教室、病房、客房、仪器仪表装配间、电子元器件装配间、检验室等 | 2 | 0.80 |
| | 一般 | 商店营业厅、候车室、影剧院、机械加工车间、机械装配车间、体育馆等 | 2 | 0.70 |
| | 污染严重 | 厨房、锻工车间、铸工车间、水泥车间等 | 3 | 0.60 |
| 室外 | | 雨篷、站台 | 2 | 0.65 |

3. 计算步骤

（1）首先将所选的灯具布置好，并确定合适的计算高度。

（2）根据灯具的计算高度 $h$ 及房间尺寸 $A$、$B$ 确定室形指数 $i$ 为

$$i = \frac{AB}{h(A+B)} = \frac{S}{h(A+B)} \tag{7.7}$$

式中　$i$——房间的室形指数；

　　　$A$——房间的长；

　　　$B$——房间的宽；

　　　$S$——房间的面积；

　　　$h$——灯具的计算高度。

（3）根据所选用灯具的型号和墙壁、顶棚与地面的反射系数（表 7.18）以及室形指

数 $i$，从各种照明装置利用系数表中查出相应的光通量利用系数。

（4）确定 $K$ 值。

（5）根据规定的平均照度，按式（7.5）计算每个灯具所必需的光通量。

（6）根据计算的光通量选择每个灯具光源的功率。

表 7.18　　　　　　　　　　工作房间表面反射比

| 表面名称 | 反射比 | 表面名称 | 反射比 |
|---|---|---|---|
| 顶棚 | 0.6～0.9 | 地面 | 0.1～0.5 |
| 墙面 | 0.3～0.8 | 作业面 | 0.2～0.6 |

### 7.3.1.3　单位容量法

单位容量法是从利用系数法演变而来的，是在各种光通利用系数和光的损失等因素相对固定的条件下，得出的平均照度的简化计算方法。一般在知道房间的被照面积后，就可根据推荐的单位面积安装功率，来计算房间所需的总的电光源功率。这是一种常用的方法，它适用于设计方案或初步设计的近似计算和一般的照明计算。这对于估算照明负荷或进行简单的照明计算是很适用的，其具体方法如下。

1. 计算公式

单位容量法也叫单位安装容量法，所谓单位容量，就是每平方米照明面积的安装功率，其计算公式为

$$\sum P = \omega S \tag{7.8}$$

$$N = \sum P / P \tag{7.9}$$

式中　$\sum P$——总安装容量（功率），不包括镇流器的功率损耗，W；

　　　　$P$——每套灯具的安装容量（功率），不包括镇流器的功率损耗，W；

　　　　$N$——在规定照度下所需灯具数，套；

　　　　$S$——房间面积，一般指建筑面积，$\text{m}^2$；

　　　　$\omega$——在某最低照度值时的单位面积安装容量（功率），$\text{W/m}^2$。

2. 计算步骤

（1）根据建筑物不同房间和场所对照明设计的要求，首先选择照明光源和灯具。

（2）根据所要达到的照度要求，查相应灯具的单位面积安装容量表。

（3）将查到的值按式（7.7）、式（7.8）计算灯具数量，据此布置照明灯具数量，确定布灯方案。

### 7.3.2　灯具的布置

灯具的布置就是确定灯具在房间内的空间位置，这与它的投光方向、工作面的布置、照度的均匀度，以及限制眩光和阴影都有直接关系。灯具布置是否合理关系到照明安装容量、投资费用以及维护、检修方便与安全等。灯具的布置应根据工作面的布置情况、建筑结构形式和视觉工作特点等条件来进行。灯具的布置主要有两种方式：一是均匀布置，即灯具有规律地对称排列，以使整个房间内的照度分布比较均匀。均匀布置有正方形、矩形、菱形等方式。二是选择布置，即为适应生产要求和设备布置，加强局部工作面的照度

及防止在工作面出现阴影，采用灯具位置随工作表面安排而改变的方式。

1. 灯具的悬挂高度

灯具的悬挂高度指光源至地面的垂直距离，而计算高度则为光源至工作面的垂直距离，即等于灯具离地悬挂高度减去工作面的高度（通常取 0.75m），如图 7.13 所示。图 7.13 中 $H_0$ 为房间高度，$h_0$ 为照明器的垂度，$h$ 为计算高度，$h_l$ 为工作面高度，$H$ 为悬挂高度。垂度 $h_0$ 一般为 0.3~1.5m，通常为 0.7m；吸顶灯的垂度为零。垂度过大，既浪费材料又容易使灯具摆动，影响照明质量。

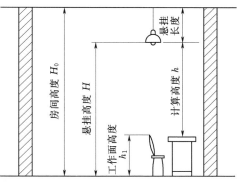

图 7.13　灯具的竖向布置

灯具的最低悬挂高度是为了限制直接眩光，且注意防止碰撞和触电危险。室内一般照明用的灯具距地面的最低悬挂高度，应不低于表 7.19 中规定的数值。当环境条件限制而不能满足规定数值时，一般不低于 2m。

表 7.19　　　　　房间内一般照明用灯具在地板面上的最低悬挂高度

| 光源种类 | 灯具形式 | 灯具保护角度/(°) | 光源功率/W | 最低悬挂高度/m |
|---|---|---|---|---|
| 白炽灯 | 搪瓷反射罩或镜面反射罩 | 10~30 | 100 及以下<br>150~200<br>300~500 | 2.5<br>3.0<br>3.0 |
| 高压汞灯荧光灯 | 搪瓷或镜面深罩形 | 10~30 | 250 及以下<br>400 及以上 | 5.0<br>6.0 |
| 碘钨灯 | 搪瓷反射罩或铝抛光反射罩 | 30 及以上 | 500<br>1000~2000 | 6.0<br>7.0 |
| 白炽灯 | 乳白玻璃漫射罩 | | 100 及以下<br>150~200<br>300~500 | 2.0<br>2.5<br>3.0 |
| 荧光灯 | | | 40 以下 | 2.0 |

当房间高度允许灯具悬挂高度高于表 7.19 中规定值时，应根据设计条件和灯具型号选择最有利的高度。

2. 室内灯具的布置方案

室内灯具的布置，与房间的结构及照明的要求有关，既要实用、经济，又要尽可能协调、美观。一般灯具的布置，通常有均匀布置和选择性布置两种，如图 7.14 所示。

（1）均匀布置。均匀布置是使灯具之间的距离及行间距离均保持一定。选择布置则是按照最有利的光通量方向及清除工作表面上的阴影等条件来确定每一个灯的位置。

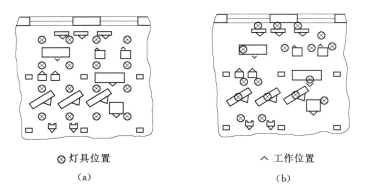

⊗灯具位置　　　　　　　　∧ 工作位置
（a）　　　　　　　　　　　（b）

图 7.14　照明灯具的布置
（a）均匀布置；（b）选择性布置

均匀布置方式适用于要求照度均匀的场合，灯具均匀布置时，一般采用正方形、矩形、菱形等形式。灯具按图 7.15 布置时，其等效灯具 L 的值计算公式为

正方形布置时

$$L = L_1 = L_2 \tag{7.10}$$

矩形布置时

$$L = \sqrt{L_1 L_2} \tag{7.11}$$

菱形布置时

$$L = \sqrt{L_1^2 + L_2^2} \tag{7.12}$$

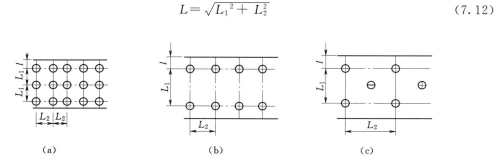

（a）　　　　　　　　（b）　　　　　　　（c）

图 7.15　水平布置的三种方案
（a）正方形；（b）矩形；（c）菱形

布置是否合理，主要取决于灯具的间距 L 和计算高度 h（灯具至工作面的距离）的比值是否恰当。$L/h$ 值小，照明的均匀度好，但投资大；$L/h$ 值过大，则不能保证得到规定的均匀度。因此，灯间距离 L 实际上可以由最有利的 $L/h$ 值来决定。根据研究，各种灯具最有利的相对距离 $L/h$ 列表于 7.20。这些相对距离值保证了为减少电能消耗而应具有的照明均匀度。

**表 7.20** 灯具间最有利的相对距离比值 (*L/h*)

| 灯 具 形 式 | 相对距离比值 | | 宜采用单行布置的房间高度 |
|---|---|---|---|
| | 多行布置 | 单行布置 | |
| 乳白玻璃圆球灯、散照型防水防尘灯、顶棚灯 | 2.3～3.2 | 1.9～2.5 | 1.3*H* |
| 无漫透射罩的配照型灯 | 1.8～2.5 | 1.8～2.0 | 1.2*H* |
| 搪瓷深照型灯 | 1.6～1.8 | 1.5～1.8 | 1.0*H* |
| 镜面深照型灯 | 1.2～1.4 | 1.2～1.4 | 0.75*H* |
| 有反射罩的荧光灯 | 1.4～1.5 | — | — |
| 有反射罩的荧光灯，带栅格 | 1.2～1.4 | — | — |

**注** 第一个数字是最有利值，第二个数字是允许值。

荧光灯的形态是不对称灯具轴线的，所以它的最大允许距离比值 *L/h* 有横向的（B—B）和纵向的（A—A）两个，见表 7.21。

**表 7.21** 荧光灯的最大允许距离比值 (*L/h*)

| 名 称 | | 型号 | 灯具效率 /% | 最大允许距离比值 | | 光通量 *F*/lm |
|---|---|---|---|---|---|---|
| | | | | A—A | B—B | |
| 简式荧光灯 /W | 1×40 | YG1—1 | 81 | 1.62 | 1.22 | 2400 |
| | 1×40 | YG2—1 | 88 | 1.46 | 1.28 | 2400 |
| | 2×40 | YG2—2 | 97 | 1.33 | 1.28 | 2×2400 |
| 密闭型荧光灯 1×40W | | YG4—1 | 84 | 1.52 | 1.27 | 2400 |
| 密闭型荧光灯 2×40W | | YG4—2 | 80 | 1.41 | 1.26 | 2×2400 |
| 吸顶式荧光灯 2×40W | | YG6—2 | 86 | 1.48 | 1.22 | 2×2400 |
| 吸顶式荧光灯 3×40W | | YG6—3 | 86 | 1.5 | 1.26 | 3×2400 |
| 嵌入式格栅荧光灯（塑料格栅）3×40W | | YG15—3 | 45 | 1.07 | 1.05 | 3×2400 |
| 嵌入式格栅荧光灯（铝格栅）2×40W | | YG15—2 | 63 | 1.25 | 1.20 | 2×2400 |

在布置一般照明灯具时，还需要确定灯具距墙壁的距离 *l*，当工作面靠近墙壁时，可采用 *l* =（0.25～0.3）*L*；若靠近墙壁处为通道或无工作面时，则 *l* =（0.4～0.5）*L*。

在进行均匀布灯时，还要考虑顶棚上安装吊风扇、空调送风口、扬声器、火灾探测器等其他建筑设备，原则上以照明布置为基础，协调其他安装工程，统一考虑，统一布置，达到即满足功能要求，顶棚又整齐划一、美观。

（2）选择性布置。选择性布置是指根据工作面的安排、设备的布置来确定。这种布灯适用于分区、分段一般照明，它的优点在于能够选择最有利光的照射方向和保证照度要求，可避免工作面上的阴影，在办公、商业、车间等工作场所内，设施布置不均匀的情况下，采用这种有选择的布灯方式可以减少一定数量的灯具，有利于节约投资与能源。

## 复习思考题

1. 什么叫光通量、发光强度、照度和亮度？单位各是什么。说明亮度与照度的差异。

2. 照明的基本要求有哪些？

3. 什么叫热辐射光源和气体放电光源？在发光原理上有什么区别。

4. 荧光灯电路中的启辉器和镇流器各起什么作用？

5. 按固定方式分类，灯具有哪几种，各适宜在何种场合使用。

6. 灯具布置的基本原则是什么？

7. 利用系数法照度计算有哪几个步骤？

# 第8章

## 安全用电与建筑防雷

本章要点

了解安全用电的基本知识及预防触电的措施；熟悉保护接地与保护接零的基本概念、接地方式及接地装置的安装；了解建筑防雷的基本知识、防雷装置及其安装。

# 8.1 安 全 用 电

随着电能在人们生产、生活中的广泛应用，使人接触电气设备的机会增多，而造成电气事故的可能性增加了。电气事故包括设备事故和人身事故两种。设备事故是指设备被烧毁或设备故障带来的各种事故，设备事故会给人们造成不可估量的经济损失和不良影响；人身事故指人触电死亡或受伤等事故，它会给人们带来巨大的痛苦。因此，应了解安全用电常识，遵守安全用电的有关规定，避免损坏设备或发生触电伤亡事故。

## 8.1.1 触电伤害的种类与形式

触电伤害的主要形式可分为电击和电伤两大类。

电击是因为直接接触带电部分，使一定的电压施加于人体，并产生一定的电流。在这个电流的作用下，人体内的组织细胞，尤其是心脏和中枢神经系统会受到破坏，从而造成伤害，这种由电流直接流过人体所造成的伤害就叫做电击。电击是内伤，是最具有致命危险的触电伤害。

电伤是一种外伤，是指皮肤局部的创伤，有灼伤、烙印和皮肤金属化三种。

此外，因电弧的辐射线作用而引起眼睛伤害，也属于电伤。

## 8.1.2 触电方式

### 1. 单相触电

单相触电是由人接触电气设备带电的任何一相所引起，其危险程度根据电压的高低、绝缘情况、电网的中性点是否接地和每相对地电容的大小等来决定。

在 1000V 以下，中性点不接地的电网中，单相触电时电流是经人体和其他两相对地的分布电容而形成通路。通过人体的电流既取决于人体的电阻，又取决于线路的分布电容。当电压比较高，线路比较长时（1～2km 以上），由于线路对地的电容相当大，即使线路的对地绝缘电阻非常大，也可能发生触电伤害事故。

在中性点接地的电网中，如果人去接触它的任何一根相线，或接触连在电网中的电气设备的任何一根带电导线，那么流经人体的电流是经过人体、大地和中性点接地电阻而形成通路。由于接地电阻一般为 $4\Omega$，它与人体电阻相比小得很多，因此施加于人体的电压接近于相电压 220V，就有可能发生严重的触电事故。

**2. 两相触电**

两相触电是指人同时接触了带电的任何两相，不管电网中性点是不是接地，人体是处在线电压 380V 之下，这是最危险的触电方式，但是这种触电方式一般发生得较少。

**3. 跨步电压触电**

触电事故也可能由于在电流入地的地点附近受到所谓"跨步电压"所引起，这样的触电事故叫跨步电压触电。跨步电压是由于绝缘损坏而从电气设备流入地中的入地电流所形成；也有因电网的一相导线折断碰地，有电流入地所造成。如果人的双脚分开站立，两脚的电位是不同的，这个电位差就叫做跨步电压。人双脚所站两点间的电位差随离开电流入地处的距离的增加而减少，在离入地处 20m 以外实际上已接近于零。

当触电者受到较高一些的跨步电压时，双脚就会发生抽筋，立即倒在地上。这不仅使作用于身体上的电压增加，也使电流经过人体的路径有可能改变到经过人体重要器官的路径，从头或手到脚。经验证明：人倒地后，即使跨步电压持续的时间仅有 2s，也会遭受较严重的电击。因此，有关电业安全工作规程中规定人们不得走近离断线入地地点的 8~10m 地段，以保障人身安全。

### 8.1.3 防止触电的基本安全措施

**1. 对于经常带电设备的防护**

根据电气设备的性质、电压等级、周围环境和运行条件，要求保证防止意外的接触、意外的接近或可能的接触。因此，对于裸导线或母线应采用封闭、高挂或设罩盖等，予以绝缘、屏护遮拦、保证安全距离的措施。应该注意对于高压设备，不论是否裸露，均应采取屏护遮拦和保证安全距离的措施。此外，还有不少情况可以采用连锁装置来防止偶然触及或过分接近带电体，一旦接触或走近时，连锁装置动作，自动切断电源。

**2. 对于偶然带电设备的防护**

操作人员对于原来不带电部分的金属外壳的接触，在任何运行情况下都是难免的，有时这种接触还是正常的操作动作，如用手摸电机外壳来试探发热情况。操作手持电动工具，则会长期接触它的外壳，如果这些设备绝缘损坏，就会有电压出现，就有遭受意外触电的危险。为了减少或消灭这种电压侵入到设备外壳的危险，可以采用保护接地和保护接零等措施；或者将不带电部分加以绝缘而采用双重绝缘结构；也可以采取使操作人员站在绝缘座或绝缘地毯上等临时措施。对于小型电动工具或经常移动的小型机组也可以采取限制电压等级的措施，以控制使用电压在安全电压的范围以内。

**3. 检查、修理作业时的防护**

在进行电气线路或电气设备的检查、修理或试验时，为预防工作人员麻痹或偶尔丧失判断能力，应采用标志和信号来帮助他们作出正确的判断。标志用来分别电气设备各部分、电缆和导线的用途，可用文字、数字和符号来表示，并用不同的颜色，以避免在运行、巡视和检修时发生错误。用红、绿灯信号向工作人员指示出电气装置中某设备运行情况；用工作牌和告示牌等向其他人员警告和指示运行及正在检修的情况。如特殊情况需要带电检修时，为避免发生触电事故，应该使用适当的个人防护用具。属于电工技术的防护用具有：绝缘台、垫、靴、手套、绝缘棒、钳、电压指示器和携带式临时接地装置等；非电工技术的有护目眼镜、安全带等。

此外，作为电气安全的任务，对于电火花和电弧可能引起的火灾和爆炸事故；对雷电或其他因素可能造成的过电压事故，都应当采取必要的预防性的安全措施。同时在电工安装和检修中可能发生的高空坠落事故；对停电不当或事故停电可能造成的其他事故；对施工机械的电器设备可能引起的机械伤害事故，也都应该给予足够的注意。

# 8.2 保护接地与保护接零

以保护人身安全为目的，把电气设备不带电的金属外壳接地或接零，叫做保护接地及保护接零。

## 8.2.1 故障接地的危害和保护措施

当电气设备发生碰壳短路或电网相线断线触及地面时，故障电流就从电器设备外壳经接地体或电网相线触地点向大地流散，使附近的地表面上和土壤中各点出现不同的电压。如人体接近触地点的区域或触及与触地点相连的可导电物体时，接地电流和流散电阻产生的流散电场会对人身造成危险。

为保证人身安全和电气系统、电气设备的正常工作需要，采取保护措施很有必要。一般将电气设备的外壳通过一定的装置（人工接地体或自然接地体）与大地直接连接。采取保护接地措施后，如相线发生碰壳故障时，该线路的保护装置则视为单相短路故障，并及时将线路切断，使短路点接地电压消失，确保人身安全。

## 8.2.2 接地的连接方式

### 1. 工作接地

在正常情况下，为保证电气设备的可靠运行并提供部分电气设备和装置所需要的相电压，将电力系统中的变压器低压侧中性点通过接地装置与大地直接相连，该方式称为工作接地。工作接地如图 8.1 所示。

### 2. 保护接地

为了防止电气设备由于绝缘损坏而造成的触电事故，将电气设备的金属外壳通过接地线与接地装置连接起来，这种为保护人身安全的接地方式称为保护接地。其连接线称为保护线（PE），保护接地如图 8.2 所示。

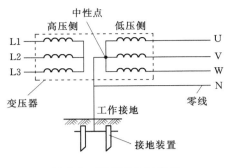

图 8.1  工作接地示意图

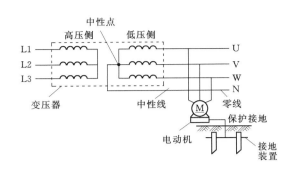

图 8.2  保护接地示意图

**3. 工作接零**

当单相用电设备为获取单相电压而接的零线，称为工作接零。其连接线称中性线（N）与保护线共用的称为 PEN 线。工作接零如图 8.3 所示。

**4. 保护接零**

为防止电气设备因绝缘损坏而使人身遭受触电危险，将电气设备的金属外壳与电源的中性线用导线连接起来，称为保护接零。其连接线称为保护线（PE）或保护零线。保护接零如图 8.4 所示。

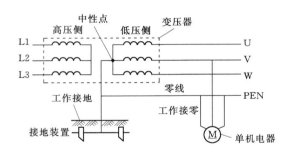

图 8.3  工作接零示意图

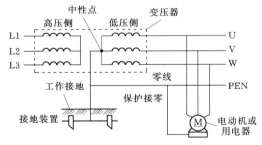

图 8.4  保护接零示意图

**5. 重复接地**

当线路较长或接地电阻要求较高时，为尽可能降低零线的接地电阻，除变压器低压侧中性点直接接地外，将零线上一处或多处再进行接地，则称为重复接地，如图 8.5 所示。

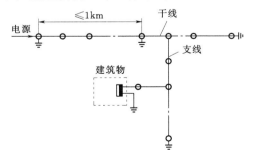

图 8.5  重复接地示意图

**6. 防雷接地**

防雷接地的作用是将雷电流迅速安全地引入大地，避免建筑物及其内部电器设备遭受雷电侵害。防雷接地如图 8.6 所示。

**7. 屏蔽接地**

由于干扰电场的作用会在金属屏蔽层感应电荷，而将金属屏蔽层接地，使感应电荷导入大地，该方式称屏蔽接地，如专用电子测量设备的屏蔽接地等。

### 8.2.3 接地装置的安装

接地体与接地线的总体称为接地装置，如图 8.7 所示。

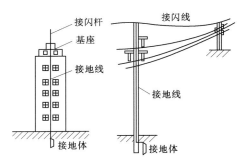

图 8.6 防雷接地示意图

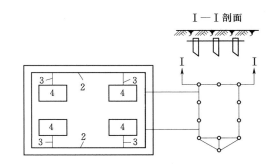

图 8.7 接地装置示意图

1—接地体；2—接地干线；3—接地支线；4—电气设备

#### 1. 接地体的安装

接地体的材料均应采用镀锌钢材，并应充分考虑材料的机械强度和耐腐蚀性能。

（1）垂直接地体的布置形式如图 8.8 所示，其每根接地极的水平间距应不小于 5m。

垂直接地体的制作如图 8.9 所示。安装垂直接地体时一般要先挖地沟，再采用打桩法将接地体打入地沟以下。接地体的有效深度不应小于 2m。

（2）水平接地体常见的形式有带型、环型和放射型等几种，如图 8.10 所示。水平安装的人工接地体，其材料一般采用镀锌圆钢和扁钢制作。采用圆钢时其直径应大于 10mm；采用扁钢时其截面尺寸应大于 $100mm^2$，厚度不应小于 4mm。其规格参数一般由设计确定。水平接地体所用的材料不应有严重的锈蚀或弯曲不平，否则应更换或矫直。水平接地体的埋设深度一般应在 0.7~1m 之间。

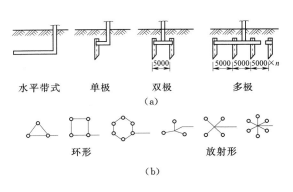

图 8.8 垂直接地体的布置形式

（a）剖面；（b）平面

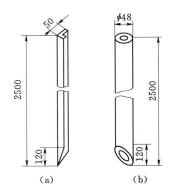

图 8.9 垂直接地体的制作（单位：mm）

（a）角钢；（b）钢管

#### 2. 接地线的安装

（1）人工接地的材料。人工接地线一般包括接地引线、接地干线和接地支线等。为了

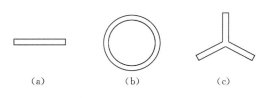

图 8.10  水平接地体
(a) 带型；(b) 环型；(c) 放射型

使接地连接可靠并有一定的机械强度，人工接地线一般均采用镀锌扁钢或镀锌圆钢制作。移动式电气设备或钢质导线连接困难时，可采用有色金属作为人工接地线，但严禁使用裸铝导线作接地线。

（2）接地干线的安装。接地干线应水平或垂直敷设（也允许与建筑物的结构线条平行）在直线段不应有弯曲现象。接地干线通常选用截面不小于 12mm×4mm 的镀锌扁钢或直径不小于 6mm 的镀锌圆钢。安装的位置应便于维修，并且不妨碍电气设备的拆卸和检修。接地干线与建筑物或墙壁间应留有 10～15mm 的间隙。水平安装时离地面的距离一般为 250～300mm，具体数据由设计决定。接地线支持卡子之间的距离：水平部分为 0.5～1.5m；垂直部分为 1.5～3m；转弯部分为 0.3～0.5m。设计要求接地的幕墙金属框架和建筑物的金属门窗，应就近与接地干线连接可靠，连接处不同金属间应有防电化腐蚀措施，室内接地干线安装如图 8.11 所示。

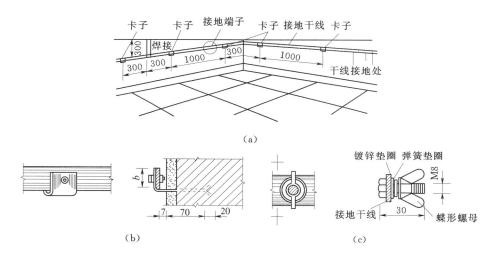

图 8.11  室内接地干线安装图（单位：mm）
(a) 室内接地干线安装示意图；(b) 支持卡子安装图；(c) 接地端子图

接地线在穿越墙壁、楼板和地坪处应加套钢管或其他坚固的保护套管，钢套管应与接地线做电气连通。当接地线跨越建筑物变形缝时应设补偿装置。

（3）接地支线的安装。

1）接地支线与干线的连接。当多个电气设备均与接地干线相连时，每个设备的连接点必须用一根接地支线与接地干线相连接，不允许用一根接地支线把几个设备接地点串联后再与接地干线相连，也不允许几根接地支线并联在接地干线的一个连接点上。

2）接地支线与金属构架的连接。接地支线与电气设备的金属外壳及其他金属构架连接时（如是软性接地线则应在两端装设接线端子），应采用螺钉或螺栓进行压接。

3）接地支线与变压器中性点的连接。接地支线与变压器中性点及外壳的连接方法，如图 8.12 所示。接地支线与接地干线用并沟线夹连接，其材料在户外一般采用多股铜绞线，户内多采用多股绝缘铜导线。

4）接地支线的穿越与连接。明装敷设的接地支线，在穿越墙壁或楼板时，应穿管加以保护。当接地支线需要加长时，若固定敷设时必须连接牢固；若用于移动电器的接地支线则不允许有中间接头。接地支线的每一个连接点都应置于明显处，便于维护和检修。

3. 自然接地装置的安装

电气设备接地装置的安装，应尽可能利

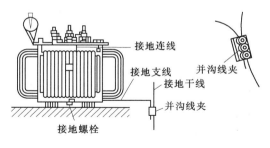

图 8.12  变压器中性点及外壳的接地线连接

用自然接地体和自然接地线，有利于节约钢材和减少施工费用。自然接地体有以下几种：金属管道、金属结构、电缆金属外皮、水工构筑物等。自然接地线有以下几种：建筑物的金属结构、生产设备的金属结构、配线用的钢管、电缆金属外皮、金属管道等。

### 8.2.4  接地装置的检验和涂色

接地装置安装完毕后，必须按电工规范要求经过检验合格方能正式运行。检验除要求整个接地网的连接完整牢固外，还应按照规定进行涂色，标志记号应鲜明齐全。明敷接地线表面应涂以 15～100mm 宽度相等的绿黄色相间条纹。在每个导体的全部长度上或在每个区间或每个可接触到的部位上宜作出标志。当使用胶带时应选择双色胶带，中性线宜涂淡蓝色标志。在接地线引向建筑物内的入口处和在检修用临时接地点处，均应刷白色底漆后标以黑色接地符号。

# 8.3  建 筑 防 雷

### 8.3.1  雷电及其危害

雷电是由雷云（带电的云层）对地面建筑物及大地的自然放电引起的，它会对建筑物或设备产生严重破坏，在雷云很低，周围又没有带异性电荷的雷云时，就会在地面凸出物上感应出异性电荷，造成与地面凸出物之间的放电。这种放电就是通常所说的雷击，这种对地面凸出物的直接雷击叫做直击雷。

除直击雷以外，还有雷电感应（或称感应雷），雷电感应分为静电感应和电磁感应两种。静电感应是由于雷云放电前在地面凸出物的顶部感应的大量异性电荷所致；电磁感应是由于雷击后，巨大的雷电流在周围空间产生迅速变化的强大电磁场所致，这种电磁场能在附近的金属导体上感应出很高的电压。

1. 直击雷的破坏作用

（1）雷电流的热效应。雷电流的数值是很大的，巨大的雷电流通过导体时，会在极短的时间内，转换成大量的热能，可能造成金属熔化、飞溅而引起火灾或爆炸。如果雷击在可燃物上，更容易引起巨大的火灾，这就是所谓雷电流在热方面的破坏作用。为了预防这方面的危害，防雷导线用钢线时，其截面积应大于 16mm；用铜线时应大于 6mm。

（2）雷电流的机械效应。雷电的机械破坏力是很大的，它可以分为电动力和非电动机械力两种。

1）电动力。电动力是由于雷电流的电磁作用所产生的冲击性机械力。在导线的弯曲部分的电动力特别大。若雷电流幅值为 100kA，导线长为 1.5m，导线直径为 5mm 时，则作用于导线上的电动力可达 5.7kN。应该注意，这个力的数值是相当大的，因此，要求尽量避免采用直角或锐角的弯曲导线设计。在一般金属物体和有足够截面积的导体上，阻抗很小，就很少见到有被雷电流机械力破坏的痕迹。但有时也发现导体的支持物被连根拔起，或导体被弯曲的情况，这就是由于这种电动力所造成的事故。

2）非电动机械力。有些雷击现象，如树木被劈裂，烟囱和墙壁被劈倒等，属于非电动机械力的破坏作用。

非电动机械力的破坏作用包括两种情况：一种是当雷电直接击中树木、烟囱或建筑物时，由于流过强大的雷电流，在瞬时内释放出相当多的能量，内部水分受热汽化，或者分解成氢气、氧气，产生巨大的爆破能力；另一种是当雷电不是直接击中对象，而是在它们十分邻近的地方产生时，它们就会遭受由于雷电通道所形成的"冲击波"所破坏。由于雷电通道的温度高达几千至几万度，使空气受热膨胀，并以超声速度向四周扩散，四周的冷空气被强烈地压缩，形成了"冲击波"。被压缩空气层的外界称"冲击波波前"，"冲击波波前"到达的地方，空气的密度、压力和温度都会突然增加；"冲击波波前"过后，该区域内的压力又降到正常的大气压力；随后压力会降到比大气压力还低。这种突然上升又突然下降的压力会对附近物体产生很强的冲击破坏作用。只要距离雷电通道不远，所有树木、烟囱、建筑设施甚至人、畜都会受雷电"冲击波"的破坏、伤害，甚至造成人、畜死亡。

（3）防雷装置上的高电位对建筑物设备的反击。根据运用防雷装置的经验，凡是设计正确并合理地安装了防雷装置的建筑物，都很少发生雷击事故。但是那些不合理的防雷装置，不但不能保护建筑物，有时甚至使建筑物更容易招致雷害事故。

防雷装置接受雷击时，在接闪器、引下线和接地体上都产生很高的电位。如果防雷装置与建筑物外的电气设备、电线或其他金属管线的绝缘距离不够，它们之间就会发生放电现象，这种情况我们称为反击。反击的发生，可能引起电气设备的绝缘被破坏、金属管道被烧穿，甚至火灾、爆炸及人身事故。

（4）跨步电压与接触电压的危害。跨步电压和接触电压是容易造成人畜伤亡的两种雷害因素。

1）跨步电压的危害。当雷电流经地面雷击点或接地体流散入周围土壤时，在它的周围形成了电压降落，构成了一定的电位分布。这时，如果有人站在接地体附近，由于两脚所处的电位不同，跨接一定的电位差，因而就有电流流过人体，通常称距离 0.8m 时的地面电位差为跨步电压。但不管哪一种情况，跨步电压对人都是有危险的。如果防雷接地体不得已埋设在人员活动频繁的地点，就应当着重考虑防止跨步电压的问题。

2）接触电压的危害。当雷电流流经引下线和接地装置时，由于引下线本身和接地装置都有电阻和电抗，因而会产生较高的电压降，这种电压降有时高达几万伏，甚至几十万伏，这时如果有人或牲畜接触引下线或接地装置，就会发生触电事故，通常称这一电压为接触电压。

2. 雷电的二次破坏作用

雷电的二次破坏作用是由于雷电流的强大电场和磁场变化产生的静电感应和电磁感应造成的。雷电的二次破坏作用能引起火花放电，因此，对易燃和易爆炸的环境特别危险。

3. 引入高电位的危害

近代电气化的发展，各类现代化设备已被广泛地应用。这些用具与外界联系的架空线路和天线，是雷击时引入高电位的媒介，因此应注意引入高电位所产生的危害。架空线路上产生高电位的原因如下：

（1）遭受直接雷击。架空线路遭受直接雷击的机会是很多的，因为它分布极广，一处遭受雷击，电压波就可沿线路传入用户。沿线路传入屋内的电压极高，这种高电压进入建筑物后，将会引起电气设备的绝缘破坏，发生爆炸和火灾，也可能会伤人。收音机和电视机用的天线，由于它常安装在较高的位置，遭受雷击也是经常发生的，而且往往引起人身伤亡事故（图8.13）。

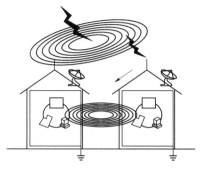

图8.13　直接雷击

（2）由于雷击导线的附近所产生的感应电压较直击雷更为频繁。感应电压的数值虽较直击雷为低，但对低压配电线路和人身安全具有同样的危害性。

4. 球雷的危害

球雷大多出现在雷雨天，它是一种紫色或灰红色的发光球形体，直径在10～20cm以上，存在的时间从百分之几秒到几分钟，一般是3～5s。球雷通常是沿地面滚动或在空气中飘行，它能够通过烟囱、开着的窗户、门和其他缝隙进入室内。它或者无声地消失；或者发生哑哑的声音；或者发生剧烈的爆炸。球雷碰到人畜，会造成严重烧伤或死亡事故，碰到建筑物也会造成严重的破坏。

对于球雷的形成以及防护方法目前还无完善的研究成果。

### 8.3.2　建筑物的防雷等级及防雷措施

防雷包括电力系统的防雷和建筑物、构筑物的防雷两部分。电力系统的防雷主要包括发电机、变配电装置的防雷和电力线路的防雷。建筑物和构筑物的防雷分工业与民用两大类，工业与民用又各按其危险程度、设施的重要性分别分成几个类型，不同类型的建筑物和构筑物对防雷的要求稍有出入。

1. 建筑物的防雷等级

根据其重要性、使用性质、发生雷电事故的可能性和后果，将工业建筑物的防雷等级分为三类。

第一类：凡建筑物中制造、使用或储存大量爆炸物品，易因火花而引起爆炸，并会造成巨大破坏和人身伤亡者。

第二类：凡建筑物中制造、使用或储存爆炸性物质，但是出现火花时不易引起爆炸或不至于造成巨大破坏和人身伤亡者。具有重大政治意义的建筑物，如重要的国家机关、宾馆、大会堂、大型火车站、大型体育馆、大型展览馆、国际机场等主要建筑物、国家级重点文物保护的建筑物。

第三类：未列入第一、二类的爆炸、火灾危险场所；根据雷击的可能性及对工业生产的影响，确定需要防雷者；高度在 15m 以上的烟囱、水塔等孤立的高耸构筑物，重要的公共建筑物如大型百货商店、大型影剧院等；按当地雷电活动情况确定需要防雷者；建筑群中高度在 25m 以上，旷野中高度在 20m 以上的建筑物。

2. 防雷装置概述

一个完整的防雷装置包括接闪器、引下线和接地装置。接闪杆是一种专门的防雷设备。接闪杆是防止直接雷击的有效方法，它既可以用来保护露天变配电装置和电力线路，也可用来保护建筑物和构筑物。应该指出，就其本质而言，接闪杆并不是避雷，而是利用其高耸空中的有利地位，把雷电引向自身来承受雷击，并把雷电流引入大地，从而保护其他设备不受雷击（图8.14）。

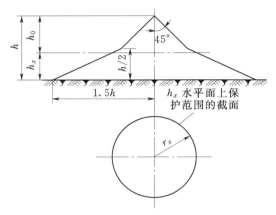

图 8.14 接闪杆

接闪线的功用和接闪杆相似，主要用来保护电力线路。这种接闪线叫架空地线，接闪线也可用来保护狭长的设施。

接闪网和接闪带主要用于工业和民用建筑物对直击雷的防护，也作为防止静电感应的安全措施。对于工业建筑物，根据防雷的重要性，可采用 6m×6m、6m×10m 的网格或适当距离的接闪带。对于民用建筑物，可采用 6m×10m 的网格。应该注意，不论是什么建筑物，对其屋角、屋脊、檐角和屋檐等易受雷击的突出部位，均应设有适当的接闪器加以防护（图 8.15）。

图 8.15 接闪带

接闪器有阀型接闪器、管型接闪器和保护间隙之分，主要用来保护电力设备，也用作防止高电压侵入室内的安全措施。接闪器装设在被保护物的引入端，其上端接在线路上，下端接地。正常时，接闪器的间隙保持绝缘状态，不影响系统的运行；当因雷击，有高压波沿线路袭来时，接闪器间隙击穿而接地，从而强行切断冲击波；当雷电流通过以后，接闪器间隙又恢复绝缘状态，以便系统正常运行。

3. 防雷措施

对直击雷的防护，可采用接闪杆、接闪网、接闪带等防雷装置。独立接闪杆有单设的接地装置，其接地电阻不得大于 $10\Omega$。如因条件限制、在建筑物或构筑物上不便直接装设独立的接闪杆时，可允许其与电器设备采用共同的接地装置，接地装置宜沿被保护物四周敷设，接地电阻不应超过 $1\Omega$。这时各接闪杆之间应用接闪带互相连接，接地引下线不得少于两根，其间距离不得大于 $18\sim30m$。应当注意，如果被保护屋面有排除爆炸性物质的管口时，接闪杆应保证足够的保护范围，并高出管口 $3m$ 以上；但如装有阻火器，可直接用管子作接闪器，而不需另设接闪杆。

沿建筑物和构筑物屋面装设的接闪网、接闪带或金属屋面除可用作对直击雷的接闪器外，还可作为防止静电感应的安全措施。当然也应该每 $18\sim30m$ 有一处接地，且不得少于两处。为了防止静电感应，建筑物内的主要金属物，如构架、设备、管道等，特别是突出屋面的金属物都应当接地。

为了防止电磁感应，平行管道相距不到 $100m$ 时，每 $20\sim30m$ 须用金属线跨接；交叉管道相距不到 $100mm$ 时，也要跨接；其他金属物之间距小于 $100mm$ 时，也应跨接。其接地装置也可以与电器设备的接地装置共用，接地电阻也不应大于 $5\sim10\Omega$。

这里所讲的防止雷电感应的措施主要是针对有爆炸危险的建筑物和构筑物，其他建筑物和构筑物一般不考虑防止雷电感应的措施。

属于高电压侵入的雷害事故是相当多的，据调查统计，低压线路上的这种雷害占总雷害事故的 $70\%$ 以上。为了防止这种雷害，最好采用电缆供电，并将电缆外皮接地；或者对架空供电线路，在进入建筑物前 $50\sim100m$ 采用电缆供电，并在架空线与电缆连接处装设阀型接闪器，邻近的几根电杆上绝缘子的铁脚亦采取接地措施；对于要求不高的建筑物，也必须将进户线电杆上绝缘子的铁脚接地。以上各项接地，只要方便，都可与电器设备的接地装置共用。其中，阀型接闪器（图 8.16）的接地电阻不应大于 $5\sim10\Omega$；绝缘子铁脚的接地电阻一般不应大于 $10\sim30\Omega$。

沿架空管道也存在高电压侵入的危险，因此架空管道接近建筑物处应采用一处或几处接地措

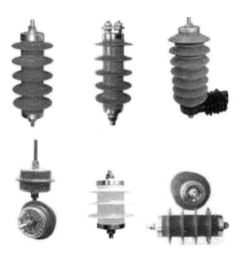

图 8.16　阀型接闪器

施，其接地电阻一般也不应大于 $10\sim30\Omega$。此外，露天放置的金属油罐或气罐也应采取接地作为防雷措施，接地点应不少于两处，其间距离不得大于 $30m$，其接地电阻一般不应大

于 30Ω。如罐内盛有爆炸性或可燃性气体或液体时，接地电阻不应大于 10Ω；如系浮动的金属罐顶则应用 25mm² 的软铜线或钢线加以跨接。

4. 防雷装置的安装

（1）接闪器。接闪器是用来接受雷电流的装置。接闪器的类型主要有接闪杆、接闪带。《建筑物防雷设计规范》（GB 50057—2010）中对防雷装置的规定如下。

1）接闪杆。接闪杆一般用镀锌圆钢或镀锌钢管制成，接闪杆的接闪端宜做成半球状，其最小弯曲半径宜为 4.8mm，最大弯曲半径宜为 12.7mm。其长度在 1m 以下时，圆钢直径不小于 12mm，钢管直径不小于 20mm。针长度在 1～2m 时，圆钢直径不小于 16mm，钢管直径不小于 25mm。烟囱顶上的接闪杆，圆钢直径不小于 20mm，钢管直径不小于 40mm。当独立烟囱上采用热镀锌接闪环时，其圆钢直径不应小于 12mm；扁钢截面不应小于 100mm，其厚度不应小于 4mm。不得利用安装在接收无线电视广播大线杆顶上的接闪器保护建筑物。

2）接闪线。架空接闪线和接闪网宜采用截面不小于 35mm² 的镀锌钢绞线，架设在架空线路上方，用来保护架空线路避免遭雷击。

3）接闪带。接闪带是沿建筑物易受雷击的部位（如屋脊、屋角等）装设的带形导体。明敷接闪导体固定支架的间距不宜大于表 8.1 的规定。固定支架的高度不宜小于 150mm。

表 8.1　　　　　　　　　明敷接闪导体和引下线固定支架的间距

| 布　置　方　式 | 扁形导体和绞线固定支架的间距/mm | 单根圆形导体固定支架的间距/mm |
|---|---|---|
| 安装于水平面上的水平导体 | 500 | 1000 |
| 安装于垂直面上的水平导体 | 500 | 1000 |
| 安装于从地面至高 20m 垂直面上的垂直导体 | 1000 | 1000 |
| 安装在高于 20m 垂直面上的垂直导体 | 500 | 1000 |

（2）引下线。防雷引下线分明装和暗装两种。

明装时一般采用直径 8mm 的圆钢或截面 12mm×4mm 的扁钢，厚度不小于 4mm。装设在烟囱上的引下线，其尺寸不应小于圆钢直径为 12mm；扁钢截面为 100mm²；扁钢厚度为 4mm。建筑物表面的金属构件，如消防梯、金属烟囱、钢爬梯等均可作为引下线，但应将各部件连成电气通路。明装引下线应沿建筑物外墙敷设，距墙面 15mm，固定支架间距不应大于 2m，敷设时应保持一定的松紧度，从接闪器到接地装置，引下线的敷设应尽量短而直。若必须弯曲时，弯角应大于 90°。引下线应敷设于人们不易触及之处。由地下 0.3m 到地上 1.7m 的一段引下线应加保护设施，以避免机械损坏。

暗装时引下线的截面应加大一级，要与墙内其他金属构件保持距离。建筑物宜利用钢筋混凝土屋顶、梁、柱、基础内的钢筋作为引下线。若利用钢筋混凝土中的钢筋作引下线时，最少应利用 4 根柱子，每柱中至少用 2 根主筋。构件内有箍筋连接的钢筋或成网状的钢筋，其箍筋与钢筋、钢筋与钢筋应采用土建施工的绑扎法、螺丝、对焊或搭焊连接。单根钢筋、圆钢或外引预埋连接板、线与构件内钢筋应焊接或采用螺栓紧固的卡夹器连接。构件之间必须连接成电气通路。其上部（屋顶上）应与接闪器焊接，下部在室外地坪下

0.8～1m 处焊出一根直径 12mm 或截面 40mm×4mm 的镀锌导体，此导体伸向室外距外墙皮的距离宜不小于 1m，并应符合下列要求：当钢筋直径为 16mm 及以上时，应利用两根钢筋（绑扎或焊接）作为一组引下线；当钢筋直径为 10mm 及以上时，应利用 4 根钢筋（绑扎或焊接）作为一组引下线。

采用多根引下线时，为了便于测量接地电阻以及检查引下线、接地线的连接状况，宜在各引下线距地面 0.3～1.8m 之间设置断接卡。当利用钢筋混凝土中的钢筋、钢柱作为引下线并同时利用基础钢筋作为接地装置时，可不设断接卡。但利用钢筋做引下线时，应在室外适当地点设置若干连接板，供测量接地、接人工接地体和等电位联结用。当利用钢筋混凝土中钢筋作引下线并采用人工接地时，应在每根引下线距地面不低于 0.3m 处设置具有引下线与接地装置连接和断接卡功能的连接板。

（3）接地装置。建筑物宜优先利用钢筋混凝土中的钢筋作为防雷接地装置，当不具备条件时，应采用圆钢、钢管、角钢或扁钢等金属体做人工接地体。

1）自然接地体。利用埋于地下，有其他功能的金属物体，作为防雷保护的接地装置。比如：直埋铠装电缆金属外皮、直埋金属水管或工艺管道等。

2）基础接地。当基础采用硅酸盐水泥和周围土体的含水量不低于 4％及基础的外表面无防腐层或有沥青质防腐层时，宜利用基础内的钢筋作为接地装置。利用建筑物基础中的结构钢筋作为接地装置，既可达到防雷接地又可节省造价。筏片基础最为理想。独立基础，则应根据具体情况确定，以确保电位均衡，消除接触电压和跨步电压的危害。

3）人工接地体。专门用于防雷保护的接地装置。分垂直接地体和水平接地体两类。当基础的外表面有其他类的防腐层且无桩基可利用时，宜在基础防腐层下面的混凝土垫层内敷设人工环形接地体。垂直接地体可采用直径不小于 20mm 的钢管、直径不小于 14mm 的圆钢、截面积不小于 90mm² （厚度不小于 3mm）的扁钢或 L50×3 的角钢做成。长度均为 2.5m 一段，间隔 5m 埋一根，顶端埋深不小于 0.5m，用接地连接件或水平接地体将其连成一体。距建筑物墙体或基础不小于 1m。水平接地体和接地连接件可采用截面积不小于 90mm² 的扁钢或截面积不小于 78mm² 的圆钢做成，埋深不宜小于 0.6m。其他材料的要求参考规范执行。

埋于土壤中的人工垂直接地体宜采用热镀锌角钢、钢管或圆钢；埋于土壤中的人工水平接地体宜采用热镀锌扁钢或圆钢。接地线应与水平接地体的截面相同。接地装置埋在土壤中的部分，其连接宜采用焊接，在焊接处应做防腐处理。

## ❓ 复习思考题

1. 简述接地体的分类及安装要求。
2. 接地干线有什么安装要求？接地支线安装分为哪几种情况？
3. 接地装置的涂色有什么要求？
4. 简述防雷装置的组成及作用。
5. 简述利用建筑物钢筋做防雷装置时，钢筋的做法及要求。

# 第9章

## 建筑弱电系统

本章要点

了解有线电视系统、火灾自动报警系统和智能建筑综合布线系统。

# 9.1　有　线　电　视　系　统

## 9.1.1　概述

### 1. 定义与分类

自 20 世纪 40 年代末期，国外就建立了 CATV 系统，它早期称为公用天线电视系统，主要用于住宅建筑，可接收几套开路电视信号，播放 1～2 套录像节目。后来又发展为可接收数套开路电视节目和几十套闭路电视节目，还可进行视频点播系统的业务，由用户随意点播想要欣赏的电视节目；还可用来进行数据传输和信息传输。目前 CATV 系统已在各类建筑中广泛应用，如住宅建筑、宾馆建筑、病房建筑、教学建筑、办公建筑、候车与候船及候机建筑等。

有线电视系统是采用缆线作为传输媒质来传送电视节目的一种闭路电视系统（CATV 共用天线电视 Community Antenna Television 系统，或电缆电视 Cable Television 系统）。它以有线的方式在电视中心和用户终端之间传递声、像信息。所谓闭路，指是不向空间辐射电磁波。

### 2. 有线电视系统的构成

（1）基本组成。有线电视系统一般由接收信号源、前端处理、干线传输、用户分配和用户终端几部分组成，而各个子系统包括多少部件和设备，要根据具体需要来决定，如图 9.1 所示。

1）接收信号源。通常包括卫星地面站，微波站，无线接收天线，有线电视网，电视转播车，录像机，摄像机，电视电影机，字幕机等。

2）前端设备。前端设备是接在接收天线或其他信号源与有线电视传输分配系统之间的设备。它对天线接收的广播电视、卫星电视和微波中继电视信号或自办节目设备送来的电视信号进行必要的处理，然后再把全部信号经混合网络送到干线传输分配系统。

3）干线传输系统。干线传输系统是指把前端设备输出的宽带复合信号传输到用户分配网络的一系列传输设备，主要有各类干线放大器和干线电缆或光缆。

4）用户分配网络。用户分配网络是连接传输系统与用户终端的中间环节。主要包括延长分配放大器，分配器，串接单元，分支器，用户线等。

5）用户终端。用户终端是有线电视系统的最后部分，它从分配网络中获得信号。在双向有线电视系统中，某用户终端也可能作为信号源，但它不是前端或首端。每个用户终端都装有终端盒。简单的终端盒有接收电视信号的插座，有的终端分别接有接收电视、调频广播和有线广播信号插座。

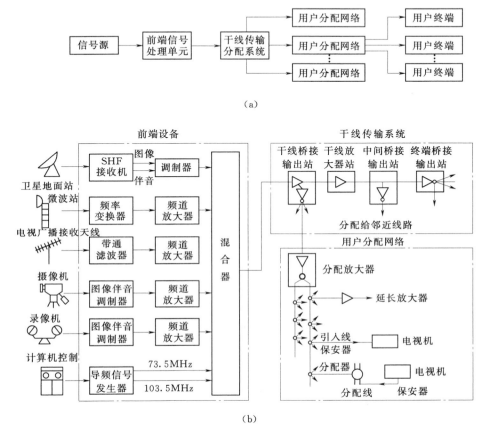

图 9.1　有线电视系统的基本组成
(a) 组成框图；(b) 实例

（2）基本类型。按系统规模和用户数量来分，有线电视有大型、中型、中小型和小型系统。

按功能分，有线电视系统有一般型和多功能型两种。一般型 CATV 系统只传送电视节目和 FM 广播。而多功能型 CATV 系统是一种宽带综合网络，除具有一般型 CATV 系统的功能外，还能满足通信、信息、监控、报警、综合服务等多种业务的需要。

### 9.1.2　传输系统

1. 传输媒质

（1）射频同轴电缆。同轴电缆是用介质使内、外导体绝缘且保持轴心重合的电缆，其基本结构是由内导体（单实心导线/多芯铜绞线），绝缘体（聚乙烯、聚丙烯、聚氯乙烯/

实心、半空气、空气绝缘），外导体（金属管状、铝塑复合包带、编织网或加铝塑复合包带）和护套（室外用黑色聚乙烯、室内用浅色的聚氯乙烯）四部分组成。

（2）光缆。光波在光纤中的传播是光缆传输的基础。光纤是像头发丝那样细的传输光信号的玻璃纤维，又称光导纤维，它由两种不同的玻璃制成。构成中心区的是光密物质，即折射率较高的、低衰减的透明导光材料，成为纤芯；而周围被光疏物质所包围，即折射率较低的包层。纤芯与包层界面对在纤芯中传输的光形成壁垒，将入射光封闭在纤芯内，光就可在这种波导结构中传输。

**2. 传输设备**

（1）放大器。在电缆传输系统中使用的放大器主要有干线放大器，干线分支（桥接）放大器和干线分配（分路）放大器。在光缆传输系统中要使用光放大器。

（2）均衡器（EQ）。在有线电视的信号传输过程中，为使各频道信号的电平差始终保持在规定的范围内，通常要采用均衡措施；否则各级积累的电平差会使系统产生严重的交互调干扰。

均衡器是一个频率特性与电缆相反的无源器件，通常为桥四端网络。在工作频带内，最高频率信号通过均衡器的电平损耗成为插入损耗；最低频率信号通过的电平损耗与插入损耗之差称为最大均衡量。

（3）光端机。包括光发射机和光接收机，它有单路和多路两类。单路光端机主要用于电视台机房与发射塔之间，多路光端机主要用于有线电视网。

（4）其他设备。

1）光分路（耦合）器。光分路就是指光从一根光纤输入，分成若干根光纤输出。其原理是利用光纤芯外的衰减场相互耦合，使光功率在两根光纤中相互转换，

2）光纤活动连接器。光纤链路的接续，可分为永久性的和活动性的两种。永久性的接续，大多采用熔接法、粘接法或固定连接器来实现；活动性的接续，一般采用活动连接器来实现。光纤活动连接器（活接头、光纤连接器）是用于连接两根光纤或光缆形成连续光通路的可以重复使用的无源器件，已经广泛应用在光纤传输线路、光纤配线架和光纤测试仪器、仪表中，是目前使用数量最多的光无源器件。

### 9.1.3 分配系统

**1. 作用**

分配系统的作用主要是把传输系统送来的信号分配至各个用户点。

分配系统由放大器和分配网络组成。分配网络的形式很多，但都是由分支器或分配器及电缆组成。

**2. 特点**

分配系统考虑的主要问题是高效率的电平分配，其主要指标是交互调比、载噪比、用户电平（系统输出口电平）等。分配系统具有如下特点：

（1）用户电平和工作电平高。这是有线电视系统中唯一需要高电平工作的地方。只有这样，才能提高分配效率，增加服务数。通常用户电平可取 $70\text{dB}\mu\text{V}$。

（2）系统长度短，放大器级联级数少（通常只有一二级），且放大器可不进行增益和

斜率控制。

### 9.1.4 用户终端

1. 常用终端技术

（1）有线电视接收机方式。这是一种专用接收技术，它在接收机内部采用特殊的电路和处理方法，使它既能收看普通电视信号，也能收看邻频信号或增补频道节目，甚至可收看付费电视。

（2）集中群变换方式。以某一集中区域为单元，用一个电视频率变换站来控制该区域中的用户终端。这种方式只是一种过渡方式，对付费电视不好管理，因此用得很少。

（3）机上变换方式。这种方式以用户为单元，在其电视接收机前加装机上变换器。

（4）电视接收机直接收看方式。这是目前常用的一种方式，虽然质量不很好，节目容量有限，但这是一种最简单的方法。

2. 机上变换器

机上变换器通常采用高中频的双变频方式或解调—调制方式。

1）高中频双变频式机上变换器。该方式的组成如图 9.2 所示，第一本振可调，选台就是通过改变第一本振实现的。目前生产的变换器多是此种类型。这种变换器技术要求低，成本也低。缺点是无视频，音频信号，不能通过变换器对音量、对比度、亮度等进行调节。

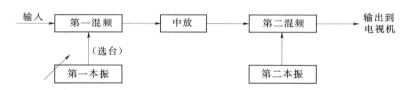

图 9.2　高中频双变频式机上变换器的组成

2）解调—调制式机上变换器。这种变换器的组成原理如图 9.3 所示。其最大的优点是：有视频、音频信号；可通过变换器对音量、亮度等进行调节。但由于功能多，指标高，因此价格较贵。这是一种很有发展前途的变换器。

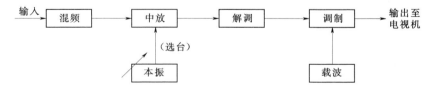

图 9.3　解调—调制式机上变换器组成原理图

# 9.2　火灾自动报警系统

火灾自动报警系统的常用设备有火灾探测器、火灾报警控制器等。火灾探测器是火灾自动报警系统的最基本和最关键的部件之一，能不间断地监视和探测被保护区域火灾的初期信号。火灾报警控制器是火灾自动报警系统的核心部分，既可以独立构成自动监测报警系统，也可以与灭火设备、连锁减灾设备构成完整的火灾自动报警系统。消防联动控制系统可在火灾报警控制器的联动控制下，起到减灾灭火的联动系统。

相对于建筑物自动化系统的其他系统，由于管理体制和涉及人身与建筑安全的原因，火灾自动报警与消防联动控制系统相对独立，只通过接口由中央监控系统对其进行二次监测，这也是有将火灾自动报警与消防联动控制系统分为独立的自动化系统 FAS（Fire Automationsvstem）的原因。

在我国，火灾自动报警与消防联动控制系统的研究、生产和应用起步较晚但发展迅速，国家有关部门对建筑火灾防范和消防极为重视，特别在《建筑设计防火规范》（GB 50016—2014）、《高层民用建筑设计防火规范》（GB 50045—1995）（2005 年版）、《火灾自动报警系统设计规范》（GB 50116—2013）、《火灾自动报警系统施工及验收规范》（GB 50166—2007）等消防技术法规的出台和强制性执行以来，火灾自动报警与消防联动控制系统在国民经济建设中，特别是在现代的工业、民用建筑的防火工作中，发挥了越来越重要的作用，已成为现代建筑不可缺少的安全技术设施。

现代建筑对火灾自动报警与消防联动控制系统最基本的要求是：

（1）在保护范围内，具有灵敏、可靠的火灾信息检测与报警功能。

（2）具有能够发出特殊声、光报警信号并显示火灾区域的警报系统。

（3）具有能够实现与消防系统联动控制的功能，即在火灾时，能够自动启动相应的消防设备或消防系统。

（4）具有独立于正常电源的供电系统，确保火灾时对整个系统的供电。

（5）具有对系统中各器件进行巡检、状态监视、故障诊断的功能。

（6）具有通信功能，能实现系统内部各分区的数据传送，能实现系统与中央监控系统的通信。

火灾自动报警与消防联动控制系统一般由触发器件、火灾报警控制装置、火灾警报、消防联动控制装置和电源等部分构成，有的系统还包括消防控制设备。

### 9.2.1　触发器件

无论任何系统，要实现对故障的防范、对受控对象的调节，必须有效地获取故障或受控对象的特征信息或参数。在自动控制系统中，用各种不同类型的传感器监测故障或受控对象的特征信息。在火灾自动报警系统中，用于检测火灾特征信息，产生火灾报警信号的器件称为触发器件，包括火灾探测器和手动火灾报警按钮。

火灾探测器是指能够感受到火灾特征信息，例如高温、浓烟、火焰辐射、强光、有害气体和可燃气体浓度等的特殊传感器。对应地，火灾探测器有感温火灾探测器、感烟火灾探测器、感光火灾探测器、气体火灾探测器、复合火灾探测器等 5 种基本类型。火灾探测器是火灾自动报警系统中应用量最大、应用面最广、最基本的触发器件，不同类型的火灾探测器适用于不同类型的火灾和不同的场所，可按照现行有关国家标准的规定合理选择经济适用的火灾探测器。

### 9.2.2 火灾报警控制装置

在火灾自动报警系统中用以接收、显示和传递火灾报警信号，并能发出控制信号和具有其他辅助功能的控制指示设备称为火灾报警控制装置。这类装置中，最典型、最基本的一种是火灾报警控制器，还有一些报警装置，如区域显示器、火灾显示盘、中继器等，只具有火灾报警控制装置所要求的部分功能，在特定的应用条件下，可作为火灾报警装置，一般情况下，可将其作为火灾报警控制器的演变或补充。

火灾报警控制器是火灾自动报警系统中的核心，一般应具备以下功能：

（1）具备自动接收、显示和传输火灾报警信号的功能，对火灾探测器的报警信号实施统一管理和自动监控。

（2）采用模块式、结构化的系统结构控制功能。

（3）具备独立于市电电源的供电系统能够根据建筑功能发展与变化实现相应的火灾报警确保系统能够随时运行，并为火灾探测器提供电源。

（4）具备对自动消防设备发出控制信号，启动消防设备运行的功能，即消防控制联动功能。

（5）具备对火灾报警系统中各器件进行巡检、状态监视、故障自动诊断的功能。

（6）具备较为完善的通信功能，可实现系统内部各区域之间的数据传送，也能实现系统与其他自动化系统、中央监控系统的通信。

火灾报警控制器一般分为区域火灾报警控制器、集中火灾报警控制器、控制中心火灾报警控制器三种基本类型，但随着模拟量火灾探测器的应用，总线制控制技术的发展，智能化火灾探测报警系统的逐渐应用，火灾报警控制器已不再分为区域、集中和控制中心三种类型，而统称为火灾报警控制器。

### 9.2.3 火灾警报装置

所谓火灾警报装置是指在火灾自动报警系统中，能够发出区别于一般环境声、光的警报信号的装置，用以在发生火灾时，以特殊的声、光、音响等方式向报警区域发出火灾警报信号，警示人们采取安全疏散、灭火救灾措施。

### 9.2.4 消防联动控制装置

在火灾自动报警系统中，当接收到来自触发器件的火灾报警信号时，能够自动或手动启动相关消防设备并显示其运行状态的装置设备，称为消防联动控制装置。现代的火灾自动报警系统，都要求具有消防联动控制功能。按建筑消防的功能要求和消防设备配置，联动控制系统主要有消防控制系统和灭火系统的控制装置，消防控制系统包括防火系统（防火门、防火卷帘、防火水幕、挡烟垂壁等）、防、排烟系统、火灾应急照明与疏散指示标志、火灾及时广播，消防状态下的电梯运行控制；灭火控制系统包括自动喷淋系统、消防栓泵系统等水灭火系统和气体灭火系统等。

消防联动控制装置一般设在消防控制中心，以便实行集中统一控制，统一管理，也有将消防联动控制装置设在被控消防设备所在现场，但其动作信号则必须返回消防控制室，实行集中与分散相结合的控制方式。

### 9.2.5　电源

火灾自动报警系统对供电的要求较高，除主电源外，还要求配备独立的备用电源，其主电源由消防电源双回路电源自动切换箱提供，备用电源采用蓄电池，主电源和备用电源能自动切换。系统相关的消防控制设备的供电也由系统电源提供，在进行供配电设计时要考虑火灾自动报警系统的供电电源。

### 9.2.6　火灾自动报警系统的基本形式

在早期的火灾自动报警与消防连动系统中，触发器件与火灾自动报警系统采用 N+1 连线方式，即系统中有 N 个触发器件，就需有 N+1 条导线连到报警系统，这种方式使系统中的连线数量庞大，设计、施工极为不便，故障率较高。随着电子技术和微机控制技术的发展，对触发器件采用数字式地址编码，引入总线概念，将触发器件的输出信号以数字传输方式送到报警系统，根据编码地址识别触发器件，这种方式大大减少了系统连线，简化了系统结构，极大地推动了火灾自动报警系统的应用；在系统总线的基础上和现场通信功能的支持下，自动报警系统采用自动循环检测方式主动检测触发器件的状态，同时触发器件的性能也有所改善，这两项措施提高了火灾自动报警系统的可靠性和报警准确性，是目前应用最多的火灾自动报警系统基本工作方式。

根据现行国家标准《火灾自动报警系统设计规范》（GB 50116—2013）规定，火灾自动报警系统的基本形式有三种：区域报警系统、集中报警系统、控制中心报警系统。

（1）区域报警系统。由区域火灾报警控制器、火灾触发器件、火灾警报装置和电源组成，其系统如图 9.4 所示。

区域火灾报警系统功能较简单，火灾保护对象的规模较小，一般为二级保护对象，对消防联动控制功能的要求较低，有时甚至没有消防联动控制功能，只能够为局部区域或为放置某一特定设备的空间范围提供服务，其应用特点是体积小，可挂墙安装，可不设专门的消防值班室，由其他有人值守的房间代替。

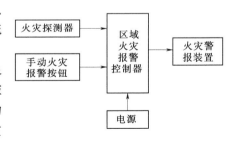

图 9.4　区域报警系统示意图

（2）集中报警系统。由集中火灾报警控制器、区域火灾报警控制器、火灾触发器件、火灾警报装置、区域显示装置和电源组成。

集中火灾报警系统的功能较全，系统构成较复杂。如图 9.5 所示，火灾信息仍然由火灾触发装置输送到区域报警控制器，火灾保护对象由一个个区域报警控制器进行监控，区域报警控制器对火灾触发装置的信号进行处理后，再将火灾报警信号输送到集中火灾报警控制器，由集中报警控制器识别并显示火灾报警来自哪一个区域，对各个区域控制器进行管理，同时向区域控制器提供电源。集中报警控制器具有较完备的火灾连动控制功能，在火灾报警确认后，可以启动对应的消防系统或设备。集中火灾报警系统其实是由集中报警控制器为核心的分布式控制系统。集中火灾报警系统应至少包括一台集中火灾报警控制器和两台以上的区域火灾报警控制器，系统中还应有消防联动控制装置，另外集中火灾报

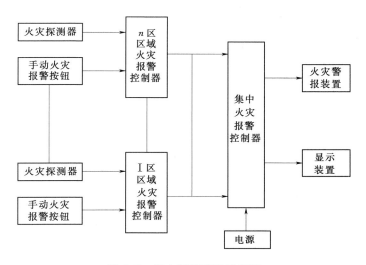

图 9.5 集中报警系统示意图

警控制器应设在有人值守的值班室内。

（3）控制中心报警系统。由区域火灾报警控制器、火灾触发器件、控制中心的集中火灾报警控制器与消防联动控制装置、火灾警报装置、区域显示装置、火灾应急广播、火灾应急照明、火警电话和电源组成，其系统如图 9.6 所示。

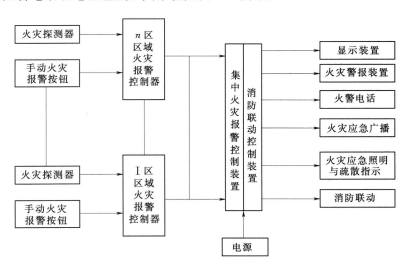

图 9.6 控制中心报警系统示意图

控制中心报警系统的功能齐全，系统构成复杂。控制中心由集中火灾报警控制器与消防联动控制装置构成，如图 9.6 所示，火灾保护对象仍然由一个个区域报警控制器进行监控，但保护范围大于集中火灾报警系统。火灾报警的功能由火灾触发装置、区域报警控制器、集中火灾报警控制器组成，火灾联动控制功能由专门的联动控制装置完成，支持复杂的消防设备或消防系统的控制，可满足消防联动控制的要求。

控制中心报警系统应至少包括一台控制中心报警，一台专用的消防联动控制器和两台以上的区域火灾报警控制器，系统应具备显示火灾报警部位和消防联动状态的功能，另外控制中心报警控制装置应设在有人值守的专门的消防值班室内。

上述三种火灾自动报警系统的基本形式是按现行国家标准《火灾自动报警系统设计规范》（GB 50116—2013）的规定分类，但在电子技术和计算机控制技术快速发展的时代，三种基本形式的界定已非常模糊，也没有必要对此作严格限制，实际应用时，可根据保护对象的性质、特点、规模和投资力度等综合考虑，选择合适的火灾自动报警系统。

火灾自动报警与消防联动控制系统是用来保护人身安全与建筑安全的系统，不同保护对象的使用性质、火灾危险性、疏散扑救难度等也不同，要根据不同情况和火灾自动报警系统设计的特点与实际需要，有针对性地采取相应的防护措施，国内外都对安装的火灾自动报警系统作了具体的甚至是强制性执行的规定。在设计或选择火灾自动报警系统时，要按现行国家标准《火灾自动报警系统设计规范》（GB 50116—2013）中的规定，确定保护对象的"级别"，确定火灾探测器安装的范围、数量、位置，确定火灾探测区域和报警区域，选择合适的火灾自动报警系统形式，并按建筑消防系统的要求，设计相应的消防联动控制系统。总而言之，火灾自动报警与消防联动控制系统的设计、安装、施工都要满足国家有关现行规范或标准。

## 9.3　智能建筑与综合布线

近十几年来，城市建设及工业企业通信副业发展迅速。电话、计算机、电视普及率逐年增长。在以前的建筑物弱电系统布线中，用户电话、计算机系统、广播、电视通常是各成体系，各自布线的。例如，电话用双绞线，计算机通常用同轴电缆。使用的接头，插座也各不相同。这样在高层建筑或大的建筑群中，布线较复杂，如果办公室重新规划或增加设备，就要使布线重新敷设，造成资源浪费。

现代建筑中，要实现智能建筑的各种功能，一栋建筑内各个系统内部、各个系统之间有大量的信息要传输和交换，为此必须在建筑内安排布置相应的电气设备控制网络和通信网络，安排布置这些网络不能采用传统的布线方式，必须按建筑物自动化的要求，一体化地综合考虑，才能经济而有效地发挥各个系统的功能。目前办公大楼的标准化综合布线已经非常普遍。

### 9.3.1　智能建筑综合布线系统的概念

由于计算机技术、通信技术的迅速发展，要求建筑内的通信网络提供的服务需求愈来愈多，各种通信设备也愈来愈多，不同设备信息传输的方式、速率不完全相同，不同设备与通信网络的接口也不完全相同，如果为每一种信息传输方式在建筑内构造一个通信网络，既不经济，也不现实。另外，通信服务的需求和通信设备增多，也使建筑内的用户会经常调整、改变用户终端设备，如果为这种变化要重新布线，会很不经济，也不现实。正是在这样的应用环境需求下，产生了综合布线的概念和综合布线系统。

综合布线是一种设计概念。其基本思想就是在建筑内构筑一个统一的通信网络，该网络能够支持模拟、数据、多媒体等不同信息的通信方式，不同的数据传输设备和用户终端设备可通过标准的信息插座直接连接；同时，将建筑空间划分区域，每一个区域都有通信网络连接，并设置标准的信息插座，这样，在信息传输方式改变、用户终端设备的位置或形式发生变化时，不用改变布线结构，就可方便地实现要求的通信服务。

综合布线系统是实施综合布线设计概念的具体网络，是一种在建筑物和建筑群中进行综合数据信息传输的网络系统。综合布线系统采用模块化、标准化、开放式的布线产品，把建筑物内的语音交换、数据处理设备及其他广义的数据通信设施相互连接起来，并通过必要的网络通信设备与建筑物外部公用数据网络或电话网络相连，实现与建筑外的信息传输。

综合布线系统组成包括实现建筑物和建筑群内部的数据通信设施相互连接的传输介质和相关的连接器件，以及电气保护设备等。

综合布线系统通过防调各类系统和局域网之间的接口和协议，为智能建筑中的 CAS、BAS 和 OAS 三大子系统提供了高效、高速的信息传输通道，把原来相对独立的资源、功能和信息等集合到一个相互关联、协调统一的完整系统中，从而实现智能系统的集成。

综合布线系统考虑了建筑物与建筑群中所有通信设备在现在或将来的信息传输要求，采用模块化、标准化、开放式的布线系统是其最主要的特点，可支持模拟与数字语音系统、图文传输系统、电视会议与保安监视系统的视频信号、有线电视宽带视频信号、BAS系统的各种传感器信号和控制信号等的信息传输要求，是实现建筑智能化必备的基础设施。

综合布线系统相当于在建筑物与建筑群中构筑了一个信息高速公路网络，至于在建筑内安装何种设备、传输何种信息、增加何种系统，只需根据实际的需要、时间和发展来选择，而不必再增加系统、增加或改变传输的信息的类型时重新构筑传输系统。

### 9.3.2　智能建筑综合布线系统的特点

综合布线与传统布线系统相比，要满足建筑物与建筑群中所有通信设备在现在或将来的信息传输要求，要能够根据实际的需要增加或改变传输信息的类型。这是一个全新的概念，综合布线系统有以下特点。

1. 兼容性

兼容性是综合布线系统最突出的特点。兼容性包括两个方面，一是综合布线系统是独立的，与应用对象相对无关；二是综合布线系统具有广泛的适用性，适用于多种信息传输系统。

综合布线系统通过统一的规划和设计，采用标准的传输介质、信息插座、交联设备、适配器等将语音信号、数据信号及监控设备的图像信号的传输综合到一套标准的布线系统中。它不仅解决了建筑物中语音、数据、视频信号的兼容问题，而且布线系统的设计、安装、调试可一次完成，大大减少了重复费用，系统维护也更方便。使用时，只要将用户的终端设备插入信息插座，在交联设备上进行跳线操作即可将终端设备接入系统，而不必考虑终端设备是数字式设备，还是模拟式设备，或者是视频设备，更无需敷设新的线缆。

2. 开放性

开放性是指综合布线系统符合多种国际上流行的布线标准，几乎对所有著名厂商的产品都是开放的，这些产品都可在综合布线系统的支持下有效运行；综合布线系统几乎对所有通信协议也是开放的，例如支持 EIA—232、RS—422、RS—423，ATM 异步传送等各类串行通信协议，支持铜缆分布式数据接口 CDDI、光缆分布式数据接口 FDDI，支持宽带综合业务数字网 B—ISDN，支持 Ethemet 和 Novell 网的通信协议等。

按传统的布线方式，在用户选定某种设备时，基本上也选定了适合于该设备的布线方式和传输介质，如果更换另一种设备，相应的布线也需要全部更换。对于已经竣工投入使用的建筑物，这种变化是十分麻烦的，不仅要增加投资，破坏建筑的装饰，布线施工时甚至会影响建筑的正常使用，带来间接的损失。

3. 灵活性

综合布线的灵活性体现在设备更改、增减灵活与组网灵活，因为综合布线系统的信息通道都是通用的，可以自由地增减、改变用户终端设备、甚至是采用不同通信协议的设备而无需改变布线，因为在综合布线系统中所有的信息系统皆采用相同的传输介质和相同的网络拓扑结构，每条通道可支持电话、传真、多用户终端，这些设备的开通及更改，均不需改变系统布线，只需增减相应的网络设备以及进行必要的跳线管理即可。另外，灵活性还表现在系统组网可灵活多样，甚至在同一房间内可有多个用户终端，以太网和令牌网工作站并存，为用户组织信息流提供了必要的条件。

传统的布线方式由于各个系统是封闭的，其体系结构是固定的，若要迁移设备、添加设备或更换设备，需要重新布线，不仅困难、麻烦，有时甚至是不可能的。

4. 可靠性

可靠性是指综合布线系统具有更高的运行可靠性。因为综合布线系统传输介质统一，而且采用高品质的材料和组合压接的方式构成一套高标准信息通道，要求系统所有器件的生产均通过国际标准的质量认证体系，每条信息通道都要采用专用仪器校核线路阻抗及衰减率，以保证其电气性能，也降低了故障率。综合布线应用系统全部采用点到点端接，任何一条线路故障均不影响其他线路的运行，使得线路的运行维护及故障检修变得方便，不相互影响，保障了系统的可靠运行。另外，由于系统采用统一传输介质，可互为备用，提高了备用效率，提高了系统的可靠性。

在传统的布线系统中，由于各个系统互不兼容，故在一个建筑物中往往存在多种布线方式，布线系统的可靠性取决于所选用的各个系统的可靠性。此外，若各个系统布线不当，还会造成交叉干扰，降低系统的可靠性。

5. 先进性

先进性是指综合布线系统采用了国际最新的标准，设计概念采用模块化、开放式的结构，为适应未来的发展留下了空间。综合布线系统采用极富弹性的布线概念，以光纤与双绞线混合布线方式极为合理地组成一套完整的布线系统。综合布线系统采用世界上最新通信标准，信息通道均按 B—ISDN 设计标准，按 8 芯双绞线配置，采用五类或六类双绞线，数据传输最大速率可达到 155Mbit/s，在对数据传输速率有更高要求时，可将光纤电缆铺设到桌面。光缆的高宽带特性可同时传输多路实时多媒体信息，为将来的发展提供了足够的空间。

6. 经济性

经济性是指综合布线系统性能价格比具有优势。任何系统，如果不具备合理的性能价格比，是无法得到广泛应用的。综合布线系统设备与传统布线系统设备相比，价格通常较高，但衡量一个产品或系统的经济性，应该从性能、价格两方面加以考虑。综合布线系统经济性的优势之一是可减少布线系统的线缆与设备的重复投资，减少了施工费用，缩短了工程的周期。成本分析表明在建筑内布线系统的个数大于 2.5 个时，综合布线系统费用较低；在建筑内布线系统的个数小于 2.5 个时，普通布线系统费用较低。优势之二是综合布线系统的技术储备具有很大的潜能，能够方便地解决新增设备的功能需求，在不增加新的投资的情况下，保持建筑的先进性。如果考虑建筑未来的运行费用和为满足建筑新增设备的功能需求所产生的变更费用，则综合布线系统的经济性指标要强于传统布线系统。据美国某调查公司的报告，建筑物在竣工后 40 年的费用构成为：结构费用占 11％，运行费用占 50％，变更费用占 25％，其他费用占 14％。

### 9.3.3 综合布线的部件

综合布线的组成部件主要有传输介质、配线架、信息插座、通信引出端等。传输介质主要指各种双绞线线缆、光缆、配线架跳线等，连接器主要是各类配线架、转接器等。适配器、传输电子设备和各种支持硬件设备不属于综合布线的部件。

就综合布线的部件而言，衰减值、串扰值、反射值、特性阻抗等电气参数是影响传输性能的主要因素，综合布线采用的产品必须满足相应的标准。

根据生产技术和采用材料不同，综合布线产品的传输速率不一样，按照电子工业协会/电信工业协会 EIA/TIA568 标准（ISO/IEC11801 标准），将综合布线产品分为五个等级，不同等级的产品应支持的传输速率为：一级产品要求语音和低速数据传输速率最高到 20kbit/s；二级产品要求语音和数据传输速率最高到 1Mbit/s；三级产品要求语音和数据传输速率最高到 10Mbit/s；四级产品要求语音和数据传输速率最高到 16Mbit/s；五级产品要求语音和数据传输速率最高到 155Mbit/s。具体综合布线系统支持的传输速率取决于系统中传输速率最低的部件。

1. 传输介质

综合布线系统中常用的传输介质有非屏蔽双绞线（UTP）、屏蔽双绞线（STP）、金属箔双绞线（FTP）、屏蔽金属箔双绞线（SFTP）、同轴电缆、光纤电缆等，不同的传输介质性能不同，应根据线缆用途、要求的传输容量、传输频率和带宽、价格等多方面综合考虑选择合适的传输介质。

2. 配线架

配线架不仅用来完成综合布线系统中各子系统之间的连接，而且，利用配线架可以重新安排、变更布线系统中的路线，实现对通信线路的管理。配线架是综合布线系统中的重要部件。配线架有电缆配线架和光缆配线架，以方便和不同的线缆连接。

一般配线架包含接续端子、跨接跳线、跳线架标记等。

配线架按配线类型不同分为快接跳线类和多对数配线类，快接跳线类配线架适合于信息点较少的布线系统，而多对数配线架则适合于信息点较多的布线系统。

综合布线系统中大量的线缆通过配线架连接到用户终端,为了便于现场施工和日后的管理,必须将各线缆的连接关系区分清楚,为此用"标记"来标识这些信息。综合布线使用三种标记:电缆标记、场标记和插入标记,其中插入标记最为常用。标记是综合布线系统管理的重要组成部分,一般应标记建筑物名称、位置、区号、起始点、功能等信息。

电缆标记一般采用单面不干胶贴片,可以直接贴到各种电缆表面上,通常用于标记电缆的起始地和目的地。例如,在标记规则为设备编号—机柜编号—模块编号—槽编号—线路编号时,则标记 00—02—02—00/01—1 表示该线缆连接 00 号设备、02 机柜、02 模块、00/01 线槽及 1 号线路。

### 3. 信息插座

信息插座是在水平区布线和工作区布线之间提供可管理的边界或接口。简单地说,是提供用户终端设备与信息网络的接口。信息插座由信息插座模块和插座面板组成,一般安装在墙上或地面。信息插座的种类较多,主要是与传输介质的特性相匹配,其性能要符合有关技术标准。一般有三类、五类、超五类、六类等无屏蔽或有屏蔽信息插座模块,还有光纤信息插座模块、多媒体信息插座等。

综合布线系统中的标准信息插座模块是 8 位/8 针模块化 I/O,这种 8 针结构的信息插座模块主要为单一的 I/O 设备服务,可支持设备的数据、语音、图像或者三者信息组合所需的灵活性,还可支持 ISDN(综合业务数字网)接口标准。

标准信息插座模块的一端与水平子系统的双绞线连接,另一端提供用户终端设备的 8 针插头的软线插座,用户只需将终端设备用符合标准信息插座的带有 8 针插头的软线插入信息插座,即可将终端设备接入信息网络。

### 4. 其他设备

综合布线系统还有适配器、电气保护设备、传输电子设备等设备,这些设备通常不列入综合布线设备。

综合布线系统中,适配器是用来将一些与标准信息插座模块的规格和类型不兼容的设备转换成标准信息插座模块标准的连接器件。适配器的类型很多,可实现不同的转换功能和用途。例如,在需要用一个信息插座服务于两台终端时,可采用 T 型适配器,这种适配器带有一个标准模块化插头和两个并列的模块式插座;在需要将多个工作站终端或打印机接至主机的同一端口时,可采用桥接适配器,在需要将同轴电缆与 UTP 连接时,也必须使用平衡非平衡适配器进行阻抗变换等。

电气保护设备的目的是在发生电气故障时,对布线系统中的设备和用户提供有效的防护。布线系统中主要是防止系统过电压或过电流,常见的电气保护设备有用来限制过电压引起的电磁冲击的气体放电管保护器、固态保护器等,这类保护器在结构上与配线架相配合,采用可更换的插入式保护单元,使用灵活方便。

传输电子设备主要有工作站接口设备、视频适配器和光纤多路复用器。工作站接口设备可以改善或变换来自数字设备的数字信号,使其能够沿综合布线系统中的双绞线传输。类似的还有视频适配器,可通过视频适配器将监视器、电视与综合布线子系统中的双绞线进行连接,使视频信号可以在综合布线系统中的双绞线上与其他信号进行无干扰传输。光纤多路复用器可将多路电信号转换组合成光波脉冲,利用光纤进行高速、高质量、远距离的传输，在目的地又用光纤多路复用器接收光信号并将其分离和转换为多路电信号，再将电信号传送到相应的终端。

## ❓ 复习思考题

1. 说明各种有线电视系统的区别。
2. 有线电视系统有何功用和特性？
3. 有线电视有哪些传输方式？
4. 火灾自动报警系统有哪些基本形式？
5. 现代建筑对火灾自动报警与消防连动控制系统的基本要求是什么？

第 10 章

# 建筑设备施工图

本章要点

了解建筑设备施工图的组成；熟悉室内给排水施工图、暖通空调施工图、建筑电气施工图表示的方法和内容；掌握其识读方法。

## 10.1 室内给排水施工图

### 10.1.1 建筑给排水工程施工图的组成

建筑给排水工程施工图，根据设计任务的要求，应包括图纸目录、设计说明、平面布置图，系统图（轴测图）、施工详图、主要设备材料表等。室外小区给排水工程，根据工程内容还应包括管道纵断面图、污水处理构筑物详图等。

1. 图纸目录

图纸目录应以工程单体项目为单位进行编写。一般包括工程项目的图纸目录和使用的标准图目录。

图纸图号应按下列顺序编写：

（1）系统原理图在前，平面图、系统图、详图依次在后。

（2）平面图中地下各层在前，地上各层依次在后。

2. 设计说明

设计图纸中用图线或符号表达不清楚的问题，均需用文字加以说明。如系统的形式、水量及所需水压、管材及其连接形式、管道的防腐和保温、卫生器具的类型，以及所用的标准图集、施工验收规范等。

3. 平面布置图

根据建筑规划，在设计图纸中，用水设备的种类、数量、位置、要求的水质、水量均要作出给水和排水管道平面布置；各种功能管道、管道附件、卫生器具、用水设备（如消火栓箱、喷头等），均应用各种图例（详见制图标准）表示；各种横干管、立管、支管的管径、坡度等，均应标出。平面图上管道都用单线绘出，沿墙敷设不注管道距墙面距离。一张平面图上可以绘制几种类型管道，一般来说给水和排水管道可以在一起绘制。若图纸管线复杂，也可以分别绘制，以图纸能清楚表达设计意图而图纸数量又很少为原则。

建筑内部给排水，以选用的给水方式来确定平面布置图的张数；底层及地下室必绘；顶层若有高位水箱等设备，也必须单独绘出。建筑中间各层，如卫生设备或用水设备的种类、数量和位置都相同，绘一张标准层平面布置图即可；否则，应逐层绘制。各层图面若给水、排水管垂直相重，平面布置可错开表示。平面布置图的比例，一般与建筑图相同。常用的比例尺为 1：100；施工详图可取 1：50～1：20。在各层平面布置图上，各种管道、立管应编号标明。

4. 系统图

系统图，也称"轴测图"，其绘法取水平、轴测、垂直方向，完全与平面布置图比例相同。系统图上应标明管道的管径、坡度，标出支管与立管的连接处，管道各种附件的安装标高。标高的±0.00 应与建筑图一致。系统图上各种立管的编号，应与平面布置图相一致。系统图均应按给水、排水、热水等各系统单独绘制，以便于施工安装和概预算应用。系统图中对用水设备及卫生器具的种类、数量和位置完全相同的支管、立管，可不重复完全绘出，但应有文字标明。当系统图立管、支管在轴测方向重复交叉影响识图时，可编号断开移到图面空白处绘制。

5. 施工详图

凡平面布置图、系统图中局部构造因受图面比例限制而表达不完善或无法表达的，为使施工概预算及施工不出现失误，必须绘出施工详图。通用施工详图系列，如卫生器具安装、排水检查井、雨水检查井、阀门井、水表井、局部污水处理构筑物等，均有各种施工标准图，施工详图首先采用标准图。绘制施工详图的比例，以能清楚绘出构造为根据选用。施工详图应尽量详细注明尺寸，不应以比例代尺寸。

6. 主要材料设备表

对重要工程中的材料和设备，应编制设备及主要材料明细表，应列明材料类别、规格、数量，设备品种、规格和主要尺寸。

### 10.1.2 室内给排水施工图的识读方法

阅读主要图纸之前，应当先看说明和设备材料表，然后抓住系统，以系统为线索深入阅读平面图和系统图及详图。阅读时，应三种图相互对照起来看。先看系统图，对各系统做到大致了解，看给水系统图时，可由建筑的给水引入管开始，沿水流方向经干管、立管、支管到用水设备；看排水系统图时，可由排水设备开始，沿排水方向经支管、横管、立管、干管到排出管。给水排水专业制图，常用的各种线型宜符合表 10.1 的规定。

表 10.1　　　　　　　　　　　　　线　　　型

| 名称 | 线　　型 | 线宽 | 用　　途 |
|---|---|---|---|
| 粗实线 | —————— | $b$ | 新设计的各种排水和其他重力流管线 |
| 粗虚线 | — — — — | $b$ | 新设计的各种排水和其他重力流管线的不可见轮廓线 |
| 中粗实线 | —————— | $0.75b$ | 新设计的各种给水和其他压力流管线；原有的各种排水和其他重力流管线 |
| 中粗虚线 | — — — | $0.75b$ | 新设计的各种给水和其他压力流管线的不可见轮廓线；原有的各种排水和其他重力流管线的不可见轮廓线 |

续表

| 名称 | 线 型 | 线宽 | 用 途 |
|---|---|---|---|
| 中实线 | | 0.50b | 给水排水设备、零（附）件的不可见轮廓线；总图中新建的建筑物和构筑物的不可见轮廓线；原有各种给水和其他压力流管线不可见轮廓线 |
| 中虚线 | | 0.50b | 给水排水设备、零（附）件的可见轮廓线；总图中新建的建筑物和构筑物的可见轮廓线；原有各种给水和其他压力流管线 |
| 细实线 | | 0.25b | 建筑的可见轮廓线；总图中原有的建筑物和构筑物的可见轮廓线；制图中的各种标注线 |
| 细虚线 | | 0.25b | 建筑的不可见轮廓线；总图中原有的建筑物和构筑物的不可见轮廓线 |
| 单点长划线 | | 0.25b | 中心线、定位轴线 |
| 折断线 | | 0.25b | 断开界面 |
| 波浪线 | | 0.25b | 平面图中水面线；局部构造层次范围线；保温范围示意线等 |

给水排水专业制图常用的比例，宜符合表 10.2 的规定。

表 10.2 常 用 比 例

| 名 称 | 比 例 | 备 注 |
|---|---|---|
| 区域规划图<br>区域位置图 | 1:50000、1:25000、1:10000、<br>1:5000、1:2000 | 与总图专业一致 |
| 总平面图 | 1:1000、1:500、1:300 | 与总图专业一致 |
| 管道纵断面图 | 纵向：1:200、1:100、1:50<br>横向：1:1000、1:500、1:300 | |
| 水处理厂（站）平面图 | 1:500、1:200、1:100 | |
| 水处理构筑物、设备间、卫生间、泵房平、剖面图 | 1:100、1:50、1:40、1:30 | |
| 建筑给排水平面图 | 1:200、1:100、1:150 | 与建筑专业一致 |
| 建筑给排轴测图 | 1:150、1:100、1:50 | 与相应图纸一致 |
| 详图 | 1:50、1:30、1:20、1:10、1:5、<br>1:2、1:1、2:1 | |

标高的标注方法应符合下列规定：

平面图中，管道标高应按图 10.1 的方式标注。

平面图中，沟渠标高应按图 10.2 的方式标注。

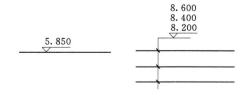

图 10.1 平面图中管道标高标注法

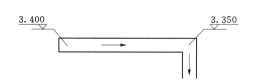

图 10.2 平面图中沟渠标高标注法

剖面图中，管道及水位的标高应按图 10.3 的方式标注。

轴测图中，管道标高应按图 10.4 的方式标注。

图 10.3 剖面图中管道及水位标高标注法　　　图 10.4 轴测图中管道标高标注法

单根管道时，管径应按图 10.5 的方式标注。

多根管道时，管径应按图 10.6 的方式标注。

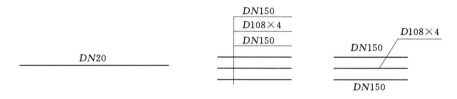

图 10.5 单管管径表示方法　　　　　图 10.6 多管管径表示方法

常见的给排水图例见表 10.3～表 10.7。

**表 10.3** 　　　　　　　　　　　　**管　道　图　例**

| 序号 | 名称 | 图　例 | 备　注 | 序号 | 名称 | 图　例 | 备　注 |
|---|---|---|---|---|---|---|---|
| 1 | 生活给水管 | —J— | | 15 | 压力污水管 | —YW— | |
| 2 | 热水给水管 | —RJ— | | 16 | 雨水管 | —Y— | |
| 3 | 热水回水管 | —RH— | | 17 | 压力雨水管 | —YY— | |
| 4 | 中水给水管 | —ZJ— | | 18 | 膨胀管 | —PZ— | |
| 5 | 循环给水管 | —XJ— | | 19 | 保温管 | | |
| 6 | 循环回水管 | —XH— | | 20 | 多孔管 | | |
| 7 | 热媒给水管 | —RM— | | 21 | 地沟管 | | |
| 8 | 热媒回水管 | —RMH— | | 22 | 防护套管 | | |
| 9 | 蒸汽管 | —Z— | | 23 | 管道立管 | XL—1　XL—1<br>平面　系统 | X：管道类别<br>L：立管<br>1：编号 |
| 10 | 凝结水管 | —N— | | | | | |
| 11 | 废水管 | —F— | 可与中水<br>水源管合用 | 24 | 伴热管 | | |
| 12 | 压力废水管 | —YF— | | 25 | 空调凝结水管 | —KN— | |
| 13 | 通气管 | —T— | | 26 | 排水明沟 | 坡向 ⟶ | |
| 14 | 污水管 | —W— | | 27 | 排水暗沟 | 坡向 ⟶ | |

**注** 分区管道用加注角标方式表示，如 $J_1$，$J_2$，$RJ_1$，$RJ_2$，…。

表 10.4　　　　　　　　　　　　　管　道　附　件

| 序号 | 名称 | 图例 | 备注 | 序号 | 名称 | 图例 | 备注 |
|---|---|---|---|---|---|---|---|
| 1 | 套管伸缩器 | 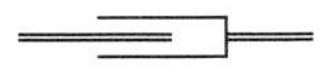 | | 12 | 雨水斗 |  YD— YD—　平面　系统 | |
| 2 | 方形伸缩器 | 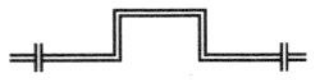 | | 13 | 排水漏斗 |  平面　系统 | |
| 3 | 刚性防水套管 | 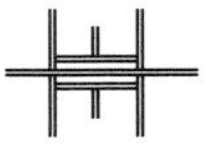 | | 14 | 圆形地漏 |  | 通用，如为无水封，地漏应加存水弯 |
| 4 | 柔性防水套管 | 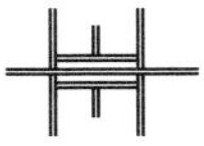 | | 15 | 方形地漏 |  | |
| 5 | 波纹管 |  | | 16 | 自动冲洗箱 |  | |
| 6 | 可曲挠橡胶接头 |  | | 17 | 挡墩 | 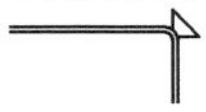 | |
| 7 | 管道固定支架 | | | 18 | 减压孔板 | 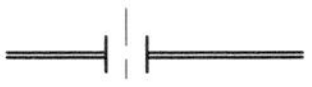 | |
| 8 | 管道滑动支架 |  | | 19 | Y形除污器 | 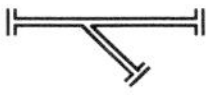 | |
| 9 | 立管检查口 |  | | 20 | 毛发聚集器 |  平面　系统 | |
| 10 | 清扫口 |  平面　系统 | | 21 | 防回流污染止回阀 | 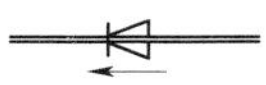 | |
| 11 | 通气帽 |  成品　铅丝球 | | 22 | 吸气阀 |  | |

表 10.5　　　　　　　　　　　　　管　道　连　接

| 序号 | 名称 | 图例 | 备注 | 序号 | 名称 | 图例 | 备注 |
|---|---|---|---|---|---|---|---|
| 1 | 法兰连接 | 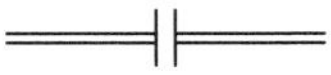 | | 7 | 三通连接 | 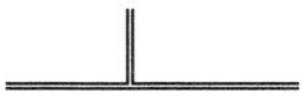 | |
| 2 | 承插连接 | 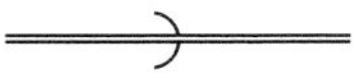 | | 8 | 四通连接 | 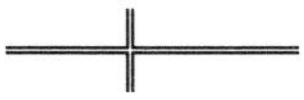 | |
| 3 | 活接头 |  | | 9 | 盲板 |  | |
| 4 | 管堵 |  | | 10 | 管道丁字上接 | 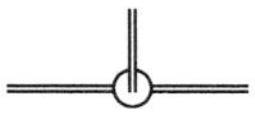 | |
| 5 | 法兰堵盖 |  | | 11 | 管道丁字下接 | 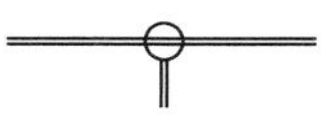 | |
| 6 | 弯折管 | 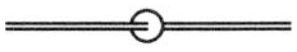 | 表示管道向后及向下弯转90° | 12 | 管道交叉 | 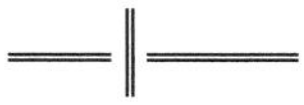 | 在下方和后面的管道应断开 |

**表 10.6** 消 防 设 施

| 序号 | 名称 | 图例 | 备注 | 序号 | 名称 | 图例 | 备注 |
|---|---|---|---|---|---|---|---|
| 1 | 消火栓给水管 | —— XH —— | | 6 | 水泵接合器 | | |
| 2 | 自动喷水灭火给水管 | —— ZP —— | | 7 | 自动喷洒头（开式） | 平面 / 系统 | |
| 3 | 室外消火栓 | | | | | | |
| 4 | 室内消火栓（单口） | 平面 系统 | 白色为开启面 | 8 | 自动喷洒头（闭式） | 平面 / 系统 | 下喷 |
| 5 | 室内消火栓（双口） | 平面 系统 | | 9 | 自动喷洒头（闭式） | 平面 / 系统 | 上喷 |

**表 10.7** 卫 生 设 备 及 水 池

| 序号 | 名称 | 图例 | 备注 | 序号 | 名称 | 图例 | 备注 |
|---|---|---|---|---|---|---|---|
| 1 | 立式洗脸盆 | | | 8 | 污水池 | | |
| 2 | 台式洗脸盆 | | | 9 | 妇女卫生盆 | | |
| 3 | 挂式洗脸盆 | | | 10 | 立式小便器 | | |
| 4 | 浴盆 | | | 11 | 壁挂式小便器 | | |
| 5 | 化验盆、洗涤盆 | | | 12 | 蹲式大便器 | | |
| 6 | 带沥水板洗涤盆 | | 不锈钢制品 | 13 | 坐式大便器 | | |
| | | | | 14 | 小便槽 | | |
| 7 | 盥洗槽 | | | 15 | 淋浴喷头 | | |

**表 10.8** 给 排 水 设 备

| 序号 | 名称 | 图例 | 备注 | 序号 | 名称 | 图例 | 备注 |
|---|---|---|---|---|---|---|---|
| 1 | 水泵 | 平面 系统 | | 7 | 快速管式热交换器 | | |
| 2 | 潜水泵 | | | 8 | 开水器 | | |
| 3 | 定量泵 | | | 9 | 喷射器 | | 小三角为进水端 |
| 4 | 管道泵 | | | 10 | 除垢器 | | |
| 5 | 卧式热交换器 | | | 11 | 水锤消除器 | | |
| 6 | 立式热交换器 | | | 12 | 浮球液位器 | | |
| | | | | 13 | 搅拌器 | | |

1. 平面图的识读

室内给排水管道平面图是施工图纸中最基本和最重要的图纸，常用的比例是1：100和1：50两种。它主要表明建筑物内给排水管道及卫生器具和用水设备的平面布置。图上的线条都是示意性的，同时管配件如活接头、补心、管箍等也不画出来，因此在识读图纸时还必须熟悉给排水管道的施工工艺。在识读管道平面图时，应该掌握的主要内容和注意事项如下：

（1）查明卫生器具、用水设备（开水炉、水加热器等）和升压设备（水泵、水箱等）的类型、数量、安装位置、定位尺寸。卫生器具和各种设备通常是用图例画出来的，它只能说明器具和设备的类型，而不能具体表示各部分的尺寸及构造，因此在识读时必须结合有关详图或技术资料，搞清楚这些器具和设备的构造、接管方式和尺寸。

（2）弄清给水引入管和污水排出管的平面位置、走向、定位尺寸、与室外给排水管网的连接形式、管径及坡度等。给水引入管上一般都装有阀门，阀门若设在室外阀门井内，在平面图上就能完整地表示出来，这时，可查明阀门的型号及距建筑物的距离。污水排出管与室外排水总管的连接，是通过检查井来实现的，要了解排出管的长度，即外墙至检查井的距离。排出管在检查井内通常采用管顶平接。给水引入管和污水排出管通常都注上系统编号，编号和管道种类分别写在直径约为8～10mm的圆圈内，圆圈内过圆心画一水平线，线上面标注管道种类，如给水系统写"给"或写汉语拼音字母"J"；污水系统写"污"或写汉语拼音字母"W"；线下面标注编号，用阿拉伯数字书写。

（3）查明给排水干管、立管、支管的平面位置与走向、管径尺寸及立管编号。从平面图上可清楚地查明是明装还是暗装，以确定施工方法。平面图上的管线虽然是示意性的，但还是有一定比例的，因此估算材料可以结合详图，用比例尺度量进行计算。

一个系统内立管较少时，仅在引入管处进行系统编号，当一个系统中立管较多时，才在每个立管旁边进行编号。

（4）消防给水管道要查明消火栓的布置、口径大小及消防箱的形式与位置。消火栓一般装在消防箱内，但也可以装在消防箱外面。当装在消防箱外面时，消火栓应靠近消防箱安装，消防箱底距地面1.10m，消防箱有明装、暗装和单门、双门之分，识读时都要注意搞清楚。除了普通消防系统外，在物资仓库、厂房和公共建筑等重要部位，往往设有自动喷洒灭火系统或水幕灭火系统，如果遇到这类系统，除了弄清管路布置、管径、连接方法外，还要查明喷头及其他设备的型号、构造和安装要求。

（5）在给水管道上设置水表时，必须查明水表的型号、安装位置以及水表前后阀门的设置情况。

（6）对于室内排水管道，还要查明清通设备的布置情况，清扫口和检查口的型号和位置。有时为了便于通扫，在适当的位置设有清扫口的弯头和三通，在识读时也要加以考虑。对于大型厂房，特别要注意是否有检查井，检查井进出管的连接方式也要搞清楚。

2. 系统图的识读

给排水管道系统图主要表明管道系统的立体走向。在给水系统图上，卫生器具不画出来，只需画出龙头、淋浴器莲蓬头、冲洗水箱等符号；用水设备如锅炉、热交换器、水箱等则画出示意性的立体图，并在旁边注以文字说明。在排水系统图上也只画出相应的卫生器具的存水弯或器具排水管。在识读系统图时，应掌握的主要内容和注意事项如下：

（1）查明给水管道系统的具体走向，干管的布置方式，管径尺寸及其变化情况，阀门的设置，引入管、干管及各支管的标高。

识读时按引入管、干管、立管、支管及用水设备的顺序进行。

（2）查明排水管道的具体走向，管路分支情况，管径尺寸与横管坡度，管道各部标高，存水弯形式，清通设备设置情况，弯头及三通的选用等。

识读排水管道系统图时，一般按卫生器具或排水设备的存水弯、器具排水管、横支管、立管、排出管的顺序进行。在识读时结合平面图及说明，了解和确定管材及配件。排水管道为了保证水流通畅，根据管道敷设的位置往往选用 45°弯头和斜三通，在分支管的变径有时不用大小头而用主管变径三通。存水弯有铸铁和黑铁，P 形和 S 形，带清扫口和不带清扫口之分，在识读图纸时也要视卫生器具的种类、型号和安装位置确定下来。

（3）系统图上对各楼层标高都有注明，识读时可据此分清管路是属于哪一层的。管道支架在图上一般都不表示出来，由施工人员按有关规程和习惯做法自己确定。在识读时应随时把所需支架的数量及规格确定下来，在图上作出标记，并做好统计，以便制作和预埋。民用建筑的明装给水管通常要采用管卡、钩钉固定；工厂给水管则多用角钢托架或吊环固定。铸铁排水立管通常用铸铁立管管卡，装在铸铁排水管的承口上面；铸铁横管则采用吊环，间距 1.5m 左右，吊在承口上。

系统图一般按 45°正面斜等测绘制。通常将 OZ 轴竖放表示管道高度，OX 轴与房屋横向一致，OY 轴作为房屋的纵向并画成 45°斜线方向。系统图主要表示给水系统的空间走向，管道直径、坡度、标高以及各种管件连接及相对位置情况。

3. 详图的识读

室内给排水工程的详图包括节点图、大样图、标准图，主要是管道节点、水表、消火栓、水加热器、开水炉、卫生器具、过墙套管、排水设备、管道支架等的安装图。这些图都是根据实物用正投影法画出来的，画法与机械制图画法相同，图上都有详细尺寸，可供安装时直接使用。

## 10.1.3 举例

这里以图 10.7～图 10.10 所示的给排水施工图中西单元西住户为例介绍其识读过程。

本工程施工说明如下：

（1）图中尺寸标高以 m 计，其余均以 mm 计。本住宅楼日用水量为 13.4t。

（2）给水管采用 PP－R 管材与管件连接；排水管采用 U－PVC 塑料管，承插黏接。出屋顶的排水管采用铸铁管，并刷防锈漆、银粉各两道。给水管公称外径 $De16$ 及 $De20$ 管壁厚为 2.0mm，$De25$ 管壁厚为 2.5mm。

（3）给排水支吊架安装见 98S10，地漏采用高水封地漏。

（4）坐便器安装见 98S1－85，洗脸盆安装见 98S1－41，住宅洗涤盆安装见 98S1－9，拖布池安装见 98S1－8，浴盆安装见 98S1－73。

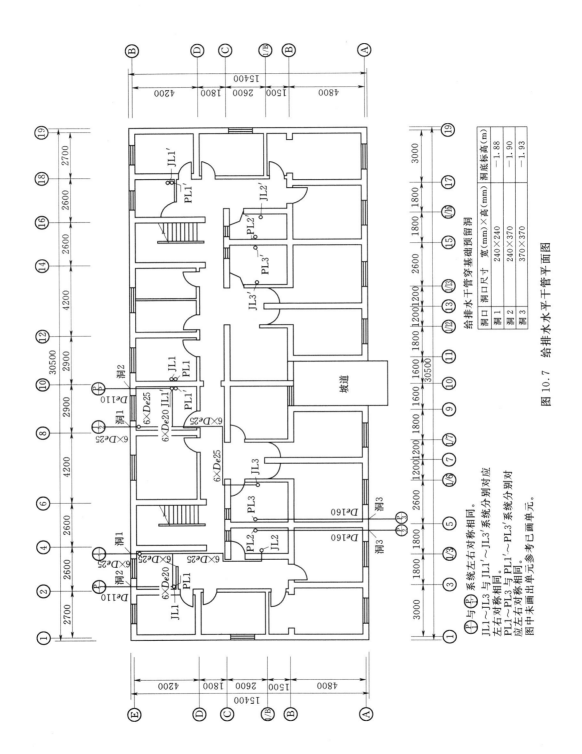

给排水平干管穿基础预留洞

| 洞口 | 洞口尺寸 宽(mm)×高(mm) | 洞底标高(m) |
|------|------------------------|-------------|
| 洞1 | 240×240 | −1.88 |
| 洞2 | 240×370 | −1.90 |
| 洞3 | 370×370 | −1.93 |

图 10.7 给排水平干管平面图

①与⑩系统左右对称相同。
JL1~JL3 与 JL1′~JL3′系统分别对应
左右对称相同。
PL1~PL3 与 PL1′~PL3′系统分别对
应左右对称相同。
图中未画出单元参考已画单元。

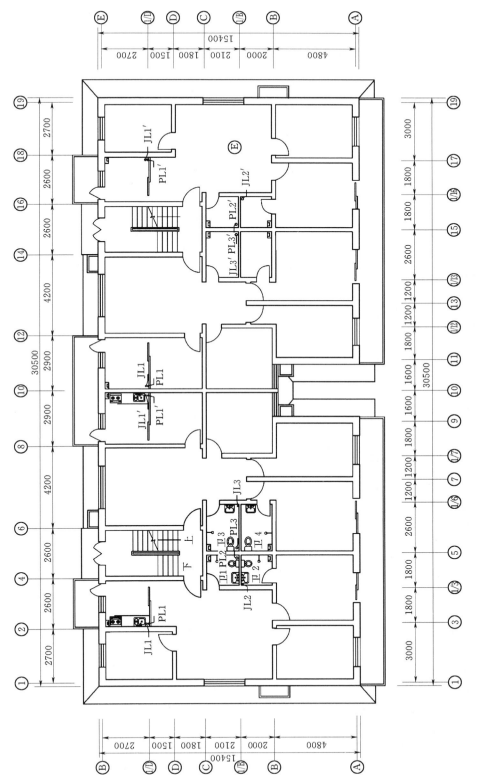

图 10.8　1～6 层给水排水立管平面图

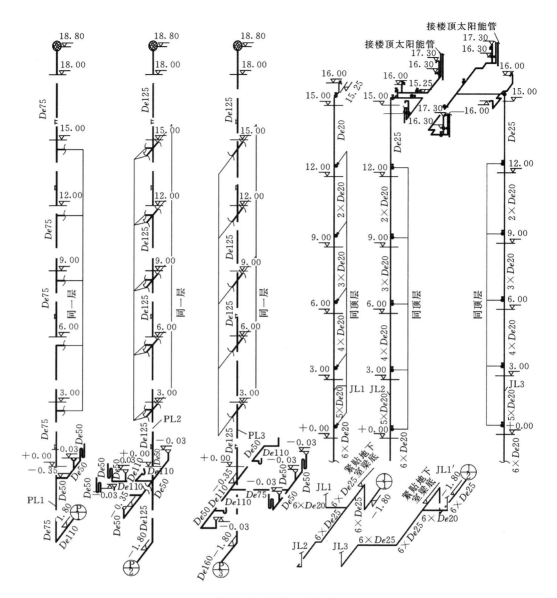

图 10.9　给排水系统图

（5）给水采用一户一表出户安装，安装详见××市供水公司图集 XSB—01。所有给水阀门均采用铜质阀门。

（6）排水立管在每层标高 250mm 处设伸缩节，伸缩节作法见 98S1—156～158。

（7）排水横管坡度采用 0.026。

（8）凡是外露与非采暖房间给排水管道均采用 40mm 厚聚氨酯保温。

（9）卫生器具采用优质陶瓷产品，其规格型号由甲方定。

（10）安装完毕进行水压试验，试验工作严格按现行规范要求进行。

（11）说明未详尽之处均严格按现行规范及 98S1 规定施工及验收。

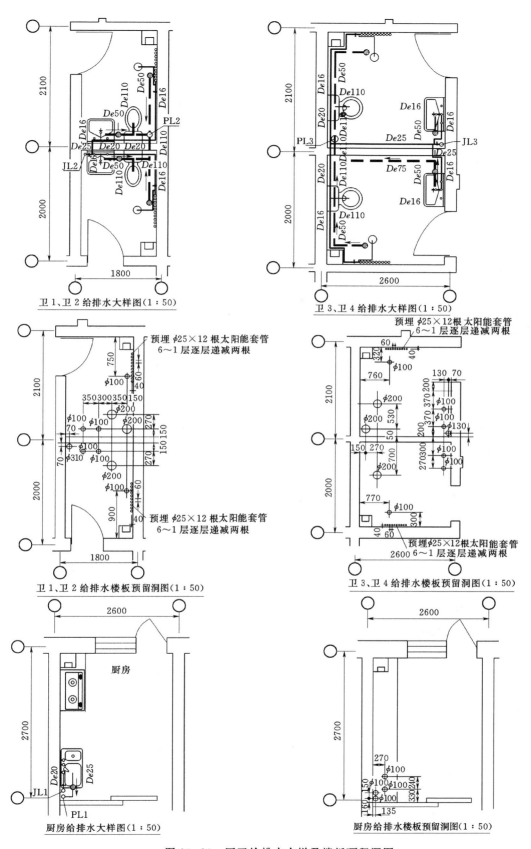

图 10.10　厨卫给排水大样及楼板顶留洞图

# 10.2　暖通施工图

## 10.2.1　暖通施工图的识读要点

暖通工程（包括供暖、通风、空调与冷冻站、锅炉房工艺系统）施工图由系统平面图、剖面图、大样图（详图）、系统原理图、轴测图组成，冷冻站系统还包括冷冻站、锅炉房工艺流程图。此外，还有文字说明部分，如设计和施工要求说明、图纸、目录、设备和管道配件明细表等。

暖通系统的表达方法，有些与房屋建筑的表达方法一样，如平面图、立面图、剖面图等；图名和投影方法都相同，采用的比例也相应一致。不过，暖通工程图应当以表达的暖通系统、设备的布置为主，房屋建筑的表达则处于次要的地位，只要表达出两者之间的相对关系即可。因此，在绘制暖通工程的平面图、立面图和剖面图时，房屋建筑的轮廓除地面外，都要用细线画出；而暖通设备、管道等则应采用较粗的线型，这样就可以突出暖通系统而利于阅读。

此外，在暖通工程中，不同种类、不同管径的管道很多，当较多的管道重叠、交叉时，在各视图中往往不易清楚辨认；要在看图时把错综复杂的管道系统及时得出一个总的概貌，也较困难，这样仅用一般方法表达就显得不够。为此，暖通工程还需要增加用轴测投影方法绘制的系统轴测图，以及设备、管道连接复杂的冷冻站、锅炉房的原理图。暖通工程中的轴测图投影方式，一般采用三等斜轴测投影。即 $x$、$y$、$z$ 三个轴向的变形系数相同，$y$ 轴采用与水平面成 $45°$ 倾斜的坐标系。系统轴测图既补充了平面图、剖面图中表达不足之处，又能使读者迅速获得总的印象。

## 10.2.2　供暖工程施工图的内容和画法

### 1. 室内供暖平面图

平面图要求表达出房屋内部各房间的分布和过道、门窗、楼梯位置等情况，以及供暖系统在水平方向的布置情况。它把供暖系统的干管、立管、支管和散热器以及其他附属设备等，在水平方向的连接和布置都表达出来。应当指出，这种平面布置图，对于管道和散热器的位置，不能精确表达。因为管线之间、管线与设备之间靠得很近，精确表达反而无法识别，此时往往采用一些夸张的画法表达清楚。具体的定位，将由安装大样图表达并按图施工；对一些普遍性要求，则在施工说明中作出规定。除图形外，还需注出有关尺寸。对于房屋建筑，要注出定位轴线的距离、外墙总长度、地面和楼板标高等。对于管道系统要注出各管段管径，在立管的附近校注立管的编号，在散热器旁注出散热器的片数或长度。管道和散热器的定位尺寸，通常在安装大样图中说明，平面图就不再另注。

散热器的画法，如图 10.11 所示。

在平面图中，散热器的供、回水（汽）的立、支管连接，如图 10.12 所示。

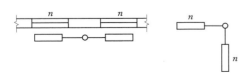

图 10.11　散热器的画法

柱式散热器只注数量，串片式散热器要注明长度、排数。

焊接钢管用公称直径表示，如 DN32、DN50 等。无缝钢管用外径和壁厚表示。如 $\phi114\times5$ 的外径为 114mm、壁厚为 5mm。管径尺寸沿流向注在变径处，未注明的管径与最后标注的管径相同。管径的标注角度与管道角度相同，如图 10.13 所示。

供暖立管编号，如图 10.14 所示。

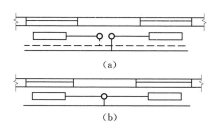

图 10.12　散热器的供、回水（汽）的立、支管连接
（a）双管式；（b）单管式

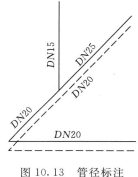

图 10.13　管径标注

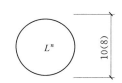

图 10.14　供暖立管编号

管道转向、连接、交叉的表示，如图 10.15 所示。

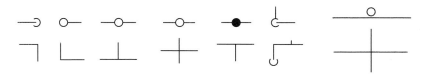

图 10.15　管道转向、连接、交叉的表示

**2. 供暖剖面图**

当供暖系统比较复杂时，需要画出剖面图。剖面图主要表达设备、管道在立面上的标高。管道的标高通常是指管中心高度，一般标在管段的始端或末端。散热器标注底标高，同一层、同标高的散热器只标右端的一组。

**3. 供暖轴测图**

系统轴测图要表达供暖系统的整个概貌，包括水平方向和高度方向的布置情况。管道进入房屋的入口装置，室内的干管、立管、支管、散热器、回水管，以及附件如阀门、疏水器、集气罐、膨胀水箱等都要反映出来。此外，还应注上干管的标高、坡向，各管段的管径、散热器的片数和规格以及立管的编号等。因此，系统轴测图的表达内容是比较全面的。

系统轴测图中管径、标高、立管的标注方向，与平面图、剖面图相同；散热器规格、数量的标注有所不同。系统轴测图中的设备、管路往往重叠在一起，为表达清楚，在重叠、密集处可断开引出绘制。在相应的断开处，要用小写拉丁字母注明，如图 10.16 所示。

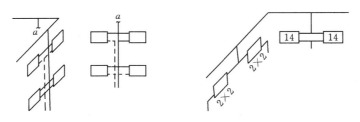

图 10.16 系统轴测图的标注

在平面图、轴测图、剖面图中，同一设备及附件的图例表示可能有所变化，常见图例参见表 10.9～表 10.13。

表 10.9  水、汽管道代号

| 序号 | 代号 | 管 道 名 称 | 备 注 |
|---|---|---|---|
| 1 | R | （供暖、生活、工艺用）热水管 | 1. 用粗实线、粗虚线区分供水、回水时，可省略代号<br>2. 可附加阿拉伯数字1，2区分供水、回水<br>3. 可附加阿拉伯数字1，2，3，…表示一个代号、不同参数的多种管道 |
| 2 | Z | 蒸汽管 | 需要区分饱和、过热、自用蒸汽时，可在代号前分别附加 B、G、Z |
| 3 | N | 凝结水管 | |
| 4 | P | 膨胀水管、排污管、排气管、旁通管 | 需要区分时，可在代号后附加一位小写拼音字母，即 Pz，Pw，Pq，Pt |
| 5 | G | 补给水管 | |
| 6 | X | 泄水管 | |
| 7 | XH | 循环管、信号管 | 循环管为粗实线，信号管为细虚线。不致引起误解时，循环管也可为"X" |
| 8 | Y | 溢排管 | |
| 9 | L | 空调冷水管 | |
| 10 | LR | 空调冷/热水管 | |
| 11 | LQ | 空调冷却水管 | |
| 12 | n | 空调冷凝水管 | |
| 13 | RH | 软化水管 | |
| 14 | CY | 除氧水管 | |
| 15 | YS | 盐液管 | |
| 16 | FQ | 氟汽管 | |
| 17 | FY | 氟液管 | |

表 10.10　　　　　　　　　　水、汽管道、阀门和附件

| 序号 | 名称 | 图　例 | 附　注 |
|---|---|---|---|
| 1 | 阀门（通用）、截止阀 | 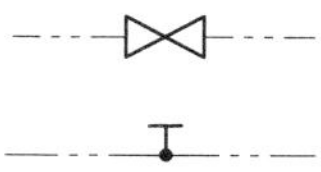 | 1. 没有说明时，表示螺纹连接<br>法兰连接时 <br><br>焊接时 <br>2. 轴测图画法<br>阀杆为垂直 <br><br>阀杆为水平  |
| 2 | 闸阀 |  | |
| 3 | 手动调节阀 |  | |
| 4 | 球阀、转心阀 |  | |
| 5 | 蝶阀 |  | |
| 6 | 角阀 |  或 | |
| 7 | 平衡阀 |  | |
| 8 | 三通阀 |  或 | |
| 9 | 四通阀 | 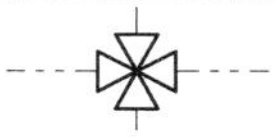 | |
| 10 | 节流阀 |  | |
| 11 | 膨胀阀 | 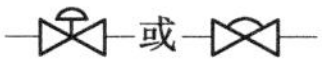 或 | 也称"隔膜阀" |
| 12 | 旋塞 | 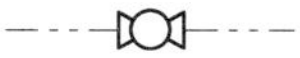 | |
| 13 | 快放阀 |  | 也称快速排污阀 |
| 14 | 止回阀 | 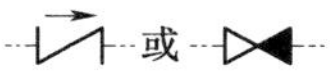 或 | 左图为通用，右图为升降式止回阀，流向同左。其余同阀门类推 |
| 15 | 减压阀 | 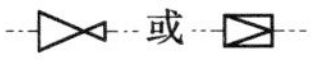 或 | 左图小三角为高压端，右图右侧为高压端。其余同阀门类推 |
| 16 | 安全阀 |  | 左图为通用，中为弹簧安全阀，右为重锤安全阀 |
| 17 | 疏水阀 | 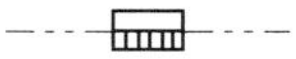 | 在不致引起误解时，也可用  ⟨图⟩ 表示，也称"疏水器" |
| 18 | 浮球阀 | 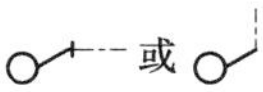 或 | |
| 19 | 集气罐、排气装置 | 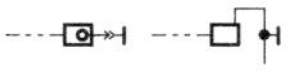 | 左图为平面图 |

续表

| 序号 | 名称 | 图 例 | 附 注 |
|------|------|-------|------|
| 20 | 自动排气阀 |  | |
| 21 | 除污器<br>(过滤器) | 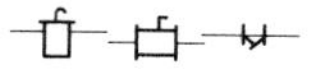 | 左为立式除污器,中为卧式除污器,右为 Y 形过滤器 |
| 22 | 节流孔板、<br>减压孔板 |  | 在不致引起误解时,也可用————\|\|————表示 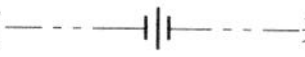 |
| 23 | 补偿器 | 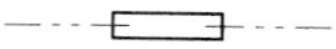 | 也称"伸缩器" |
| 24 | 矩形补偿器 | 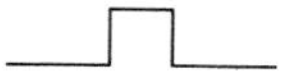 | |
| 25 | 套管补偿器 |  | |
| 26 | 波纹管<br>补偿器 |  | |
| 27 | 弧形<br>补偿器 |  | |
| 28 | 球形<br>补偿器 | 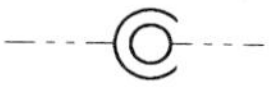 | |
| 29 | 变径管<br>异径管 |  | 左图为同心异径管,右图为偏心异径管 |
| 30 | 活接头 |  | |
| 31 | 法兰 | 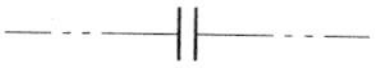 | |
| 32 | 法兰盖 | 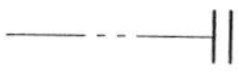 | |
| 33 | 丝堵 |  | 也可表示为  ————\|\| |
| 34 | 可屈挠橡<br>胶软接头 | 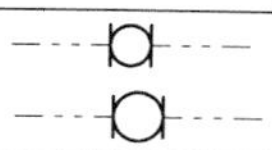 | |
| 35 | 金属软管 |  | 也可表示为  ————\|\| |
| 36 | 绝热管 |  | |
| 37 | 保护套管 | 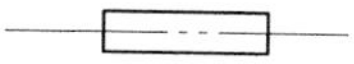 | |
| 38 | 伴热管 |  | |
| 39 | 固定支架 | 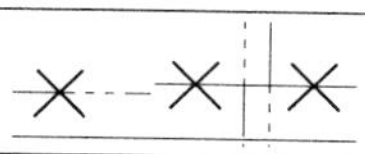 | |
| 40 | 介质流向 |  →  或 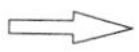  ⇨ | 在管道断开处,流向符号宜标注在管道中心线上,其余可同管径标注位置 |
| 41 | 坡度及坡向 | $i=0.003$<br>→<br>或<br>→$i=0.003$ | 坡度数值不宜与管道起、止点标高同时标注。标注位置同管径标注位置 |

**表 10.11** 　　　　　　　　　　　　　　 **风 道 代 号**

| 代号 | 风 道 名 称 | 代号 | 风 道 名 称 |
|---|---|---|---|
| K | 空调风管 | H | 回风管（一、二次回风可附加 1、2 区别） |
| S | 送风管 | P | 排风管 |
| X | 新风管 | PY | 排烟管或排风、排烟共用管道 |

**表 10.12** 　　　　　　　　　　　　 **风道、阀门及附件图例**

| 字号 | 名　称 | 图　例 | 附　注 |
|---|---|---|---|
| 1 | 砌筑风、烟道 | | 其余均为 |
| 2 | 带导流片弯头 | | |
| 3 | 消声器<br>消声弯管 | | 也可表示为 |
| 4 | 插板阀 | | |
| 5 | 天圆地方 | | 左接矩形风管，右接圆形风管 |
| 6 | 蝶阀 | | |
| 7 | 对开多叶<br>调节阀 | | 左为手动，右为电动 |
| 8 | 风管止回阀 | | |
| 9 | 三通调节阀 | | |
| 10 | 防火阀 | | 表示 70℃ 动作的常开阀。若因图面小，可表示为 70℃，常开 |
| 11 | 排烟阀 | | 左为 280℃ 动作的常闭阀，右为常开阀。若因图面小，表示方法同上 |
| 12 | 软接头 | | 也可表示为 |
| 13 | 软管 | 或光滑曲线（中粗） | |
| 14 | 风口<br>（通用） | 或 ⌷ | |
| 15 | 气流方向 | | 左为通用表示法，中表示送风，右表示回风 |
| 16 | 百叶窗 | | |
| 17 | 散流器 | | 左为矩形散流器，右为圆形散流器。散流器为可见时，虚线改为实线 |
| 18 | 检查孔<br>测量孔 | | |

表 10.13　　　　　　　　　　暖 通 空 调 设 备 图 例

| 字号 | 名　　称 | 图　　例 | 附　　注 |
|---|---|---|---|
| 1 | 散热器及手动放气阀 | | 左为平面图画法，中为剖面图画法，右为系统图、Y轴侧图画法 |
| 2 | 散热器及控制阀 | | 左为平面图画法，右为剖面图画法 |
| 3 | 轴流风机 | 或 | |
| 4 | 离心风机 | | 左为左式风机，右为右式风机 |
| 5 | 水泵 | | 左侧为进水，右侧为出水 |
| 6 | 空气加热、冷却器 | | 左、中分别为单加热、单冷却，右为双功能换热装置 |
| 7 | 板式换热器 | | |
| 8 | 空气过滤器 | | 左为粗效，中为中效，右为高效 |
| 9 | 电加热器 | | |
| 10 | 加湿器 | | |
| 11 | 挡水板 | | |
| 12 | 窗式空调器 | | |
| 13 | 分体空调器 | | |
| 14 | 风机盘管 | | 可标注型号：如 FP—5 |
| 15 | 减振器 | | 左为平面图画法，右为剖面图画法 |

## 10.2.3　通风空调工程图样的画法

1. 通风空调平面图、剖面图

通风空调工程的平面图，除房屋建筑的平面轮廓外，主要表明通风管道、设备的平面布置，按本层平顶以下俯视绘出。一般包括以下内容：

(1) 工艺设备、通风空调设备及附件如电动机、送风、空调机组、调节阀门的定位尺寸、编号标注，并列表说明相应编号的名称、型号、规格。

(2) 通风管、异径管、弯头、三通或四通管接头。风管及附件用双线表示；矩形风管的截面尺寸标注"宽×高"；圆形风管标注直径"$\phi$"；设备、管道的定位尺寸根据离墙面或建筑轴线的距离注写（图 10.17），风管长度则不标注。

(3) 三通调节阀、对开多叶调节阀、送风口、回风口等均用图例表示，并用带箭头的符号表明进出风口空气流动的方向。

（4）两个以上的进、排风系统或空调系统，都应分别有系统编号。

（5）多根风管在平面图、剖面图上重叠时，如为了表现下面或后面的风管，可将上面或前面的风管用折断线断开，断开处应注有相应的文字。

剖面图上注明了地面、楼面的标高，设备的定位尺寸、标高，风管尺寸、标高，圆形风管标注中心线标高。为安装方便，通常使风管管底保持水平，风管标高以底标高为准。剖面图尺寸标注，如图 10.18 所示。

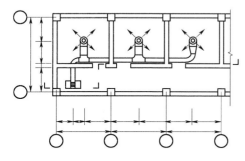

图 10.17　通风空调工程的平面图

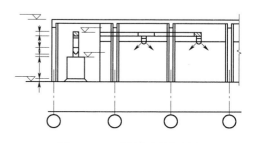

图 10.18　通风空调剖面图

**2. 通风空调轴测图**

通风空调系统的轴测图，有单线和双线两种。单线系统轴测图是用单线表示管道（风管和水管），而空调器、通风机等设备仍画成简单外形。双线系统轴测图是把整个系统的设备、管道及配件，都用畜测投影的方法画成立体形象的系统图。它比较形象，管道形状能清楚表达，但绘制工作量大。非特别要求，可不画双线系统轴测图。

在系统轴测图中，要注明有系统的编号、主要设备、附件的图例和编号、管道的截面尺寸和标高、管道的坡度与坡向。有的为了便于系统试运行，还注出了送风口的风速和风量。

### 10.2.4　举例

#### 10.2.4.1　采暖举例

采暖设计说明：

（1）采暖锅炉功率可根据建筑物耗热量乘以 1.15 系数选用。采暖锅炉出品总立管顶端设膨胀水箱。

（2）本建筑采暖耗热量计算参数。

外墙：$K=1.60\text{W}/(\text{m}^2\cdot\text{℃})$（240 厚 Kp1 承重空心砖）；

外窗：$K=6.4\text{W}/(\text{m}^2\cdot\text{℃})$（铝框单玻）；

屋面：$K=0.72\text{W}/(\text{m}^2\cdot\text{℃})$；

室外设计计算温度：$-5\text{℃}$；

室内设计计算温度：$18\text{℃}$；

供回水设计温度：$85/60\text{℃}$。

（3）本建筑采暖耗热量为 13.8kW。

（4）采暖管材采用焊接钢管，丝扣连接。

（5）散热器选用铸铁敷设对流 TFD2－500 型，卫生间选用 LNTF－400 型。

（6）本说明未尽详处，执行《建筑给水排水及采暖工程施工质量验收规范》（GB 50242—2002）。

图 10.19、图 10.20 为采暖施工图。

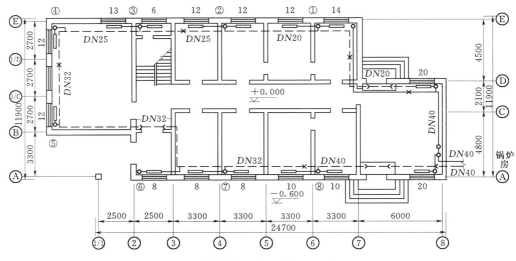

图 10.19　一层采暖平面图

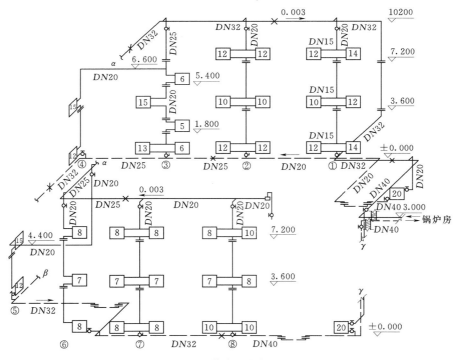

图 10.20　散热器安装系统图

## 10.2.4.2　空调系统举例

图 10.21～图 10.23 为空调系统施工图。

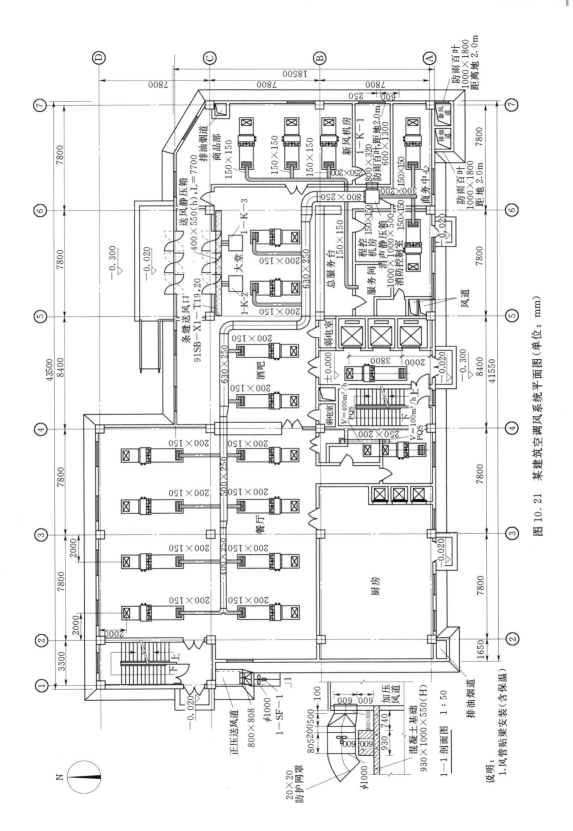

图 10.21 某建筑空调风系统平面图（单位：mm）

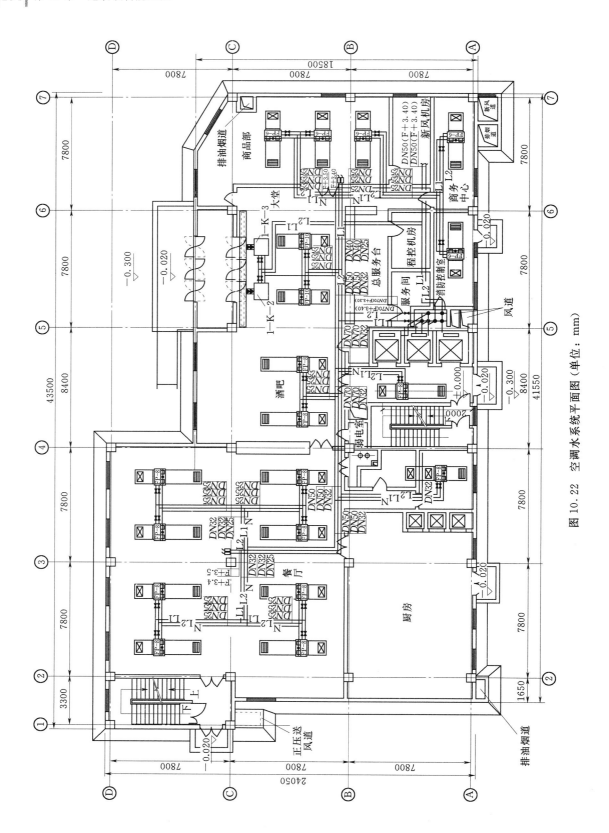

图 10. 22 空调水系统平面图 (单位: mm)

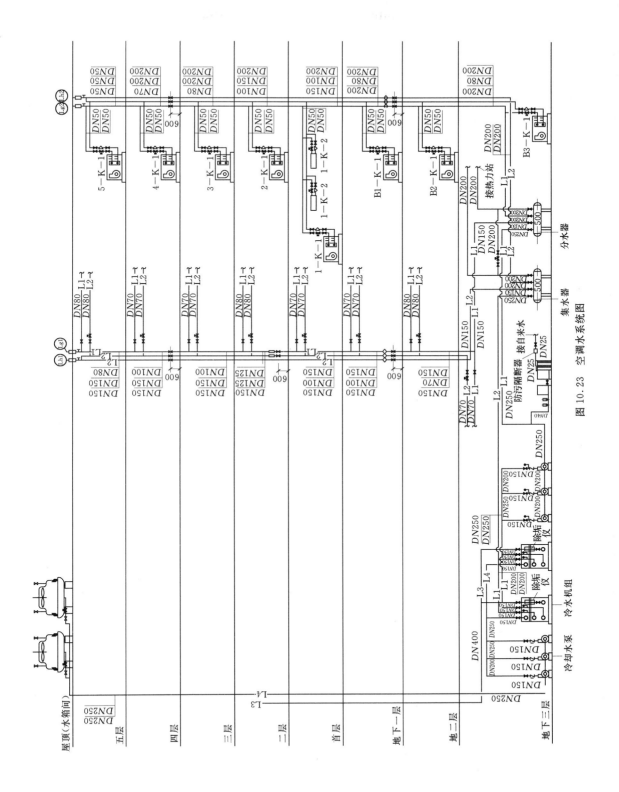

图 10.23 空调水系统图

# 10.3 电气施工图

### 10.3.1 电气施工图的种类

电气施工图包括系统图、平面图（剖面图）、电路图和接线图等 4 种。系统图用来表示各种系统的基本组成、相互关系及其主要特征，供了解设备或装置的总体概况。

平面图（剖面图）用来详细、具体地标注各种电气成套装置、设备、组件和元件的实际位置，电气线路的具体走向，电气设备的型号、安装方式，线路敷设方式等。它是系统图实际位置的具体体现，是施工安装的主要依据。

电路图用来表示电路、设备或成套装置的组成、连接关系和作用原理，为调整、安装和维修提供依据。电路图有一次电路（也叫"主电路"）和二次电路（也叫"控制电路"）之分。主电路用来表示电源供配电以及电动机主电路情况，控制电路包括控制、保护、测量和信号等线路，电路图包括各种弱电系统的原理电路。

接线图，也叫"安装接线图"，用来表示电路、元件、电气设备的实际接线方式、实际（相对）安装位置等。

在通常情况下，系统图和平面图相对应，电路图和接线图相对应。

所有电气施工图上的图形符号、文字符号以及制图方式，均按有关国家标准。常用图形符号、文字符号见表 10.14～表 10.16。

**表 10.14** 　　　　　　　　　电气施工图常用文字符号（一）

| 名　称 | 新　符　号 | | 旧符号 | 名　称 | 新　符　号 | | 旧符号 |
|---|---|---|---|---|---|---|---|
| | 单字母 | 多字母 | | | 单字母 | 多字母 | |
| 发电机 | G | | F | 电压表 | V | | V |
| 电动机 | M | | D | 功率因数表 | | cos | cos |
| 绕组 | W | | Q | 电磁铁 | Y | YA | DT |
| 变压器 | T | | B | 电磁阀 | Y | YV | DCF |
| 隔离变压器 | T | TI（N） | GB | 牵引电磁铁 | Y | YA（T） | |
| 电流互感器 | T | TA 或 CT | LH | 插头 | X | XP | CT |
| 电压互感器 | T | TV 或 PT | YH | 插座 | X | XS | CZ |
| 电抗器 | L | | K | 端子板 | X | XT | JX JZ |
| 开关 | Q、S | | K | 信号灯 | H | HL | XD ZSD |
| 断路器 | Q | QF | ZK DL | 指示灯 | H | HL | XD ZSD |
| 隔离开关 | Q | QS | GK | 照明灯 | E | EL | ZD |
| 接地开关 | Q | QG | JDK DK | 电铃 | H | HA | DL |
| 行程开关 | S | ST | XK CK | 蜂鸣器 | H | HA | FM LB |
| 脚踏开关 | S | SF | JTK TK | 测试插孔 | X | XJ | CK |
| 按钮 | S | SB | AN | 蓄电池 | G | GB | |
| 接触器 | K | KM | C | 合闸按钮 | S | SB（L） | HA |
| 交流接触器 | K | KM（A） | JC JLC | 跳闸按钮 | S | SB（I） | TA |
| 直流接触器 | K | KM（D） | ZC ZLC | 试验按钮 | S | SB（E） | YA |
| 继电器 | K | | J | 检查按钮 | S | SB（D） | JCA JA |
| 接闪器 | F | FA | BL | 启动按钮 | S | SB（T） | QA |
| 熔断器 | F | FU | RD | 停止按钮 | S | SB（P） | TA |
| 电流表 | A | | A | 操作按钮 | S | SB（O） | GA |

**表 10.15** 电气施工图常用文字符号（二）

| 名　称 | 新　符　号 单字母 | 新　符　号 多字母 | 旧符号 | 名　称 | 新　符　号 单字母 | 新　符　号 多字母 | 旧符号 |
|---|---|---|---|---|---|---|---|
| 交流 | | AC | J（L） | 反馈 | | | FB |
| 直流 | | DC | Z（L） | 制动 | B | BRK | |
| 电流 | A | | L | 闭锁 | | LA | |
| 电压 | V | | Y | 异步 | | ASY | Y |
| 接地 | E | | | 延时 | D | | |
| 保护 | P | | | 同步 | | SYN | T |
| 保护接地 | PE | | | 运转 | | RUN | |
| 中性线 | N | | | 时间 | T | | S |
| 模拟 | A | | | 高 | H | | G |
| 数字 | D | | | 中 | L | | Z |
| 自动 | A、A | AUT | Z | 低 | M | | D |
| 手动 | M | | S | 升 | U | | S |
| 辅助 | | AUX | | 降 | D | | J |
| 停止 | | STP | T | 备用 | | RES | B |
| 断开 | | OFF | D（K） | 复位 | | R | RES |
| 闭合 | | ON | B（H） | 制动 | B | BRK | |
| 输入 | | IN | SY | 差动 | D | | |
| 输出 | | OUT | SE | 红 | | RD | H |
| 左 | L | | | 绿 | | GN | L |
| 右 | R | | | 黄 | | YE | U |
| 正向前 | | FW | Z | 白 | | WH | B |
| 反 | R | | F | 蓝 | | BL | A |
| 控制 | C | | K | 黑 | | BK | |

**表 10.16** 电气施工图常用图形符号

| 名称 | 图形符号 | 文字符号 | 名称 | 图形符号 | 文字符号 |
|---|---|---|---|---|---|
| 电流 | | A | 电流表 | —Ⓐ— | |
| 电压 | | V | 电压表 | —Ⓥ— | |
| 交流 | | AC | 千瓦时电能表 | kWh | |
| 直流 | | DC | 灯 | —⊗— | H |
| 断开 | | OFF | 话筒 | | BM |
| 闭合 | | ON | 扬声器 | | BL |
| 电阻器 | | R | 耳塞机 | | B |
| 电位器 | | RP | 继电器 | | J、K |

续表

| 名称 | 图形符号 | 文字符号 | 名称 | 图形符号 | 文字符号 |
|---|---|---|---|---|---|
| 热敏电阻器 | | RT | 电池<br>电池组 | | GB |
| 电容器 | | C | 导线连接 | | |
| 极性电容器 | | C | 导线交叉连接 | | |
| 可变电容器 | | C | 导线不连接 | | |
| 线圈 | | L | 开关 | | K |
| 半导体二极管 | | VD | 天线 | | D |
| 光电二极管 | | VD | 接地 | | |
| 发光二极管 | | VD | 接机壳 | | |
| 三极管（NPN 型） | | V | 变压器 | | T |
| 三极管（PNP 型） | | V | 磁棒线圈 | | L |
| 熔断器 | | | 日光灯 | | |
| 插座 | | | 启辉器 | | |

## 10.3.2　电气施工图举例

图 10.24、图 10.25 为电气施工图。

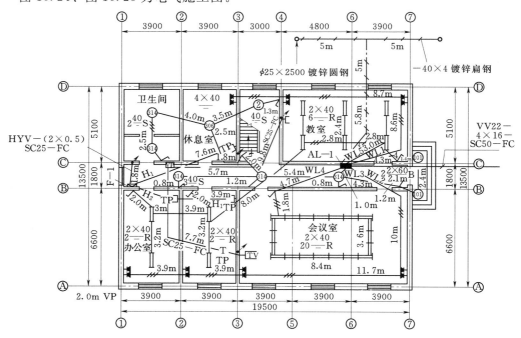

图 10.24　某综合楼首层电气平面图（单位：mm）

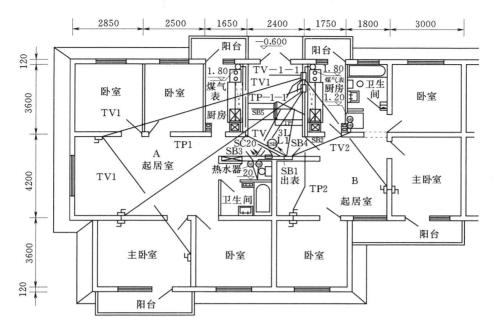

图 10.25　住宅首层弱电平面图（单位：mm）

## ❓ 复习思考题

1. 建筑给排水施工图包括哪些内容？

2. 在识读管道平面图时，应该掌握的主要内容和注意事项是什么？

3. 暖通空调施工图采用什么投影坐标系？

4. 暖通空调平面图、剖面图、系统图各自重点表示的内容是什么？

5. 暖通空调设备、管道的常用表示方法是什么？

# 参 考 文 献

[ 1 ]  章熙民. 传热学 [M]. 北京：中国建筑工业出版社，2001.

[ 2 ]  景朝晖. 热工理论及应用 [M]. 北京：中国电力出版社，2006.

[ 3 ]  赵丙峰，庄中霞. 建筑设备 [M]. 北京：中国水利水电出版社，2007.

[ 4 ]  刘国生，王惟言. 物业设备设施管理 [M]. 北京：人民邮电出版社，2004.

[ 5 ]  黄翔. 空调工程 [M]. 北京：机械工业出版社，2006.

[ 6 ]  王付全. 建筑设备 [M]. 郑州：郑州大学出版社，2007.

[ 7 ]  崔丽. 建筑设备 [M]. 北京：机械工业出版社，2001.

[ 8 ]  冯刚. 建筑设备与识图 [M]. 北京：中国计划出版社，2008.

[ 9 ]  龚延风. 建筑设备 [M]. 天津：天津科学技术出版社，2000.

[10]  高明远，岳秀萍. 建筑设备工程 [M]. 北京：中国建筑工业出版社，2005.

[11]  万建武. 建筑设备工程 [M]. 北京：中国建筑工业出版社，2007.

[12]  区世强. 建筑设备 [M]. 北京：中国建筑工业出版社，1997.

[13]  姜湘山，周佳新，李巍. 实用建筑给排水工程设计与 CAD [M]. 北京：机械工业出版社，2004.

[14]  郭汝艳. 建筑工程设计编制深度实例范本（给水排水）[M]. 北京：中国建筑工业出版社，2004.

[15]  柳金海. 建筑给排水、采暖、供冷、燃气工程便携手册 [M]. 北京：机械工业出版社，2006.

[16]  李亚峰，蒋白懿. 高层建筑给水排水工程 [M]. 北京：化学工业出版社，2004.

[17]  王志伟，刘艳峰. 建筑设备施工与预算 [M]. 北京：科学出版社，2002.

[18]  中国工程建设标准化协会组织. 建筑给水排水设计规范（GB 50015—2009）[S]. 北京：中国计划出版社，2010.

[19]  高明远. 建筑设备技术 [M]. 北京：中国建筑工业出版社，1998.

[20]  刘金言，胡杰. 水暖电基本知识 [M]. 北京：中国建筑工业出版社，1998.